普通高等院校机械类及相关学科规划教材

机械工程制图

主　编　陈丽君　赵凤芹
副主编　白雪卫　刘翠红　赵　萍
参　编　邬立岩　来佑彬　孟　贺
　　　　于美丽　刘　蕾

北京理工大学出版社
BEIJING INSTITUTE OF TECHNOLOGY PRESS

版权专有 侵权必究

图书在版编目（CIP）数据

机械工程制图/陈丽君，赵凤芹主编．—北京：北京理工大学出版社，2018.4
（2018.8 重印）
ISBN 978-7-5682-5713-8

Ⅰ.①机… Ⅱ.①陈…②赵… Ⅲ.①机械制图-高等学校-教材 Ⅳ.①TH126

中国版本图书馆 CIP 数据核字（2018）第 116706 号

出版发行／北京理工大学出版社有限责任公司
社　　址／北京市海淀区中关村南大街 5 号
邮　　编／100081
电　　话／（010）68914775（总编室）
　　　　　（010）82562903（教材售后服务热线）
　　　　　（010）68948351（其他图书服务热线）
网　　址／http：//www.bitpress.com.cn
经　　销／全国各地新华书店
印　　刷／涿州市新华印刷有限公司
开　　本／787 毫米×1092 毫米　1/16
印　　张／23　　　　　　　　　　　　　　　　　　　责任编辑／高　芳
字　　数／542 千字　　　　　　　　　　　　　　　　文案编辑／赵　轩
版　　次／2018 年 4 月第 1 版　2018 年 8 月第 2 次印刷　责任校对／周瑞红
定　　价／57.00 元　　　　　　　　　　　　　　　　责任印制／李志强

图书出现印装质量问题，请拨打售后服务热线，本社负责调换

前言

本书依照教育部高等学校工科制图课程教学指导委员会制定的《画法几何及工程制图课程教学基本要求》，采用机械制图最新国家标准，参考最新修订的兄弟院校各版相关教材的体会与意见，并结合编委们多年来在机械工程制图课程教学改革方面的经验与成果的基础上编写而成。

根据高等教育改革的发展方向和应用型人才的培养目标，本书定位于应用型本科院校机械工程类各专业（本科）学生使用，也可供近机类和非机类各专业学生选用。在教材编写上针对基础与实践内容，采用不同的编写方式，重在强调画图、读图和测绘基本能力的培养，前后内容有机结合，以实用、够用为特色，重点是培养学生的动手实践能力。本书的教学设计和主要内容如下：

第1篇主要侧重于机械工程制图基本知识的锻炼，主要内容包括制图的基本知识与技能；点、直线、平面的投影；立体的投影；组合体的视图与形体构型；机件的常用表示法。这部分内容在编写上采用常规易懂的编写方法，遵循由低到高逐步提高要求的认知规律，以加强手工画图训练，提高学生的构图能力为主，对内容作了大幅度的精简，适当地减少了点、线、面的综合图解问题。

第2篇侧重于对学生实践动手能力的培养，使其更符合生产实际，以项目式教学方式进行编写，对每一个工作任务或工作项目都从学习目标或问题引导切入，学生可带着目标、疑问来学习，先有结论，后有行动，打破了传统的思维模式，激发了学生的求知欲，拓展了学生的思维和知识面。主要内容包括螺纹、齿轮、常用标准件及其连接的表达方法；零件图；装配图；金属结构件及焊接图。这部分内容注重理论与工程实际相结合，突出培养机械形体的图示表达能力和绘图基本技能，为了拓宽学生的知识面，更充分地表达机械设计思想，增加了装配示意图和金属结构图作为选学内容。

第3篇重在培养学生计算机绘图的能力，教材编写采用项目式教学方式，强调"以学生为主体，以教师为主导"的教学理念，为进一步巩固前面所学内容，每一个任务与项目都精选自课程实例，并给出详细的绘图实施步骤，有较强的针对性和实用性。主要内容包括：运用AutoCAD 2012中文版软件绘制平面图形、组合体的三视图和工程图样。

前 言

本书由陈丽君、赵凤芹担任主编。由白雪卫、刘翠红、赵萍担任副主编，邬立岩、来佑彬、孟贺、于美丽、刘蕾参加编写。具体分工如下：沈阳农业大学来佑彬编写第1篇第1章1.1和第2篇项目4，赵萍编写第1篇第1章1.2~1.4和第4章，白雪卫编写第1篇第2、3章，陈丽君编写绪论和第1篇第5章，刘翠红编写第2篇项目1和附录，邬立岩编写第2篇项目3，营口理工学院赵凤芹编写第3篇项目2、3，孟贺编写第2篇项目2任务2、4，于美丽编写第2篇项目2任务1、3、5，刘蕾编写第3篇项目1。

与本书配套的《机械工程制图习题集》由陈丽君、赵凤芹主编，该书为各章的学习、各项目的实施配备了大量的练习题和学习素材，有助于培养学生的形象思维能力，有助于提高学生的实践动手能力和工程基本素质。

鉴于作者水平有限，书中不当之处在所难免，欢迎读者批评指正。

编　者

目 录

绪论 ·· 001
  0.1 课程的地位、性质和任务 ·· 001
  0.2 课程的主要内容与要求 ··· 002
  0.3 本课程的学习方法 ·· 002

第 1 篇　机械制图基础知识篇

第 1 章　制图的基本知识与技能 ·· 007

  1.1 国家标准《技术制图》与《机械制图》的有关规定 ·· 007
      1.1.1 图纸幅面及其规格（GB/T 14689—2008） ·· 007
      1.1.2 标题栏（GB/T 10609.1—2008） ··· 009
      1.1.3 绘图比例（GB/T 14690—1993） ··· 010
      1.1.4 字体（GB/T 14691—1993） ·· 010
      1.1.5 图线（GB/T 17450—1998 和 GB/T 4457.4—2002） ································· 011
  1.2 尺寸标注（GB/T 4458.4—2003） ·· 013
      1.2.1 尺寸标注的基本原则 ··· 013
      1.2.2 尺寸的组成要素 ·· 013
      1.2.3 各类尺寸注法 ··· 015
  1.3 几何作图 ·· 017
      1.3.1 等分直线段 ·· 017
      1.3.2 圆的等分和正多边形 ··· 017
      1.3.3 斜度和锥度（Rake and taper） ·· 018
      1.3.4 圆的切线 ··· 019
      1.3.5 椭圆 ··· 020
      1.3.6 圆弧连接 ··· 021
  1.4 平面图形的绘制及尺寸标注 ·· 023
      1.4.1 平面图形的尺寸分析 ··· 023

目录

1.4.2 平面图形的线段分析 …………………………………………………… 024
1.4.3 平面图形的作图步骤 …………………………………………………… 024

第 2 章 正投影基础 …………………………………………………………… 026

2.1 正投影法及三视图 ……………………………………………………… 027
2.1.1 投影法 …………………………………………………………………… 027
2.1.2 中心投影 ………………………………………………………………… 027
2.1.3 平行投影和正投影 ……………………………………………………… 028
2.1.4 三投影视图的形成及投影规律 ………………………………………… 029

2.2 点、直线、平面的投影 ………………………………………………… 030
2.2.1 点的投影 ………………………………………………………………… 030
2.2.2 直线的投影 ……………………………………………………………… 031
2.2.3 平面的投影 ……………………………………………………………… 035

2.3 点、直线、平面间的相对位置 ………………………………………… 038
2.3.1 直线上的点及平面上的直线投影特点 ………………………………… 038
2.3.2 直线与直线的相对位置 ………………………………………………… 039
2.3.3 直线与平面、平面与平面的相对位置关系 …………………………… 040

2.4 投影变换 ………………………………………………………………… 049
2.4.1 点换面 …………………………………………………………………… 050
2.4.2 直线的换面 ……………………………………………………………… 052
2.4.3 平面的换面 ……………………………………………………………… 052

第 3 章 立体的投影 …………………………………………………………… 054

3.1 基本平面立体的投影及其截交线 ……………………………………… 054
3.1.1 棱柱的投影及其截交线 ………………………………………………… 055
3.1.2 棱锥的投影及其截交线 ………………………………………………… 056

3.2 常见回转体的投影及其截交线 ………………………………………… 059
3.2.1 圆柱体的投影及其截交线 ……………………………………………… 060

目录

3.2.2 圆锥体的投影及其截交线 ····· 062
3.2.3 球体的投影及其截交线 ····· 066
3.3 相贯立体投影 ····· 069
  3.3.1 两平面立体相贯画法 ····· 069
  3.3.2 平面立体与曲面立体相贯画法 ····· 071
  3.3.3 两回转体相贯的画法 ····· 073
  3.3.4 正交圆柱相贯线的近似画法 ····· 075
  3.3.5 相贯线的特例及简化画法 ····· 077
3.4 立体表面的展开 ····· 078
  3.4.1 平面立体表面展开 ····· 078
  3.4.2 曲面立体表面展开 ····· 079

第4章 组合体的视图 ····· 083

4.1 组合体三视图画法 ····· 083
  4.1.1 组合体的三视图及其投影规律 ····· 083
  4.1.2 形体分析法和线面分析法 ····· 084
  4.1.3 组合体三视图的画法和步骤 ····· 087
4.2 组合体看图方法 ····· 090
  4.2.1 看图的基本要领 ····· 090
  4.2.2 看图的一般方法和步骤 ····· 091
  4.2.3 组合体正等轴测图画法 ····· 093
4.3 组合体的尺寸标注 ····· 098
  4.3.1 组合体尺寸标注的基本要求 ····· 098
  4.3.2 组合体尺寸的分类 ····· 099
  4.3.3 基本形体及常见结构的尺寸标注 ····· 100
  4.3.4 组合体尺寸的标注方法和步骤 ····· 102
  4.3.5 清晰标注尺寸的原则 ····· 105

目 录

第 5 章 机件的表达方法 ·· 106
5.1 视图 ··· 106
　5.1.1 基本视图 ··· 106
　5.1.2 向视图 ··· 108
　5.1.3 斜视图 ··· 108
　5.1.4 局部视图 ··· 109
5.2 剖视图 ··· 110
　5.2.1 剖视图的概念 ··· 110
　5.2.2 剖切面的种类 ··· 113
　5.2.3 剖视图的种类 ··· 116
　5.2.4 剖视图的尺寸标注 ··· 119
5.3 断面图 ··· 120
　5.3.1 断面图的概念 ··· 120
　5.3.2 断面图的种类 ··· 120
5.4 局部放大图和简化画法 ··· 122
　5.4.1 局部放大图 ··· 122
　5.4.2 简化画法 ··· 122
5.5 综合举例 ··· 126

第 2 篇　机械制图实训篇

项目 1　标准件与常用件 ··· 131
任务 1　螺纹的规定画法与标记 ··· 131
任务实施 ··· 138
　【任务解析一】外螺纹的画法 ··· 138
　【任务解析二】内螺纹的画法 ··· 138
　【任务解析三】螺纹画法的其他情况 ··· 139

目　录

【任务解析四】内、外螺纹连接的规定画法 …… 139
任务2　螺纹紧固件的规定画法与标记 …… 140
　任务实施 …… 143
　　【任务解析一】螺栓连接的装配画法 …… 143
　　【任务解析二】双头螺柱连接的装配画法 …… 144
　　【任务解析三】螺钉连接的装配画法 …… 144
任务3　键和销 …… 146
　任务实施 …… 147
　　【任务解析一】键连接的画法 …… 148
　　【任务解析二】销连接的画法 …… 148
任务4　滚动轴承 …… 149
　任务实施 …… 152
　　【任务解析】滚动轴承的画法 …… 152
任务5　齿轮 …… 153
　任务实施 …… 156
　　【任务解析】圆柱齿轮啮合的规定画法 …… 157
任务6　弹簧 …… 158
　任务实施 …… 160
　　【任务解析】圆柱螺旋压缩弹簧的规定画法 …… 160

项目2　零件图 …… 162

任务1　认识零件图 …… 162
　任务实施 …… 166
　　【任务解析】零件图的内容及零件上的工艺结构 …… 167
任务2　零件图的技术要求 …… 167
　任务实施 …… 179
　　【任务解析】标注轴零件的技术要求 …… 179
任务3　绘制轴承座的零件图 …… 181

目录

  任务实施 187
   【任务解析】绘制轴承座的零件图 187
  任务4　测绘零件图 188
  任务实施 192
   【任务解析】测绘滑动轴承座的零件图 192
  任务5　识读典型零件图 193
  任务实施 194
   【任务解析一】识读轴套类零件图 195
   【任务解析二】识读轮盘类零件图 196
   【任务解析三】识读叉架类零件图 197
   【任务解析四】识读箱体类零件图 198

项目3　装配图 200
  任务1　绘制装配示意图 200
  任务实施 206
   【任务解析】绘制滑动轴承的装配示意图 206
  任务2　绘制机器或部件的装配图 208
  任务实施 213
   【任务解析一】机器或部件的测绘 213
   【任务解析二】部件装配图表达方案的确定 217
   【任务解析三】绘制装配图 220
  任务3　读装配图及由装配图拆画零件图 220
  任务实施 222
   【任务解析一】零件形状的构思及表达方案的确定 223
   【任务解析二】零件图的绘制 223
   【任务解析三】零件尺寸与技术要求的标注 224

项目4　金属结构图 225
  任务1　金属结构件连接图识读 225

任务实施	229
【任务解析一】金属结构简图	229
【任务解析二】节点图的画法	230
任务2　焊接图识读	230
任务实施	237
【任务解析一】焊接标注的识读	237
【任务解析二】焊接图的识读	238

第3篇　计算机绘图篇

项目1　AutoCAD 绘制平面图形 … 243

任务1　图形初始化及图线练习	243
任务实施	256
【任务解析一】创建 A3 模板	256
【任务解析二】利用坐标输入绘制简单的平面图形	258
任务2　绘制平面图形	259
任务实施	268
【任务解析一】精确绘制简单平面图形	268
【任务解析二】绘制复杂平面图形1	269
【任务解析三】绘制复杂平面图形2	271
【任务解析四】绘制吊钩	272

项目2　AutoCAD 绘制组合体的三视图 … 274

任务1　绘制简单组合体的三视图	274
任务实施	279
【任务解析一】绘制截交立体三视图	279
【任务解析二】绘制相贯立体三视图	281
【任务解析三】绘制组合体三视图	283

目录

任务 2　投影制图画法 ·· 284
任务实施 ·· 291
　【任务解析一】绘制投影视图（一）·· 291
　【任务解析二】绘制投影视图（二）·· 292

项目 3　AutoCAD 绘制工程图样 ·· 294

任务 1　绘制零件图 ··· 294
任务实施 ·· 315
　【任务解析一】轴套类零件的绘制 ·· 316
　【任务解析二】盘盖类零件的绘制 ·· 317
　【任务解析三】叉架类零件的绘制 ·· 318
　【任务解析四】箱体类零件的绘制 ·· 318
任务 2　装配图的绘制 ··· 320
任务实施 ·· 320
　【任务解析一】MOVE 命令和块插入法绘制装配图 ································ 320
　【任务解析二】带基点复制和粘贴命令绘制装配图 ································ 323

附录 ··· 325

附录 A　常用零件结构要素 ··· 325
附录 B　螺纹 ··· 326
附录 C　常用标准件 ·· 332
附录 D　极限与配合 ·· 342

参考文献 ·· 351

绪 论

0.1 课程的地位、性质和任务

自从劳动开创人类文明史以来，图形与语言、文字一样，是人们认识自然、表达和交流思想的基本工具。远古时代，人类从制造简单工具到营造建筑物，均以直观、写真方法画图。随着生产发展，人们总结出一套既能正确表达图样，又便于绘制与度量的绘制工程图的方法。图形和文字、声音等一样，是承载信息进行交流的重要媒体。图样由图形、符号、文字和数字等组成，以图形为主的工程设计图样为了准确表达工程对象的形状、大小和技术要求，将其按正投影方法和有关技术规定表达在图纸上的图，称为工程图样，简称图样。

产品的诞生：市场需求→设计构思→绘制图样→组织生产→产品。

生产过程：零件图→零件毛坯→零件→装配图→组装出机器。

因此，图样既是设计者表达产品设计意图的工具，又是制造者在产品生产过程中的技术依据。换句话说，图样已成为人们在社会生产中传递技术信息、交流技术思想的一种重要技术交流语言，被形象地称为"工程界的语言"。凡是从事工程技术工作的人员，都必须具备画图和读图的技能。从一张工程设计图样上，可以反映出一个工程技术人员的聪明才智、创新能力、科学作风和工作风格。

工程图样是表达和交流技术思想的重要工具，是工程技术部门的重要技术文件。机械制图是用图样确切表示机械的结构形状、尺寸大小、工作原理和技术要求的学科。本课程是以机械工程图样作为研究对象，采用尺规、徒手和计算机绘制机械图样的技术，重点研究用正投影法绘制和阅读机械图样，以及解决空间几何问题的理论和方法。本课程是高等工科院校工科各专业必修的一门技术基础课，是一门既有理论又有实践的重要技术基础课，而且偏重于实践。

画图——研究怎样将空间物体用平面图形表达出来的过程。

读图——研究怎样根据平面图形将空间物体形状想象出来的过程。

本课程的主要任务：

(1) 培养学生应用正投影法的基本原理及方法表达三维空间形体的能力。

(2) 培养学生分析和阅读机械工程图样的能力。

(3) 培养学生徒手绘制、尺规绘制和计算机绘制机械工程图样的基本技能。

(4) 培养学生对空间形体的形象思维能力和初步的三维构思造型能力。

(5) 培养学生工程意识和贯彻执行国家标准的意识。

(6) 培养学生认真负责的工作态度、严谨细致的工作作风及团队协作精神。

0.2　课程的主要内容与要求

本课程主要内容包括制图基本知识与能力、投影作图基础、机械工程制图与计算机绘图等 4 个模块。

（1）制图的基本知识与能力：学习绘制图样的基本技术和基本技能，通过学习和贯彻《技术制图》与《机械制图》国家标准及其他有关标准规定，训练学生正确使用绘图工具和仪器绘图的操作技能，掌握常用的几何作图方法，做到作图准确、图线分明、字体工整、整洁美观，熟练分析和标注平面图形尺寸。

（2）投影作图基础：学习用正投影法表达空间几何形体与图解空间几何问题的基本原理和方法。利用正投影的基本知识，运用形体分析和线面分析方法，进行组合体的画图、识图和尺寸标注。通过学习和实践，培养学生空间逻辑思维和形象思维能力。

（3）机械工程制图：学习各种机件表达方法，熟知各种视图、剖视图、断面图等的画法及常用的简化画法，做到视图选择和配置恰当，投影正确，尺寸完整、清晰。了解零件图、装配图的作用及内容，掌握它们的视图选择方法和规定画法，学习极限与配合及有关零件结构设计与加工工艺的知识和合理标注尺寸的方法。培养绘制和阅读常见的机器或部件的零件图和装配图的基本能力。

（4）计算机绘图：主要介绍 AutoCAD 软件绘制机械工程图样的基本操作及主要命令的使用方法，培养学生用计算机绘图的基本能力。

学完本课程应达到以下要求：

（1）熟悉《机械制图》国家标准的基本规定，学会正确使用绘图工具和仪器的方法。
（2）掌握运用正投影法表达空间形体的图示方法，具备一定的空间想象和思维能力。
（3）掌握图样的基本表示方法和常用机件及标准结构要素的特殊表示法。
（4）具有识读和绘制中等复杂程度零件图的基本能力。
（5）熟练运用 AutoCAD 软件绘制机械工程图样。

0.3　本课程的学习方法

本课程既有投影理论，又有较强的工程实践性，各部分内容既紧密联系，又各有特点。建议学习方法如下：

（1）建立空间想象力，坚持空间—平面—空间这样一个反复提高的认识过程。

•注意空间几何关系的分析，由物画图、由图想物，由二维到三维、三维到二维反复联系空间形体与平面图形间的对应关系，逐步培养空间想象能力。

•掌握画图和读图所运用的"线面分析法、形体分析法"两种分析方法。画图和读图相结合，多看、多想、多画、多记。逐渐实现"从空间形体到投影图"和"从投影图到空间形体"的顺利转化。

（2）学与练相结合。

- 注重对基础知识的学习和掌握，从点、线、面开始，循序渐进，由浅入深、由简到繁地进行绘图和读图实践。
- 认真、及时、独立地完成一定数量的习题练习。在学习和做作业时，必须有认真负责的态度，严谨细致的工作作风。

（3）遵循两个规则：一是规律性的投影作图，二是规范性的制图标准。

- 要牢固掌握投影原理，透彻理解基本概念，自始至终遵循正投影法的基本原理进行绘图和看图，能灵活运用有关概念和方法进行解题。
- 确立标准意识，严格执行制图国家标准。切忌死记硬背教材条文（定理、标准）。

第1篇 机械制图基础知识篇

第1章 制图的基本知识与技能

第2章 正投影基础

第3章 立体的投影

第4章 组合体的视图

第5章 机件的表达方法

第1章　制图的基本知识与技能

内容提要

图样是设计、制造与维修机器的主要技术资料，是工程界交流的"语言"。要正确地绘制机械图样，必须遵守国家标准《技术制图》与《机械制图》的有关规定，掌握合理的绘图方法和步骤，本章主要介绍绘制机械图样所涉及国家标准的有关规定、常用绘图工具的使用方法及绘图的基本方法和步骤。

学习重点

> 掌握国家标准《技术制图》与《机械制图》的有关规定。
> 掌握常用绘图工具的使用方法。
> 掌握绘图的基本方法和步骤。

1.1　国家标准《技术制图》与《机械制图》的有关规定

机械图样是现代工程生产中最基本的技术文件。对机械图样的内容、格式、尺寸注法、表达方法等，国家标准（简称"国标"或"GB"）《技术制图》与《机械制图》都作了统一规定。它们是机械图样绘制的准则，工程技术人员必须严格遵守和认真执行。

1.1.1　图纸幅面及其规格（GB/T 14689—2008）

1. 图纸幅面

图纸幅面即图纸的大小，国家标准规定了基本图纸幅面代号有 A0、A1、A2、A3、A4 五种，幅面尺寸见表 1.1 – 1。图纸的基本幅面尺寸有一定规律，图纸短边与长边的尺寸关系为 $B:L = 1:\sqrt{2}$，A0 图幅"841×1189"的图幅面积为 1 m^2，各幅面面积成等比数列，公比为 2。

国家标准规定必要时，幅面的尺寸也可由基本幅面的短边呈整数倍增加。

表 1.1-1　图纸的幅面及尺寸规格

幅面代号	A0	A1	A2	A3	A4
$B \times L$	841×1189	594×841	420×594	297×420	210×297
e	20	20	10	10	10
c	10	10	10	5	5
a	25	25	25	25	25

2. 图框格式

图框即图纸上的绘图区域，图框的边线为图框线，用粗实线画出。根据是否需要装订，图框格式可分为两种：无装订边（图 1.1-1）和有装订边（图 1.1-2），各参数尺寸见表 1.1-1。一般情况下当要表达的机器或部件由多个零件组成时，常用有装订边格式，将一整套图样装订成册。规定同一产品的所有图样采用同一种格式。

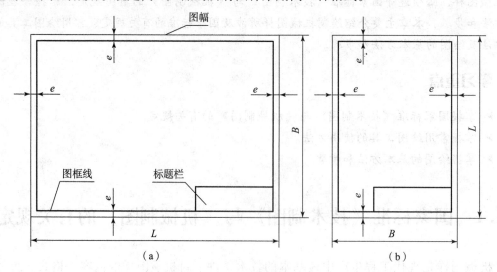

图 1.1-1　无装订边图框格式
(a) 图纸横置；(b) 图纸竖置

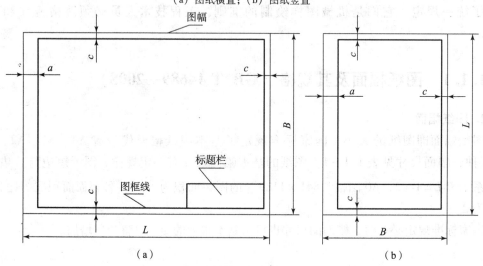

图 1.1-2　有装订边图框格式
(a) 图纸横置；(b) 图纸竖置

通常根据要表达的形体结构的具体情况，图样需要横置（图 1.1-1（a）和图 1.1-2（a），即图样长边置于水平方向）或竖置（图 1.1-1（b）和图 1.1-2（b），即图样短边置于水平方向）。

1.1.2 标题栏（GB/T 10609.1—2008）

1. 格式及内容

标题栏的格式，一般由更改区、签字区、其他区（材料、比例、重量等）、名称及代号区（单位名称、图样名称、图样代号等）组成（图 1.1-3）。标题栏内容较多、较复杂，教学中建议采用图 1.1-4 所示的简化标题栏。

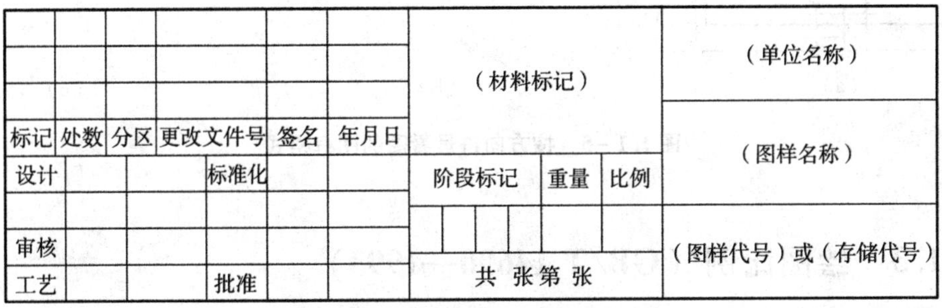

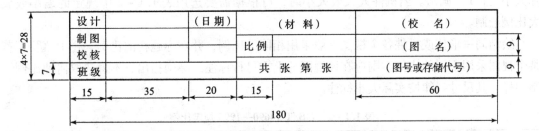

图 1.1-3 国家标准规定的标题栏

图 1.1-4 教学中使用的简化标题栏

2. 绘制方法及位置

标题栏的位置应位于图纸的右下角，外框是粗实线，里边是细实线，其右边线和底边线应与图框线重合。

3. 看图方向的规定

规定标题栏中文字方向一般是看图的方向。但当利用预先印制好图框及标题栏的图纸画图，导致标题栏中文字方向不是看图方向时，需要在图纸的下边对中符号处画出方向符号，按方向符号指示的方向看图。方向符号是用细实线绘制的等边三角形，如图 1.1-5（a）和图 1.1-5（b）所示。对中符号在图纸各边长的中点处分别画出，它是从周边画入图框内约 5 mm 的一段粗实线，线宽不小于 0.5 mm，图样复制和微缩摄影时方便定位使用，如图 1.1-5（c）所示。

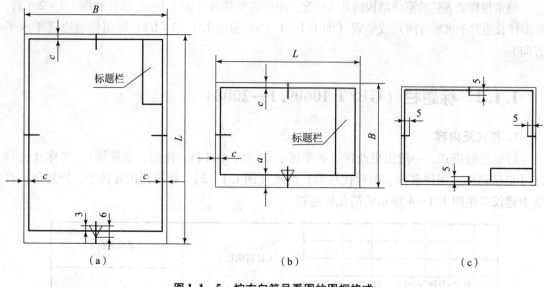

图 1.1-5 按方向符号看图的图框格式

1.1.3 绘图比例（GB/T 14690—1993）

比例是指图中图形与实物相应要素的线性尺寸之比。绘制图样时，应尽可能按机件的实际大小（1∶1）画出。当机件太大或太小时，可根据需要选用表 1.1-2 中规定的缩小或放大比例绘制。

绘制同一形体或机件各个视图一般采用相同的比例，并在标题栏的比例一栏中填写。若某个视图采用不同的比例，则应在该视图的上方另行标注。必须指出，不管选取何种比例绘制图样，其尺寸一律按实际大小标注。

表 1.1-2 GB/T 14690—1993 规定比例

种 类	优先选用			允许选用				
原值比例	1∶1							
放大比例	5∶1 $5\times10^n\colon1$	2∶1 $2\times10^n\colon1$	$1\times10^n\colon1$	4∶1 $4\times10^n\colon1$	2.5∶1 $2.5\times10^n\colon1$			
缩小比例	1∶2 $1\∶2\times10^n$	1∶5 $1\∶5\times10^n$	1∶10 $1\∶1\times10^n$	1∶1.5 $1\∶1.5\times10^n$	1∶2.5 $1\∶2.5\times10^n$	1∶3 $1\∶3\times10^n$	1∶4 $1\∶4\times10^n$	1∶6 $1\∶6\times10^n$

注：n 为正整数。

1.1.4 字体（GB/T 14691—1993）

1. 基本要求

图样中书写的汉字、数字、字母都必须做到字体工整、笔画清楚、间隔均匀、排列整齐。

2. 汉字

国家标准规定图样中的汉字应写成长仿宋体字,并采用国家正式公布推行的简化字,汉字高度(用 h 表示)不应小于 3.5 mm,其字宽一般为字高的 $h/\sqrt{2}$。字体高度的公称尺寸系列通常为 1.8 mm、2.5 mm、3.5 mm、5 mm、7 mm、10 mm、14 mm 及 20 mm 8 种。如书写更大的字,其字体高度应按 $\sqrt{2}$ 的比率递增。通常所说的字号即为字体高度。

长仿宋体字的书写要领是:横平竖直,注意起落,结构匀称,填满方格。注意字的重心要稍微上提,笔画要一笔写成,不要勾描。图 1.1-6 所示为长仿宋体汉字示例。

字体端正 笔画清楚 排列整齐 间隔均匀

长仿宋字要领:横平竖直 注意起落 结构匀称 填满方格

机械工程制图与计算机绘图

图 1.1-6　长仿宋体汉字示例

3. 数字和字母

数字和字母分 A 型和 B 型。A 型字体的字母间距为 $h/14$;B 型字体的字母间距为 $h/10$。数字和字母均可书写成直体或斜体(字头向右倾斜,与水平成 75°角)。用作指数、分数、极限偏差、注脚等的数字及字母,一般采用小一号的字体。同一图样上,只允许选用一种型式的字体。图 1.1-7 所示为字母、数字的书写示例。

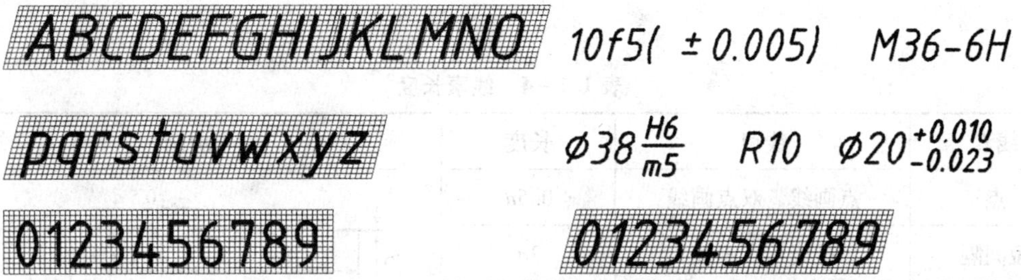

ABCDEFGHIJKLMNO　10f5(±0.005)　M36-6H

pqrstuvwxyz　$\phi 38 \frac{H6}{m5}$　R10　$\phi 20^{+0.010}_{-0.023}$

0123456789　　　　0123456789

图 1.1-7　数字和字母书写示例

1.1.5　图线(GB/T 17450—1998 和 GB/T 4457.4—2002)

1. 线型及应用

表 1.1-3 为常用的各种图线的名称、型式、线宽及在图上的一般应用。

线宽 d 应根据图样的类型和尺寸大小在下面系列中选择:0.13 mm、0.18 mm、0.25 mm、0.35 mm、0.5 mm、0.7 mm、1 mm、1.4 mm、2 mm。线宽 d 系列的公比为 $1:\sqrt{2}$。国家标准《机械制图》中规定图线采用粗线和细线两种宽度,粗线和细线的宽度比为 2:1,粗线宽度优先使用 0.5 mm 和 0.7 mm。

表 1.1-3　图线及其应用

名称	型式	宽度/mm	主要用途及线素长度
粗实线	———————	d	表示可见轮廓线
细实线	———————	$\dfrac{d}{2}$	（1）表示尺寸线、尺寸界线；（2）剖面线；（3）指引线和基准线；（4）重合断面的轮廓线；（5）过渡线；（6）螺纹牙底线；（7）表示平面的对角线；（8）不连续同一表面连线；（9）成规律分布的相同要素的连线；（10）投影连线
波浪线	～～～～	$\dfrac{d}{2}$	（1）表示断裂处的边线界；（2）视图和剖视图的分界线
双折线	—\/\/—	$\dfrac{d}{2}$	表示断裂处的边线界线
虚线	- - - - - -	$\dfrac{d}{2}$	（1）表示不可见轮廓线；（2）不可见过渡线
细点画线	—·—·—·—	$\dfrac{d}{2}$	（1）表示轴线；（2）圆中心线；（3）对称线；（4）齿轮分度圆（线）；（5）轨迹线
粗点画线	—·—·—·—	d	表示限定范围表示线
双点画线	—··—··—	$\dfrac{d}{2}$	（1）表示假想轮廓线；（2）可动零件的极限位置轮廓线；（3）断裂处的边界线；（4）轨迹线
粗虚线	▬ ▬ ▬ ▬	d	表示允许表面处理的表示线

2. 图线的构成

不连续线的独立部分称为线素，如点、长度不同的画和间隙。各线素的长度应符合表 1.1-4。

表 1.1-4　线素长度

线素	线型	长度	示例
点	点画线、双点画线	$0.5d$	
短间隔	虚线、点画线	$3d$	
画	虚线	$12d$	
长画	点画线、双点画线	$24d$	

3. 画图时的注意事项（图 1.1-8）

（1）同一图样中，同类型图线的宽度应一致。虚线、点画线及双点画线的线段长度和间隔应大致相等。

（2）圆的两条对称中心线圆心处应为长画的交点，首末应是线段，且应超出图形外约 2~5 mm。在较小的图形上绘制点画线或双点画线有困难时，可用细实线代替。

（3）虚线为粗实线的延长线时，虚线处应留有间隙，以示两种不同线型的分界线。当虚线与虚线、虚线与粗实线相交时，应该是线段相交。

（4）虚线圆弧与实线相切时，虚线圆弧应留有间隙。

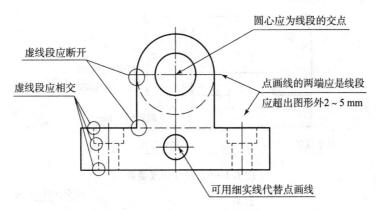

图 1.1-8 各种图线相交、相接的画法

1.2 尺寸标注（GB/T 4458.4—2003）

在图样中，除需表达形体的机构形状外，还需标注尺寸，以便确定其大小。因此，尺寸也是图样的重要组成部分，尺寸标注是否正确、合理，会直接影响图样的质量。为了便于交流，国家标准对尺寸标注的基本方法做了一系列规定，在绘制图样过程中必须严格遵守。

1.2.1 尺寸标注的基本原则

（1）机件的真实大小应该以图样上所注的尺寸数值为依据，与图形的大小及绘图的准确度无关。

（2）图样中所标注的尺寸，以毫米为单位时，不需标注计量单位的代号或名称。如采用其他单位，则必须注明计量单位的代号或名称，如300°（度）、cm（厘米）、m（米）等。

（3）机件的每一个尺寸，一般只标注一次，并应标注在反映该结构最清晰的图形上。

（4）图样中所标注的尺寸，为该图样所示机件的最后完工尺寸，否则应另加说明。

1.2.2 尺寸的组成要素

一个完整的尺寸包括尺寸界线、尺寸线、尺寸线终端和尺寸数字四个要素，如图1.1-9所示。

1. 尺寸界线

（1）尺寸界线表示尺寸的起、止位置，用细实线绘制，应从图形的轮廓线、轴线或对称中心线引出，也可以利用图形的轮廓线、轴线或对称中心线作为尺寸界限，如图1.1-10（a）所示。

（2）尺寸界线一般应与尺寸线垂直，并超出尺寸线终端约2~3 mm（图1.1-9），必要时允许倾斜。在光滑过渡处标注尺寸时，必须用细实线将轮廓线延长，从它们的交点处引出尺寸界线，如图1.1-10（b）所示。

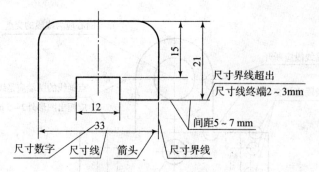

图1.1-9 尺寸组成要素

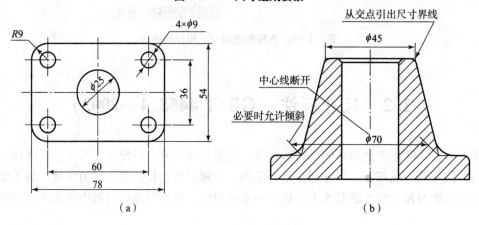

(a)　　　　　　　　　　　　　(b)

图1.1-10 尺寸界限

2. 尺寸线

（1）尺寸线用细实线单独绘制，不能用其他图线代替，一般也不得与其他图线重合或画在其延长线上。

（2）标注相互平行的尺寸时，应该小尺寸尺寸线在里，大尺寸尺寸线在外，避免尺寸线与尺寸界线相交。

（3）同一图样上，尺寸线与尺寸线、尺寸线与轮廓线之间应保持足够的距离，且应大致相等，一般不小于5 mm，以5～7 mm为宜，如图1.1-9所示。

3. 尺寸线终端

尺寸线终端有两种形式：箭头和45°斜线，如图1.1-11所示。

（1）箭头。此种形式适用于各种类型的图样，机械制图多用箭头。箭头尖端应与尺寸界线相接触，不得超出或离开，如图1.1-12所示。在位置不够的情况下，允许用圆点或斜线代替箭头。

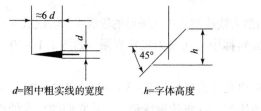

d=图中粗实线的宽度　　　h=字体高度

图1.1-11 尺寸线终端

图1.1-12 错误尺寸线终端

(2) 斜线。用细实线绘制，其中 h 为字体高度。当终端采用斜线形式时，尺寸线与尺寸界线必须相互垂直。

应注意：同一图样中只能采用一种尺寸线终端形式。

4. 尺寸数字

(1) 线性尺寸数字一般应注在尺寸线的上方，也允许注在尺寸线的中断处，当位置不够时，也可引出标注。

(2) 尺寸数字按标准字体书写，同一张图上，数字及箭头的大小应保持一致。

(3) 尺寸数字不可被任何图线所通过，当不可避免时，必须将图线断开，如图 1.1-10 所示。

1.2.3 各类尺寸注法

除了以上规定和规则以外，针对不同类型的尺寸，还有相应一些规定，具体见表 1.1-5。

表 1.1-5 各类尺寸标注方法

内容	图例	说明
线性尺寸的注法	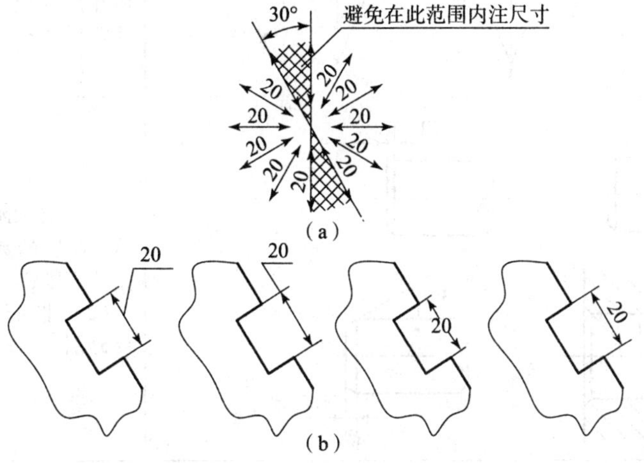	(1) 标注线性尺寸时，尺寸线必须与所标注的线段平行； (2) 水平尺寸数字字头朝上，垂直尺寸数字字头朝左，倾斜方向的尺寸数字，保持字头向上的趋势； (3) 应尽可能避免在图 (a) 所示 30°范围内标注尺寸，当无法避免时，可按图 (b) 方式标注
圆及圆弧尺寸的注法	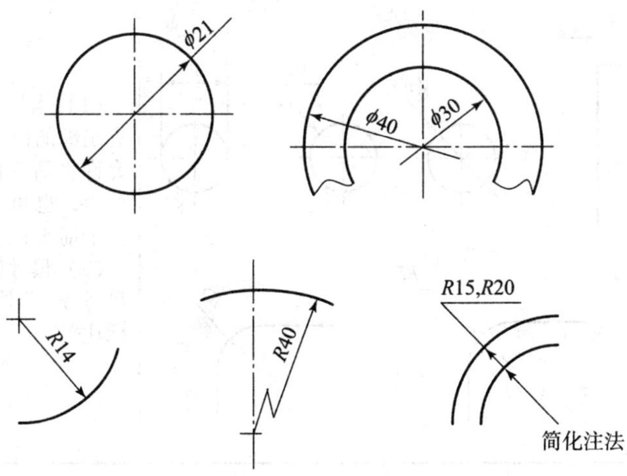	(1) 圆和圆弧的尺寸线终端应画成箭头； (2) 圆及大于半圆的圆弧一般标注直径，并在数字前加注 "ϕ"； (3) 当尺寸线的一端无法画箭头时，尺寸线要超出圆心一段长度； (4) 半径尺寸数字前加注 "R"，尺寸线一般应通过圆心； (5) 当圆弧的半径过大或在图纸范围内无法标出其圆心位置时，可按 $R40$ 尺寸的注法标注

续表

内容	图例	说明
球面的注法	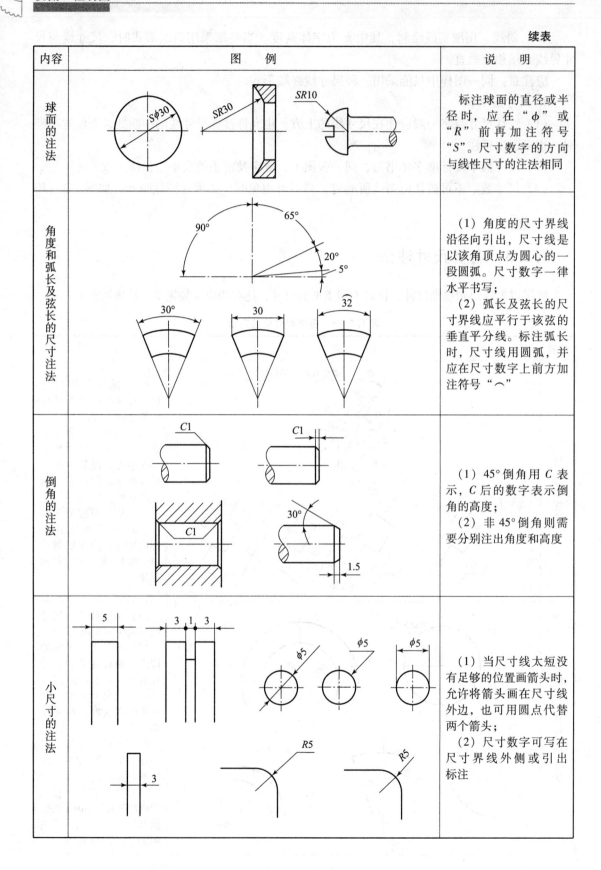	标注球面的直径或半径时，应在"ϕ"或"R"前再加注符号"S"。尺寸数字的方向与线性尺寸的注法相同
角度和弧长及弦长的尺寸注法		（1）角度的尺寸界线沿径向引出，尺寸线是以该角顶点为圆心的一段圆弧。尺寸数字一律水平书写； （2）弧长及弦长的尺寸界线应平行于该弦的垂直平分线。标注弧长时，尺寸线用圆弧，并应在尺寸数字上前方加注符号"⌒"
倒角的注法		（1）45°倒角用 C 表示，C 后的数字表示倒角的高度； （2）非 45°倒角则需要分别注出角度和高度
小尺寸的注法		（1）当尺寸线太短没有足够的位置画箭头时，允许将箭头画在尺寸线外边，也可用圆点代替两个箭头； （2）尺寸数字可写在尺寸界线外侧或引出标注

1.3 几何作图

几何作图是机械图样中常见的正多边形、矩形、三角形、圆、椭圆及圆弧连接等图形的作图方法。本章重点介绍如何绘制这些常见平面图形。

1.3.1 等分直线段

等分已知直线段,采用的是作图法。

如图 1.1-13 所示,欲将已知直线段 AB 五等分,则可过其一个端点 A 作任意直线 AC,用分规以任意相等的距离在 AC 上量得 1、2、3、4、5 个等分点(图 1.1-13 (a)),然后连接 5B,并过各等分点作 5B 的平行线,即得 AB 上的各等分点 1′、2′、3′、4′(图 1.1-13 (b))。

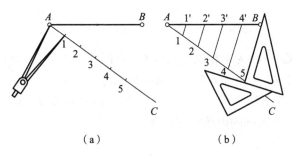

图 1.1-13 等分直线段作图方法

1.3.2 圆的等分和正多边形

1. 六等分圆周和正六边形的作图方法

六棱柱结构是一些零部件里会遇到的结构,其投影就是六边形。比如螺纹紧固件螺钉、螺栓、螺母等。已知圆周求其六等分点及正六边形的画法有两种。

方法一:用圆规作图,如图 1.1-14 (a) 所示,已知外接圆,分别以 A、B 为圆心,以圆的半径截取圆周,即得圆周六等分,用三角板顺次连接六等分点,就可得到正六边形。

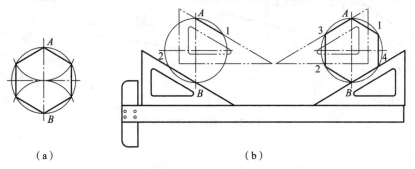

图 1.1-14 六等分圆周和正六边形画法

方法二：用30°三角板配合丁字尺或直尺作图，如图 1.1 – 14（b）所示，用三角板与丁字尺配合，过点 A 作圆的弦 A1，左移三角板过点 B 作弦 B2；旋转三角板作 A3、B4 弦，用该三角板的直角边将 1 与 4、2 与 3 连接，即完成圆周的六等分和正六边形。

2. 五等分圆周和正五边形

已知五边形外接圆，作图步骤如下（图 1.1 – 15）：

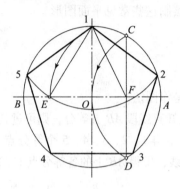

图 1.1 – 15　五等分圆周和正五边形画法

（1）以点 A 为圆心，OA 为半径画圆弧得 C、D 两点，连接 C、D 得 OA 中点 F。
（2）以 F 为圆心，F1 为半径画弧，交 AB 于点 E。
（3）以 1E 为所求正五边形的边长，自点 1 起截圆周得点 2、3、4、5，即将圆周五等分，依次连接等分点，作出圆的内接正五边形。

1.3.3　斜度和锥度（Rake and taper）

1. 斜度

斜度是指一直线对另一直线或一个平面对另一个平面的倾斜程度。其大小为两直线（或平面）间夹角的正切值，如图 1.1 – 16（a）所示。

$$斜度 = \frac{H}{L} = \tan\alpha$$

标注斜度时，一般用 1:n 的形式来进行标注，如图 1.1 – 16（b）所示；斜度的符号画法如图 1.1 – 16（c）所示，标注时符号的斜线方向应与直线（或平面）倾斜方向一致。

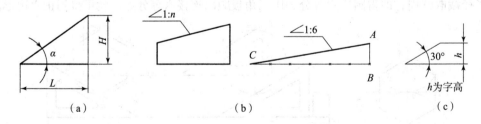

图 1.1 – 16　斜度及其标注方法

2. 锥度

锥度是指正圆锥的底圆直径与圆锥高度之比；圆台的锥度为底圆直径与顶圆直径之差与

圆台高度之比,如图 1.1-17 所示,即,锥度 $= \dfrac{D}{L} = \dfrac{D-d}{l} = 2\tan\alpha$。

标注锥度时一般也用 $1:n$ 的形式来表示。锥度的标注方法如图 1.1-17(b)所示,且锥度符号的方向应与锥度倾斜方向一致。锥度符号的画法如图 1.1-17(c)所示。

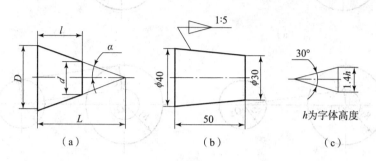

图 1.1-17 锥度及其标注方法

1.3.4 圆的切线

1. 过圆外一点作圆的切线

已知圆和圆外一点 A(图 1.1-18(a)),过点 A 作圆的切线。作图步骤如下:

(1)连接点 A 与圆心 O(图 1.1-18(b))。

(2)以 OA 的中点 O_1 为圆心,OO_1 为半径画弧,与已知圆相交于点 C_1、C_2(图 1.1-18(c))。

(3)分别连接 AC_1 和 AC_2,即得所求两条切线(图 1.1-18(d))。

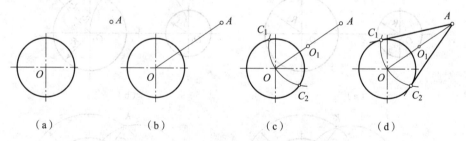

图 1.1-18 过圆外一点作圆的切线

2. 作两已知圆的外公切线

已知两圆 O_1、O_2,$R_1 > R_2$(图 1.1-19(a)),求作两已知圆的外公切线,作图步骤如下:

(1)以 O_1 为圆心,$R_1 - R_2$ 为半径作辅助圆(图 1.1-19(b))。

(2)过 O_2 作辅助圆的切线 O_2C(图 1.1-19(c)),作法同图 1.1-18。

(3)连接 O_1C 并延长,与 O_1 圆交于点 C_1,作 $O_2C_2 /\!/ O_1C_1$,交 O_2 圆于点 C_2,连接 C_1C_2 即得所求外公切线(图 1.1-19(d))。

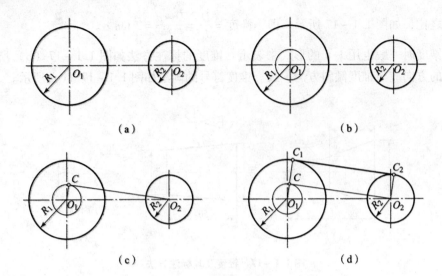

图 1.1-19　作两已知圆的外公切线

3. 作两已知圆的内公切线

已知两圆 O_1、O_2，半径分别为 R_1、R_2（图 1.1-20（a）），作其内公切线的步骤如下：

(1) 以 O_1O_2 的中点为圆心，O_1O_2 为直径作辅助圆弧，以 O_2 为圆心，R_1+R_2 为半径作弧，与辅助圆弧相交于点 K（图 1.1-20（b））。

(2) 连接 O_2K，与 O_2 圆相交于 C_2（图 1.1-20（c））。

(3) 作 $O_1C_1 /\!/ O_2C_2$，交 O_1 圆于点 C_1，连接 C_1C_2 即为所求得内公切线（图 1.1-20（d））。

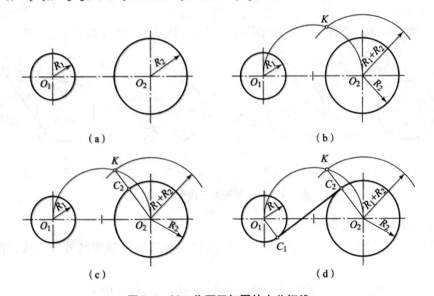

图 1.1-20　作两已知圆的内公切线

1.3.5　椭圆

已知长轴 AB 和短轴 CD，常用的作椭圆的方法有四心近似法（图 1.1-21（a））和辅助圆法（图1.1-21（b））。

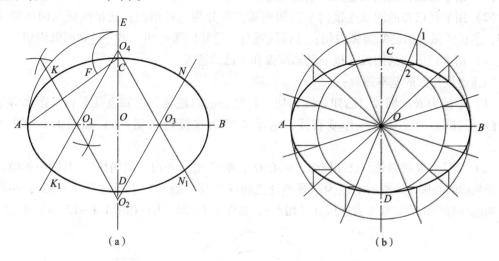

图1.1-21 椭圆的画法

四心近似法作图步骤如下：

(1) 连接A、C，以O为圆心、OA为半径画弧，与CD延长线交于点E，以C为圆心、CE为半径画弧与AC交于F点。

(2) 作AF的垂直平分线，与长、短轴分别交于O_1、O_2，再作对称点O_3、O_4，O_1、O_2、O_3、O_4即为四个圆心。

(3) 分别作圆心连线O_1O_4、O_2O_3、O_3O_4并延长。

(4) 分别以O_1、O_3为圆心，O_1A、O_3B为半径画小圆弧K_1AK和NBN_1；分别以O_2、O_4为圆心，O_2C、O_4D为半径画大圆弧KCN和N_1DK_1（切点K、K_1、N_1、N分别位于相应的圆心连线上），即完成近似椭圆的作图。

辅助圆法作图步骤如下：

(1) 以O为圆心、椭圆的长半轴OA和短半轴OC为半径分别画辅助圆。

(2) 作若干个直径与两辅助圆相交（本图例中作了8条直径）。

(3) 过一直径与大圆的交点（如1）作平行于CD的直线，过该直径与小圆的交点（如2）作平行于AB的直线，两直线的交点即为椭圆上的点。

(4) 以同样的方法作出若干点，然后光滑连接各交点，即得到所求的精确椭圆。

1.3.6 圆弧连接

在机械图样或其他工程图样中绘制机械零件或其他形体轮廓时，经常会遇到从一直线（或圆弧）通过一段圆弧光滑过渡到另一直线（或圆弧）的情况，实际上就是圆弧连接。圆弧连接是指用半径已知的圆弧光滑连接两已知线段（可以是直线，也可以是圆弧）的作图过程。所谓的光滑连接，实质上就是相切过渡；使连接圆弧与已知直线、连接圆弧与已知圆弧在连接处相切，作图时必须准确地作出连接圆弧的圆心和连接点（即切点）。

圆弧连接有三种情况：

(1) 用半径已知的圆弧连接两条已知直线。

(2) 用半径已知的圆弧连接两个已知圆弧。可分为三种情况：连接圆弧与两已知圆弧外切；连接圆弧与两已知圆弧内切；连接圆弧与一已知圆弧外切与另一已知圆弧内切。

(3) 用半径已知的圆弧连接一已知圆弧和一已知直线。

圆弧连接作图的基本原理：

(1) 半径为 R 的圆弧与已知直线相切，其圆心的轨迹是与已知直线平行且距离等于 R 的直线，过圆心向已知直线作垂直线，垂足 A 即为连接点（切点），如图 1.1-22（a）所示。

(2) 半径为 R 的圆弧与已知圆弧（圆心 O_1，半径 R_1）外切（或内切），其圆心的轨迹是已知圆弧的同心圆，该圆的半径为两圆半径之和（外切）或两圆半径之差（内切）；两圆心 OO_1 的连线与圆弧的交点 A 为连接点（切点），如图 1.1-22（b）和图 1.1-22（c）所示。

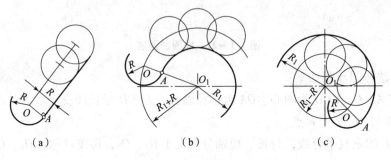

图 1.1-22　圆弧连接的作图原理

常见的圆弧连接方法见表 1.1-6，其中连接圆弧的半径为 R。

表 1.1-6　圆弧连接的方法和步骤

步骤 内容	求圆心 O	求切点 A、B	画连接圆弧
连接两条直线			
连接一直线和一圆弧			
外接两圆弧			

续表

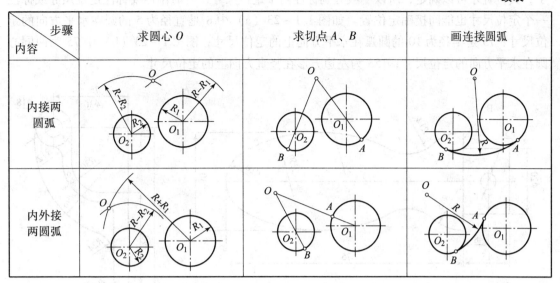

1.4 平面图形的绘制及尺寸标注

平面图形的大小及其相对位置都由尺寸确定的，画图的先后顺序也和尺寸有关。因此，绘制平面图形时，应先进行尺寸分析和线段分析，根据给定的尺寸和线段，确定画图步骤，逐个画出各个组成部分。

1.4.1 平面图形的尺寸分析

平面图形的尺寸分为定形尺寸和定位尺寸两大类。在确定定位尺寸时，首先要确定长度方向和高度方向上的尺寸基准。

1. 尺寸基准

在平面图形中确定尺寸位置的点、线称为尺寸基准。平面图形常用的尺寸基准为对称图形的对称线、圆心及重要的轮廓线等。如图 1.1 – 23（a）中对称线 A 作为上下方向的尺寸基准，轮廓线 B 作为左右方向的尺寸基准；图 1.1 – 23（b）中最左的铅垂线作为左右方向的尺寸基准，$\phi18$、$\phi36$ 这两个圆共同的对称中心线作为上下方向的尺寸基准。

2. 定形尺寸

确定平面图形各部分形状大小的尺寸，如圆弧的直径或半径、直线的长度、角度的大小等。如图 1.1 – 23（a）中圆直径尺寸 $\phi5$、圆弧半径尺寸 $R10$、$R12$、$R15$、$R50$，以及图 1.1 – 23（b）中直线段 90 和 15、圆直径尺寸 $\phi18$ 和 $\phi36$、圆弧半径尺寸 $R30$、$R12$、$R96$、$R24$ 和 $R6$ 都是定形尺寸。

3. 定位尺寸

确定平面图形各部分之间相对位置的尺寸。每个图形的位置在两个方向上定位尺寸确定了，其位置才可以确定，所以一般分别标注两个定位尺寸；有时不需要标注定位尺寸或标注一个定位尺寸也能间接确定位置。如图 1.1-23（a）中 8 是直径为 5 的圆在水平方向的定位尺寸；75 是半径为 10 的圆弧在水平方向上的定位尺寸；图 1.1-23（b）中 75 为两同心圆在水平方向的定位尺寸；153 为左边方形在竖直方向上的定位尺寸。

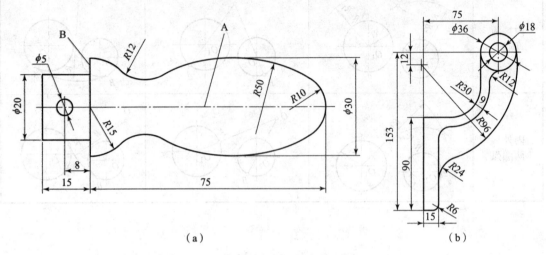

图 1.1-23　平面图形的尺寸分析与线段分析

有的尺寸既是定形尺寸也是定位尺寸，如图 1.1-23（a）中的 $\phi 20$ 和 15。

1.4.2　平面图形的线段分析

平面图形的线段按其所标注的尺寸类型和数目分为三种：

1. 已知线段

标注了定形尺寸和所有定位尺寸的线段称为已知线段。根据所给的尺寸就可直接把线段画出。如图 1.1-23（a）中的圆弧线段 $R10$、$\phi 5$，左端的直线段 $\phi 20$ 和 15。

2. 中间线段

标注了定形尺寸和部分定位尺寸的线段称为中间线段。作图时，需要根据与其他已知线段之间的几何关系来确定其位置。如图 1.1-23（b）中 $R96$ 的圆弧有定形尺寸 $R96$ 和圆心的一个定位尺寸 12，但圆心的另一个定位尺寸没有标出。作图时，必须通过与已知弧 $\phi 36$ 的圆相切才能作出，属于中间线段。

3. 连接线段

只标注了定形尺寸，而没有标注定位尺寸的线段称为连接线段。作图时，要依靠两个与其相邻接的两线段之间的几何关系确定位置，进而将它们画出。如图 1.1-23（a）中 $R12$ 和 $R50$ 的圆弧及图 1.1-23（b）中 $R24$、$R12$、$R30$、$R6$ 的圆弧就属于连接线段。

1.4.3　平面图形的作图步骤

画平面图形时，经过尺寸分析和线段分析后，先画已知线段，再画中间线段，最后画连接线段。作图过程中应准确求出中间线段及连接线段的圆心和切点。

以 1.1-23（a）为例，具体作图步骤如图 1.1-24 所示。

(1) 先画出图形的基准线（图 1.1-24（a））。

(2) 画已知线段（图 1.1-24（b））。

(3) 画中间线段（图 1.1-24（c））。

(4) 画连接线段（图 1.1-24（d））。

(5) 擦去多余的作图线，按线型要求加深图线（图 1.1-24（e））。

(6) 标注尺寸，完成全图（图 1.1-24（f））。

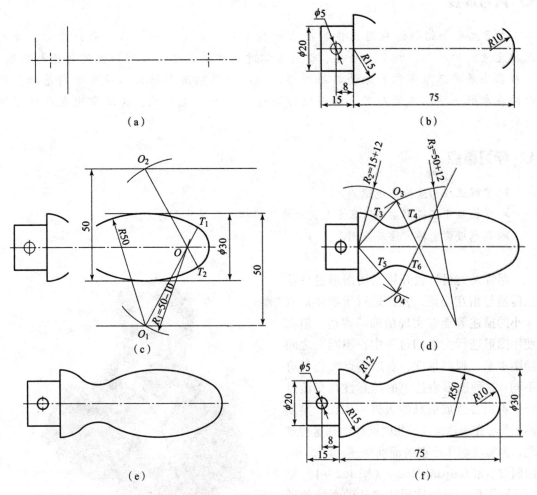

图 1.1-24　平面图形的作图方法与步骤

第 2 章　正投影基础

🔄 内容提要

本章主要介绍如何应用正投影法求出基本几何元素（点、线、面）投影，并对几何元素间的从属、相交、平行、垂直等相对位置关系进行投影特性的讨论与判别。正投影法是将三维实体表达为二维图形，以及由二维图形读出三维实体的基础。换面法在求解一些几何问题时，能够使作图过程更加方便直观，在本章中也进行了简要介绍。

🔄 学习重点

➢ 了解正投影法投影规律。
➢ 掌握基于正投影法表达基本几何元素及其相对位置关系的方法。
➢ 熟悉投影变换方法及应用。

尽管人类很早就开始利用图形进行信息传递与相互交流，尤其是对于物体形状大小的描述等能够实现精确的表达。但在使用图形进行交流的过程中，不同人之间绘图水平、观测角度、表达重点难免各有不同。这种图形表达上的随意性在交流过程中不免会造成信息的丢失与误读。早期的工程师在表达设计思想时同样面临这种难题，为实现物体形态的准确描述，1765 年，法国数学家 Gaspard Monge（图 1.2-1）提出了用图形进行物体形状表达的系统的理论与方法——画法几何学（Géométrie Descriptive），从而为用二维投影视图来表达三维物体形状奠定了坚实基础。

图 1.2-1　Gaspard Monge（1746.5.9—1818.7.28）
图片引自：https://en.wikipedia.org/wiki/Gaspard_Monge

2.1 正投影法及三视图

2.1.1 投影法

物体在光线的照射下，可以在一些平面上形成和其外形轮廓相近的影子，如常见的皮影表演（图1.2-2（a））、手影游戏（图1.2-2（b）），都是巧妙地应用了投影与物体类似性的特点，构成栩栩如生的人、物和生动活泼的场景。本书中所介绍的投影法，是对生活中投影现象的抽象化和理论化，为准确描述物体的真实形态和大小提供一种行之有效的方法。工程图学中的投影法是指投射线通过物体，向选定的面投射，并在该面上得到图形的方法。在工程技术领域，常用的投影方法有中心投影法与平行投影法。

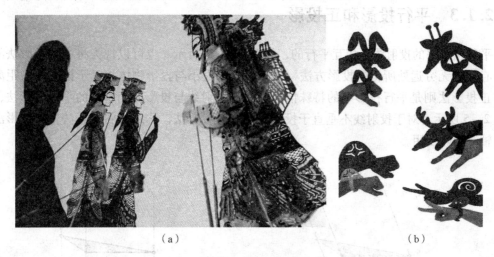

（a）　　　　　　　　　　　　　　　　　　　（b）

图1.2-2　生活中的投影现象

(a) 皮影（图片摘自《河南日报》2016-11-11人物版）；

(b) 手影（图片引自：https://babyccinokids.com/blog/2014/07/17/sweet-shadow-puppets-from-nogaravin/）

2.1.2 中心投影

如图1.2-3（a）所示，给定平面 P 及平面外的空间点 S，则 T 点向平面 P 的中心投影为直线 ST 与平面 P 的交点 t。其中，S 点为投射中心（Center），ST 为投射线（Ray），平面 P 为投影面（Projection Plane 或 Picture Plane）。习惯上，空间端点等用大写的拉丁字母表示，而投影用相应的小写字母表示。

中心投影法的所有投射线汇交于一点 S，如图1.2-3（b）所示。此时，平面图形 $ABCD$ 为投影物体，其在投影面 P 上的投影 $abcd$ 是其各端点投影按空间排列的顺次连接。中心投影的大小随着投射中心 S、物体相对于投影面的相对位置变化而变化，一般不能直接反映出实际物体的大小，但其投影的立体感较强，常在建筑制图的外形设计中采用。

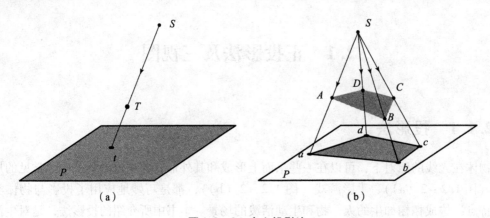

图 1.2-3 中心投影法
(a) 空间点的投影；(b) 平面图形的中心投影

2.1.3 平行投影和正投影

平行投影法的投射线是相互平行的，如图 1.2-4 所示。也可以视为将中心投影法的投射中心移至无穷远处所得的投影方法，平行投影的大小与投影物体相对于投影面的距离无关。正投影法则是平行投影中的特殊情况，是指投射线与投影面相垂直的平行投影法，如图 1.2-5 所示。对于投射线不垂直于投影面的平行投影法，称之为斜投影法，斜投影法在绘制轴测图时使用。

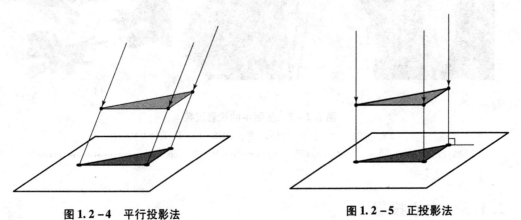

图 1.2-4 平行投影法   **图 1.2-5 正投影法**

平行投影法具有如下的一些基本特性，使它更便于描述物体的真实形状和大小，故在工程领域中，采用平行投影法的情况更多一些。

（1）类似性。空间的点在任意一个投影面内的投影仍为点；与投射线方向不平行的空间直线在投影面内的投影也仍为直线；若空间平面与投射线方向不平行，它的投影也与其形状类似。反之，在读工程图样时，我们也常常利用这种类似性，根据投影来判别物理实体上表面的形状等。

（2）从属性。如若空间的点在直线上，或直线在平面上，则它们在投影面上的投影，点的投影会在对应所属直线的投影上，直线的投影也会位于所属平面的投影上。

(3) 比例性。空间的点分线段的比例,等于点的投影分线段投影的比例。

(4) 实形性。空间平行于投影面的线或平面,在该投影面内的投影反映其实形。在绘制工程图样时,为了便于读图与画图,常使最能反映物体上表面特征的面与某一投影面相互平行,从而通过投影来反映物体表面的真实形状。

(5) 积聚性。若空间的线或平面与投射线的方向平行,则对应的投影会积聚为一点和一条线段。

2.1.4 三投影视图的形成及投影规律

单个投影面上的正投影图样只表达出空间立体对象的一个方向上特征的二维图,在很多情况下,无法描述立体对象的三维全貌。如图 1.2 - 6 所示,三个几何体在投影面 H 上的投影均为矩形。显然,如果仅根据此单一投影面上的投影,我们并不能确定空间几何体的具体形状。

为此,建立如图 1.2 - 7 所示相互垂直的 H - V - W 三投影面体系,即正投影面 V、水平投影面 H 和侧投影面 W,将空间分为 8 个分角。其中,把投影物体置于如图 1.2 - 8 所示第一分角内后再向各投影面投影的画法称为第一角画法,其中,V 面为正立投影面或称为正投影面,位于观察者 S 正前方;H 面为水平投影面,是位于观察者 S 下方的水平面;W 面为侧立投影面,位于观察者 S 的右侧。三个投影面两两相交得到坐标轴 OX、OY 和 OZ,O 为三个坐标轴的公共交点。其中:

OX 轴以水平向左为正,表示"长度"方向,也称"横轴";

OY 轴以水平向前为正,表示"宽度"方向,也称"纵轴";

OZ 轴以竖直向上为正,表示"高度"方向,也称"竖轴"。

中国、英国、德国等国主要采用第一角画法,简称为 E 法。投影物体置于第三分角内后再向各投影面投影称为第三角画法,主要有美国、日本等国采用,简称 A 法。

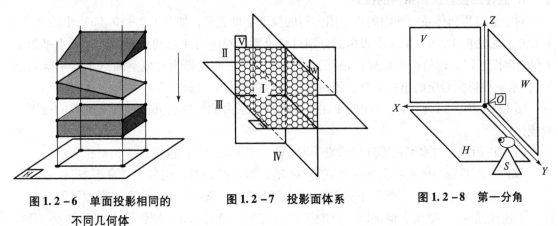

图 1.2 - 6 单面投影相同的不同几何体   图 1.2 - 7 投影面体系   图 1.2 - 8 第一分角

应用第一角法形成几何体在三个投影面上的投影时,首先将几何体置于第一分角内,分别向各个投影面进行正投影,如图 1.2 - 9(a)所示,然后将各投影面上的投影展开在一个平面上,展开时,V 面保持不动,H 面及其面内投影绕 OX 轴向下转动 90°后与 V 面平齐,

然后侧立投影面 W 及其面内投影绕 OZ 轴向后转动 $90°$ 与 V 面平齐，最后去掉投影面边框，形成图 1.2-9（b）所示三个投影。其中：

正面投影：由前向后投射，在正投影面 V 上得到的图形；

水平投影：由上向下投射，在水平面 H 上得到的图形；

侧面投影：由左向右投射，在侧投影面 W 上得到的图形。

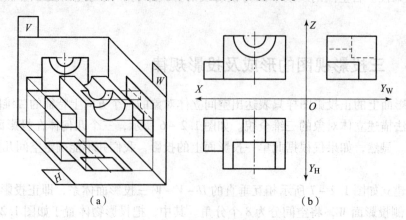

图 1.2-9　正投影面体系及三面投影

2.2　点、直线、平面的投影

2.2.1　点的投影

1. 点在三投影面体系内的投影

对于三投影面体系空间内的点，用大写的拉丁字母表示，如图 1.2-10（a）中的 A 点。利用正投影法向 V、H、W 三个投影面分别进行投影，对应为 A 点的正面投影 a'、水平投影 a 和侧面投影 a''。以后也依此规律进行投影标注，即正面投影为对应空间点小写字母后加"′"，水平投影为对应的小写字母，侧面投影为对应小写字母加"″"。

图 1.2-10（b）所示为空间点 A 在三投影面体系内的投影展开图，可发现点的投影一般规律：

（1）正面投影与水平投影连线垂直于 OX 轴，即 $a'a \perp OX$，也称为"长对正"；

（2）正面投影与侧面投影连线垂直于 OZ 轴，即 $a'a'' \perp OZ$，也称为"高平齐"；

（3）距离 $aa_X = a''a_Z$，都等于空间点 A 到正投影面 V 的距离，也称为"宽相等"。

上述规律（1）事实上保证同一点的 X 坐标相同，规律（2）则保证点的 Z 坐标相同，而规律（3）则保证点的 Y 坐标是相同的，作图时可画出图 1.2-10 所示与 Y 轴夹角为 $45°$ 的直线，或以 O 为圆心，过点的 Y 坐标画四分之一圆弧来保证投影规律（3）。

2. 点的相对位置

在给定的投影面体系中，空间两点之间沿 X 轴方向的左右、沿 Y 轴方向的前后、沿 Z

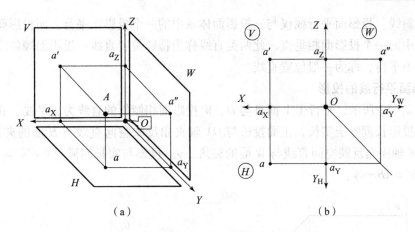

图 1.2-10　点在三投影面体系内的投影
(a) 空间点；(b) 点的三面投影

轴方向的上下位置差别，可反映为其在各投影面内的坐标差。反之亦然，我们可以利用点在投影面内的坐标差判别出空间两点的相对位置。如图 1.2-11 所示，点 A 的 X 坐标大于点 B 的 X 坐标，意味着点 A 在点 B 的左方，两者左右位置相差为 30 mm，或者也可以描述为点 B 在 A 的右方 30 mm。同理可知，点 A 在点 B 的上方 20 mm，点 A 在点 B 的后方 25 mm。

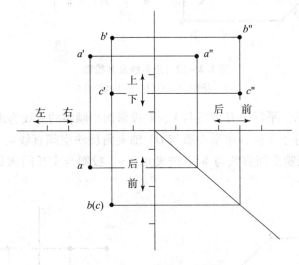

图 1.2-11　点的相对位置

两点的相对位置还存在一种特殊的情况，即两点仅在沿一个坐标轴的方向有位置差别，此时的两个点称之为沿该坐标轴方向的重影点。如同图 1.2-11 中，沿着向水平投影投射线方向观察时，我们首先会看到点 B，而点 C 会被点 B"遮挡"住。此时，点 B 是可见的点，而点 C 则是不可见的，其在重影投影面内的投影要加上括号以示其是被遮挡的。

重影点在直线与平面相交、平面与平面相交时可见性的判断有重要应用。

2.2.2　直线的投影

在三投影面体系中，根据直线与投影面的相对位置，分为投影面平行线、投影面垂直线和投影面倾斜线。投影面平行线仅与三投影面体系中的一个投影面平行,而投影面垂直线则与三投影面中的一个投影面相垂直,此两类直线称为特殊位置直线;投影面倾斜线则相对任一投影面均不平行,称为一般位置直线。

1. 投影面平行线的投影

如图 1.2-12 所示,平行于 V 面且与 H、W 投影面相倾斜的直线为正平线,其在所平行投影面内的投影长度等于实长,正面投影与 OX 轴夹角反映空间直线与 H 面的夹角 $\angle \alpha$,正面投影与 OZ 轴夹角反映空间直线与 W 面的夹角 $\angle \gamma$。投影与实长间满足:$a'b' = AB$;$ab = AB\cos\alpha$;$a''b'' = AB\cos\gamma$。

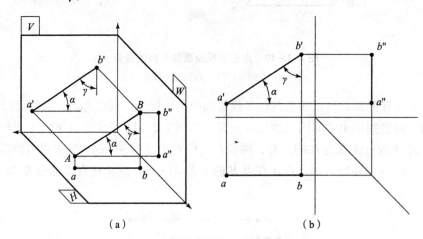

图 1.2-12　正平线及其投影

(a) 空间正平线;(b) 正平线的投影

如图 1.2-13 所示,平行于 H 面且与 V、W 投影面相倾斜的直线为水平线,其在所平行投影面内的投影长度等于实长,水平投影与 OX 轴夹角反映空间直线与 V 面的夹角 $\angle \beta$,水平投影与 OY 轴夹角反映空间直线与 W 面的夹角 $\angle \gamma$。投影与实长间满足:$ab = AB$;$a'b' = AB\cos\beta$;$a''b'' = AB\cos\gamma$。

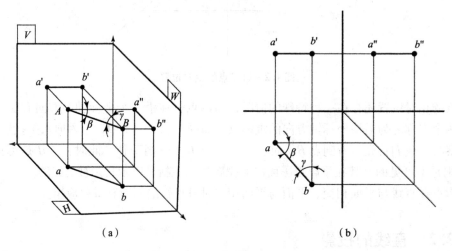

图 1.2-13　水平线及其投影

(a) 空间水平线;(b) 水平线的投影

如图 1.2-14 所示，平行于 W 面且与 H、V 投影面相倾斜的直线为侧平线，其在所平行投影面内的投影长度等于实长，侧面投影与 OY 轴夹角反映空间直线与 H 面的夹角 $\angle\alpha$，侧面投影与 OZ 轴夹角反映空间直线与 V 面的夹角 $\angle\beta$。投影与实长间满足：$a''b'' = AB$；$ab = AB\cos\alpha$；$a'b' = AB\cos\beta$。

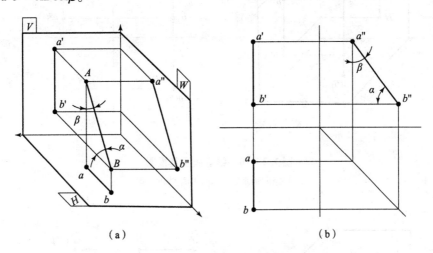

图 1.2-14　侧平线及其投影
(a) 空间侧平线；(b) 侧平线的投影

2. 投影面垂直线的投影

垂直于一个投影面，即与另外两个投影面都平行的直线称为投影面垂直线。垂直于 V 面的直线称为正垂线，如图 1.2-15 所示；垂直于 H 面的直线称之为铅垂线，如图 1.2-16 所示；垂直于 W 面的直线称之为侧垂线，如图 1.2-17 所示。

投影面垂直线在其所垂直的投影面内积聚为一点，在另外两个投影面内投影反映实长，且平行于同一坐标轴。

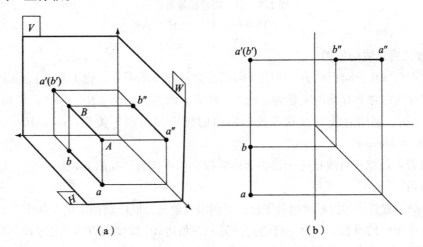

图 1.2-15　正垂线及其投影
(a) 空间正垂线；(b) 正垂线的投影

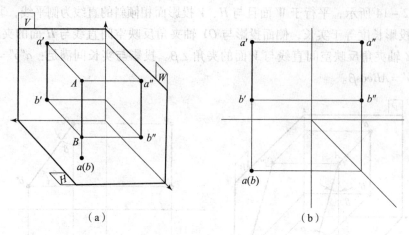

图 1.2 – 16　铅垂线及其投影

（a）空间铅垂线；（b）铅垂线的投影

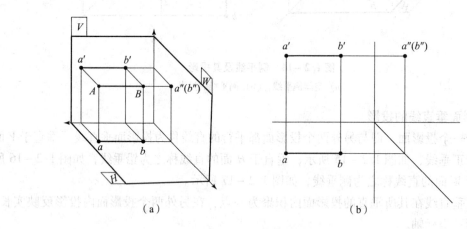

图 1.2 – 17　侧垂线及其投影

（a）空间侧垂线；（b）侧垂线的投影

3. 一般位置直线的投影

一般位置直线在空间相对于三个投影面都是倾斜的（既不平行也不垂直），如图 1.2 – 18 所示，空间直线相对于 H 面的夹角为 $\angle\alpha$，相对于 V 面的夹角为 $\angle\beta$，相对于 W 面的夹角为 $\angle\gamma$。显而易见，空间直线与其在各投影面内的投影存在如下关系：$ab = AB\cos\alpha$；$a'b' = AB\cos\beta$；$a''b'' = AB\cos\gamma$。

这意味着一般位置直线在三个投影面内的投影均不能直接反映其在空间的实长及相对各投影面的夹角。

基于一般位置直线的投影求出其实长，可利用直角三角形法辅助求出。如图 1.2 – 19（a）所示，直线在正面的投影 $a'b'$ 为一直角边，另一直角边 AC 长度为直线 Aa' 与 Bb' 的两 Y 坐标差，由此所构成的直角三角形 ABC 中，斜边 AB 即为直线实长，AC 的对角即为 AB 与正投影面夹角 $\angle\beta$。在投影图中的求解如图 1.2 – 19（a）所示，ΔY 值可在水平投影面内量取，当然也可在侧投影面内量取。

类似地，如果利用直线的水平投影 ab 构建求实长的直角三角形，则另一直角边长度应

为 ΔZ，此时 ΔZ 的对角为 $\angle \alpha$；如果利用直线的侧面投影 $a''b''$ 构建求实长的直角三角形，则另一直角边长度应为 ΔX，此时 ΔX 的对角为 $\angle \gamma$。

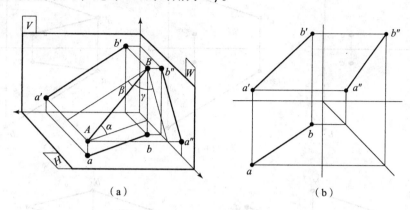

图 1.2-18　一般位置直线及其投影
（a）空间一般位置直线；（b）一般位置直线的投影

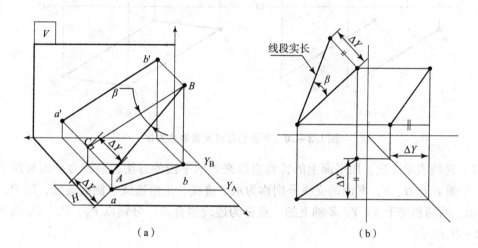

图 1.2-19　直角三角形法求一般位置直线实长及夹角

2.2.3　平面的投影

1. 平面的表示方法

平面是物体表面的重要组成部分，其表示方法主要有两种：几何元素表示法、迹线表示法。

（1）几何元素表示方法：由基本的点、线等几何元素表达平面。具体如下：
①不在同一条直线上的三个点。如图 1.2-20（a）所示点 A、B、C。
②直线及直线外的一点。如图 1.2-20（b）所示直线 AB 及点 C。
③两条相交的直线。如图 1.2-20（c）所示直线 AB、AC。
④两条平行直线。如图 1.2-20（d）所示 $AB/\!/CD$。
⑤任意平面图形。如图 1.2-20（e）所示平行四边形 $ABCD$。

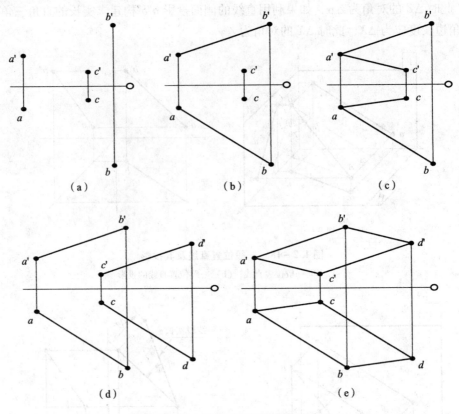

图 1.2-20　平面的几何元素表达方法

（2）迹线表示方法：用平面上的特殊直线来表示平面的方法，迹线为平面与投影面的交线。平面 P 与 H、V、W 面的交线分别称为水平迹线、正面迹线、侧面迹线，用 P_H、P_V、P_W 表示。两两相交于 X、Y、Z 轴上的一点称为迹线集合点，分别以 P_X、P_Y、P_Z 表示。如图 1.2-21 所示。

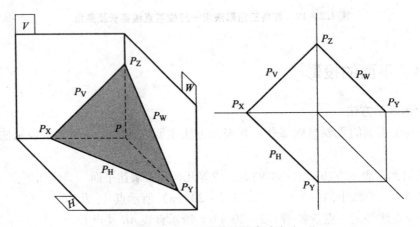

图 1.2-21　平面的迹线表达方法

2. 不同位置平面投影特性

根据平面相对投影面的位置，在三投影面体系中，可将平面分为特殊位置平面和一般位置平面。特殊位置平面包括投影面垂直面和投影面平行面,而投影面倾斜面也被称为一般位置平面。

(1) 投影面垂直面。

投影面的垂直面是指空间平面垂直于三投影面体系中的一个投影面,且与另外两个投影面相倾斜的面。若垂直于 H 面称为铅垂面(图 1.2-22),垂直于 V 面(图 1.2-23)和 W 面(图 1.2-24)分别称为正垂面与侧垂面。投影面垂直面在所垂直的投影面内积聚为线段,该线段与积聚投影面内坐标轴的夹角,分别对应于空间平面与相邻投影面的倾角。

以正垂面为例,其投影特性为:

① 正面投影 $a'b'c'$ 投影积聚为一线段,该线段与 X 轴夹角反映平面与 H 面的 $\angle \alpha$;与 Z 轴的夹角反映平面与 W 面的倾角 $\angle \gamma$。

② 水平投影 $\triangle abc$ 和侧面投影 $\triangle a''b''c''$ 均为类似性。

铅垂面与侧垂面的投影特性与正垂面类似。在所垂直的投影面内积聚为线段,在另外两投影面内投影为类似形。

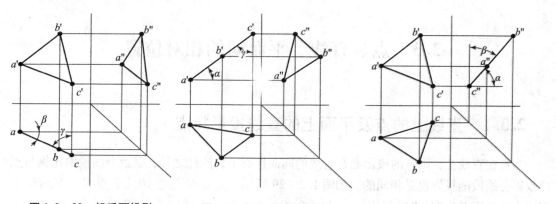

图 1.2-22 铅垂面投影　　图 1.2-23 正垂面投影　　图 1.2-24 侧垂面投影

(2) 投影面平行面。

投影面的平行面与一个投影面相平行,当然必定垂直于另外两个投影面。平行于 V 面的平面称为正平面(图 1.2-25);平行于 H 面的平面称为水平面(图 1.2-26);平行于 W 面的平面称为侧平面(图 1.2-27)。

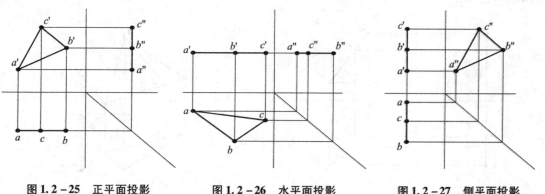

图 1.2-25 正平面投影　　图 1.2-26 水平面投影　　图 1.2-27 侧平面投影

以正平面为例，其投影特性为：

①正面投影△$a'b'c'$反映△ABC 的实形。

②水平投影与侧面投影均积聚为一直线段，与 OX 及 OZ 轴分别平行。

对于水平面与侧平面，其投影特性与正平面类似，在所平行的投影面内投影为实形，在另外两投影面内，投影积聚为线段。

（3）投影面倾斜面（一般位置平面）。

与三个投影面都处于倾斜位置的平面，如图 1.2-28 所示，△ABC 与三个投影面都倾斜，其在三个投影面内的投影△abc、△$a'b'c'$、△$a''b''c''$ 均为类似形，都不反应实形大小，也不能够直接通过各面投影得到空间平面与投影面的倾角。

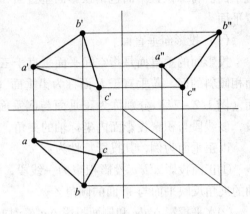

图 1.2-28　投影面倾斜面投影

2.3　点、直线、平面间的相对位置

2.3.1　直线上的点及平面上的直线投影特点

当点在直线上，则点的投影必在直线的同面投影上，除此之外，该点分线段的比例与点的投影分线段的投影也是相同的。如图 1.2-29 所示，点 C 在直线 AB 上，点 C 在 V、H、W 各面上的投影对应在 AB 的投影上，且 $a'c':c'b' = ac:cb = a''c'':c''b'' = AC:CB$。

由初等几何知识可知，若直线上存在两点位于某一平面内，则该直线就在平面内。可基于此来判别直线是否在某一平面上。或者，通过平面内一点，且与平面内直线相平行的直线，也必在该平面内。如图 1.2-30 所示，B、D 两点位于平面△ABC 内，则直线 BD 也在平面△ABC 内；而直线 EC 为通过平面内点 C 且与 AB 平行，则直线 CE 也在平面△ABC 内。

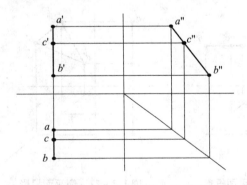

图 1.2-29　点在直线上的投影

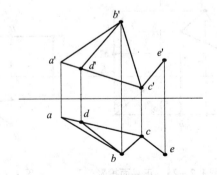

图 1.2-30　直线在平面内的投影

2.3.2 直线与直线的相对位置

空间两条直线，其相对位置有平行、相交和交叉三种情况，前两种情况两条直线位于同一平面内，称为同面直线；交叉的两条直线则不能包含在同一平面内，称为异面直线。

1. 平行直线及其投影关系

空间相互平行的直线，其在任一投影面内的投影也是相互平行的。

如图 1.2 – 31 所示，由 $AB/\!/CD$；$Aa/\!/Cc$，则平面 $AabB/\!/$ 平面 $CcdD$。而 ab 及 cd 均为投影面 P 上的线段，故有 $ab/\!/cd$。

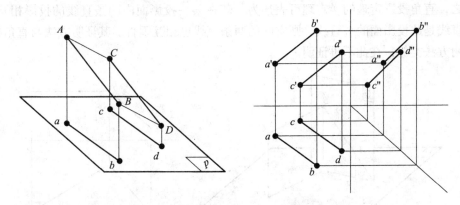

图 1.2 – 31　空间平行的两条直线及其投影

2. 相交直线及其投影关系

空间相交的直线，其交点为两直线上的唯一共有点。在三投影面体系中，交点的投影满足点的投影规律，如图 1.2 – 32 所示。

3. 交叉直线及其投影关系

对于交叉的两条直线，其在空间不存在交点，也不存在一个能将两条直线包含在内的平面，但两直线在一个投影面的投影可能会平行或相交，如图 1.2 – 33 所示，这也提示我们，不能仅根据两条直线在一个投影面内的投影来直接断定其在空间的相对位置关系。

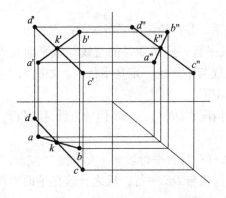

图 1.2 – 32　空间相交两条直线的投影

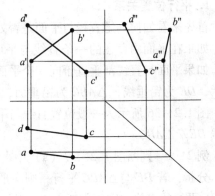

图 1.2 – 33　空间交叉两条直线的投影

4. 直角投影定理

直角投影定理常用于求解空间几何问题的图示与图解，是画法几何学的重要原理，在图样的表达与解读中有着重要应用。

直角投影定理：空间相互垂直的两条直线，若其中的一条直线平行于某一投影面，则两条直线在该投影面内的投影也是相互垂直的。

如图 1.2-34 所示，$BC/\!/H$，则 $BC/\!/bc$。又已知：$BC \perp AB$；则 $bc \perp AB$，又 $bc \perp Bb$，且 AB 与 Bb 交于 B 点并位于平面 Q 内，则 $bc \perp Q$。ab 在平面 Q 内且为 AB 在投影面 H 内的投影，则有 $bc \perp ab$。

定理得证。空间两条直线相交为非必要条件，此处相交仅为图示方便。

反之，直角投影定理的逆定理可表述为：若在某一投影面内两条直线的投影相互垂直，且一条直线是此投影面的平行线，则空间的两条直线也相互垂直。其证明方法与直角投影定理的证明方法类似，在此不再证明。

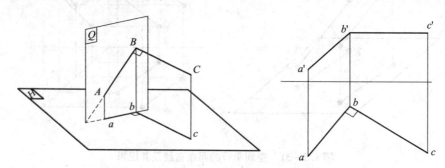

图 1.2-34　空间垂直的两条直线及投影

2.3.3　直线与平面、平面与平面的相对位置关系

直线与平面的相对位置关系可分为从属（直线在平面内）、平行、相交三种相对位置关系，其中，直线与平面垂直可视为相交关系中的特殊情况。类似地，两平面之间的相对位置也同样可归结为平行、相交及垂直关系。

1. 平行位置关系

首先来看如何判定直线与平面是否处于平行关系，并讨论两者平行时的投影特点。

如果在平面内存在的一条直线与平面外的直线平行，则平面外的直线与该平面是平行的。如果平面与直线都垂直于同一个平面，则该直线与平面也一定是平行的。如图 1.2-35 所示，DE 为铅垂线，$\triangle ABC$ 为铅垂面，则 $DE/\!/\triangle ABC$。

图 1.2-36 所示为一般位置直线与平面平行的情况，DE 与 $\triangle ABC$ 内的直线 AI 平行，则直线 $DE/\!/\triangle ABC$。

例 2-1　判断图 1.2-37（a）中直线 DE 与 $\triangle ABC$ 是否平行。

分析：若 DE 与 $\triangle ABC$ 平行，则在平面内存在直线与 DE 平行；反之，若在平面内没有与 DE 平行的直线，则可判断出 DE 不与平面 $\triangle ABC$ 平行。

求解步骤：

(1) 如图 1.2-37（b）所示，在水平投影面内，过 c 点作 cf∥de。
(2) 在正投影面内，作出 f' 的投影，判别出 c'f' 与 d'e' 并不平行，由此可知 DE 与 △ABC 并不平行。

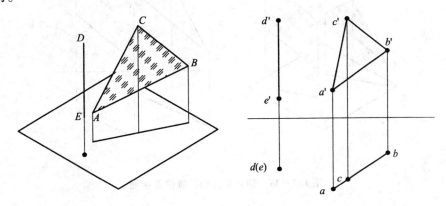

图 1.2-35　直线与平面平行特殊情况

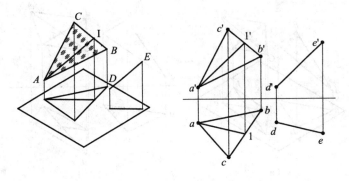

图 1.2-36　一般位置直线与平面平行

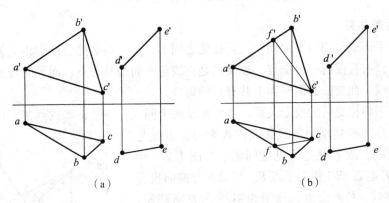

图 1.2-37　直线与平面平行关系判别

对于两平面之间的平行关系，分为特殊位置平面和一般位置平面来分别进行讨论。

特殊位置平面的平行关系及其投影容易判别，如图 1.2-38 所示，空间平行的两铅垂面，它们的投影积聚线也是相互平行的。

对于一般位置的两个平面，如果彼此平行，则须满足在一个平面内相交的两条直线平行于另一个平面内相交的两条直线。如图 1.2-39 所示，BC∥DF，AC∥GE，则三角形平面

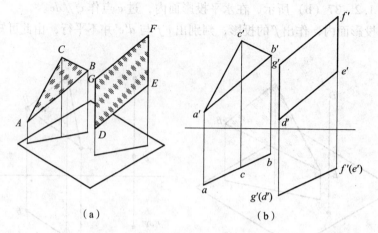

图 1.2-38 相互平行的特殊位置平面

ABC 与四边形 $DEFG$ 是相互平行的。两组直线在每个投影面内的投影也对应平行。

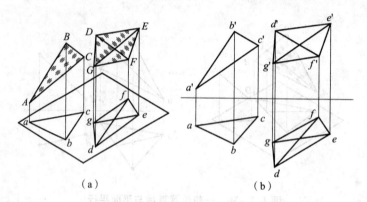

图 1.2-39 相互平行的一般位置平面

2. 相交位置关系

对直线与平面或平面与平面而言,若彼此之间不平行,则必然会产生相交关系。当直线与平面相交时,有且仅有一个交点,该交点是直线与平面的共有点。而平面与平面相交,则会产生一条交线,此交线是两平面上共有点的集合。

对直线与平面相交后的投影关系,主要涉及两个问题:一是正确找到交点在每一投影面内的投影;二是准确判别向各投影面内投影时,直线与平面的遮挡问题,或者说是可见性问题。如图 1.2-40 所示,直线 DE 与 $\triangle ABC$ 相交于点 K,当沿 S 方向向投影面 P 进行投影时,k 为交点,且沿投射线 S 方向观察,交点为直线与平面投影重合范围内可见性的分界点,不可见的部分用虚线表达,可见部分用实线表达;在三角形投影 $\triangle abc$ 的轮廓外,直线段的投影都是可见的。

下面结合直线或平面处于特殊位置时,讨论它们交点的投影及可见性判断。

例 2-2 如图 1.2-41(a)、(b) 所示,求 $\triangle ABC$

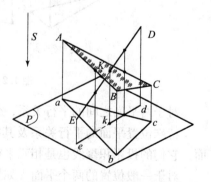

图 1.2-40 直线与平面相交

与直线 DE 的交点 K 并判别可见性。

分析：根据直线 DE 的两面投影，可以判断出其为一般位置直线。而结合 $\triangle ABC$ 的水平投影的积聚性及正面投影的类似性，容易判断出 $\triangle ABC$ 是一个铅垂面。利用交点的共有性，则交点 K 的水平投影 k 点既要在 de 上，又要在 $\triangle ABC$ 的积聚线上，即水平投影两条线段的交点处为交点 K 的水平投影 k；而 K 的正面投影 k' 也要在 $d'e'$ 上，从而能够根据直线上点的投影关系来确定 k' 的位置；最后，因为 $\triangle ABC$ 是铅垂面，向水平投影面投影时与直线 DE 不会发生遮挡，对于 DE 与 $\triangle ABC$ 在正面的重影区域，利用重影点的前后相对位置，判别可见性即可。

求解步骤：

（1）在 H 投影面上，作出 $\triangle ABC$ 积聚线与 de 的交点 k；再做出 k' 在 $d'e'$ 上，且 $k'k \perp OX$；如图 1.2–41（c）所示。

（2）设定直线 DE 与 AB 在 V 投影面上的重影点为I点和II点，两点的正面投影分别为 $1'$ 及 $2'$，先假定I可见；再对应找到I点和II点的水平投影，根据假定，I点应位于II点前方，故I点的水平投影 1 应位于直线 DE 的水平投影 de 上，而 2 应在 ab 上。如图 1.2–41（c）所示。

（3）将直线 DE 正面投影可见的 dk 段加粗为实线，而将过 k 点被 $\triangle ABC$ 遮挡的范围画成虚线，以表示该段不可见。在超出 $\triangle ABC$ 投影范围外，直线 DE 的正面投影又为可见，再次利用粗实线线型表达，如图 1.2–41（d）所示。

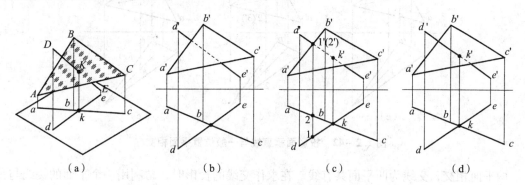

图 1.2–41　一般位置直线与投影面垂直面相交

例 2–3　求图 1.2–42（a）、（b）所示 $\triangle ABC$ 与直线 DE 的交点 K 并判别其可见性。

分析：直线 DE 在水平面内的投影积聚为点，由此可判断出 DE 为铅垂线。而交点 K 必在直线 DE 上，故其水平投影 k 应与 DE 积聚点位于同一位置。同时，交点 K 也必然在平面 $\triangle ABC$ 上，根据点在平面上的投影规律，在 $\triangle ABC$ 内包含 K 点作出一条直线，如图所示 CI 线段，进而借助 CI 线段得到 K 点的正面投影 k'；对于 DE 与 $\triangle ABC$ 在正面的重影区域，利用重影点的前后相对位置，判别可见性即可。

求解步骤：

（1）在水平投影面内，根据铅垂线 DE 的积聚性，则 k 与 $d(e)$ 位置重合。如图 1.2–42（c）所示。

（2）求作在 $\triangle ABC$ 内且包含 K 点的直线 CI 的投影。从水平投影作起，连接 ck 并延长至与 ab 交于 1 点；1 点在直线 ab 上，$1'$ 也要在 $a'b'$ 上，连接 $c'1'$ 与 $d'e'$ 相交，则交点 k' 即为直线 DE 与 $\triangle ABC$ 交点 K 的正面投影。如图 1.2–42（c）所示。

(3) 进行可见性判别。如图 1.2-42（d）所示，直线 DE 在水平投影面内积聚，不必判别其与平面的遮挡关系；在正投影面内，设定 2 及 3 为 AC 与 DE 在正立投影面内的重影点投影，假定 Ⅱ 点可见，则水平投影面内，2 点必在靠前的 ac 线段上，Ⅱ 点在平面 △ABC 上，而 3 点则在直线 DE 积聚点处，意味着向正立投影面投影时，直线 DE 上的 ⅢK 段将被 △ABC 遮挡，3′k′ 为虚线，穿过 K 点后，直线 KD 段可见，kd 为粗实线段。完成后的投影视图如图 1.2-42（e）所示。

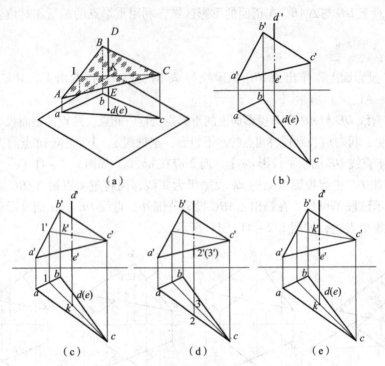

图 1.2-42　投影面垂直线与一般位置平面相交

两平面相交，交线为两平面共有线。在求作交线的投影时，常利用一个平面的棱线与另一个平面的交点必在交线上的特点，得到两个不同的线-面交点，连接起来即为两平面的交线。同时要注意，两平面再向各个投影面进行投影时，在公共投影范围内，会存在彼此遮挡的情况，在交线的一侧只有一个平面可见，而通过交线后，两个平面的可见性发生反转。在一个投影平面内各面可见性的判别，常借助两个面上的重影点进行判别。

当两相交平面中至少有一个处于投影面的垂直位置时，其交线的求解可先从积聚的投影作起。

如图 1.2-43 所示，△ABC 为一般位置平面，▱DEFG 为铅垂面，交线为 MN。求此两平面交线投影时，根据交线的共有特性，在水平投影内，m 在 ▱DEFG 的积聚线上，也在 △ABC 的棱线 ab 上，则 M 的正面投影 m′ 也在 a′b′ 上；同理，n 在 ac 上，n′ 在 a′c′ 上，连接 MN 的对应投影即为交线的投影。

判别可见性时，在水平投影面内，▱DEFG 积聚为线，不存在遮挡；在两面的正面投影内，利用 DE 与 AC 对正面的重影点 Ⅰ 及 Ⅱ，判断出棱线 DE 上的 Ⅰ 点在 AC 上的 Ⅱ 点之前。故有 DE 段可见，AC 上的 ⅡN 段正面投影不可见，AC 穿过交线上的 N 点后，其正面投影可见。依此规律对两面各棱线可见性进行逐一判别，如图 1.2 – 43（b）所示。

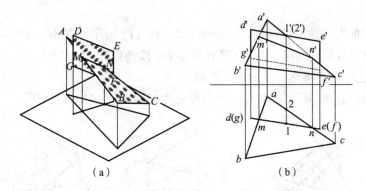

图 1.2 – 43　两平面相交（之一为特殊位置）

对于均处于一般位置的直线或平面，彼此相交时交点或交线的求解，常利用辅助面来进行求解。

例 2 – 4　求一般位置三角形 △ABC 与直线 DE 的交点 K 并判别可见性，直线及平面空间位置与投影如图 1.2 – 44（a）、（b）所示。

分析：当平面与直线都处于一般位置时，它们在投影面中的投影都不具有积聚性，不能直接判别出在某个投影面上交点投影的位置。此时，可利用通过此一般位置直线建立辅助平面的方法，先求出辅助平面与一般位置平面的交线，再求出此交线与一般位置直线的交点，则此交点即为题中一般位置直线与一般位置平面 ABC 的交点。

设过直线 DE 的辅助平面为 P，P 与 △ABC 的交线为直线 FG，DE 与 FG 的交点为 K，则 K 点必为 DE 与 △ABC 的交点。结合图 1.2 – 44（c）推理如下：

若 $DE \cap FG = K$，则 $K \in FG$ 且 $K \in DE$；

而 $\triangle ABC \cap P = FG$，若 $K \in FG$ 则 $K \in P$，且 $K \in \triangle ABC$；

而若 $K \in DE$ 且 $K \in \triangle ABC$，则由交点定义，$DE \cap \triangle ABC = K$，即 K 必为直线 DE 与 △ABC 的交点。

现在问题的关键是，如何求出辅助平面 P 及交线 FG。为使交线易于求解，辅助平面 P 可为特殊位置平面，如图所示的正垂面。此时，交线 FG 的水平投影与直线 DE 的水平投影重合，可在水平投影平面内直接求出，F 点与 G 点为 △ABC 棱线 AC 与 BC 与辅助平面的交点，可通过一般位置直线与投影面垂直面求交点的方法得到，求出交线后，按上述说明，再求出 DE 与 FG 的交点 K，从而得到直线 DE 与 △ABC 的交点，最后根据可见性原理判别直线 DE 在每个投影面内投影的可见性。

求解步骤：

（1）在水平投影面内，通过投影 de，采用迹线法作出正垂面 P，如图 1.2 – 44（d）所示。同时求出棱线 AC、BC 的交点 F、G。

（2）如图 1.2 – 44（d）所示，求作 DE 与 FG 的交点 K 的投影 k′及 k，K 点即为 DE 与 △ABC 的交点。

（3）进行水平投影面可见性判别。如图 1.2 – 44（e）所示，取 AC、DE 对水平投影面的重影点 Ⅰ 及 G，判别出 DE 上的 Ⅰ 点高于 AC 上的 G 点，故 DE 线交点 K 左侧的 DK 直线段可见，KF 段不可见，超出 F 点右侧，直线 DE 的水平投影超出平面 abc 的范围，故 fe 段可见。

（4）进行正面投影面可见性判别。如图 1.2-44（f）所示，取 AC、DE 对正投影面的重影点 Ⅱ 及 Ⅲ，判别出 Ⅱ 点所在 AC 段在 Ⅲ 点所在 DE 段的前方，$k'3'$ 不可见，画成虚线；$d'k'$ 可见，画成粗实线；$3'e'$ 可见，也为粗实线段。

（5）完成后的直线 DE 与 △ABC 交点及可见性如图 1.2-44（f）所示。

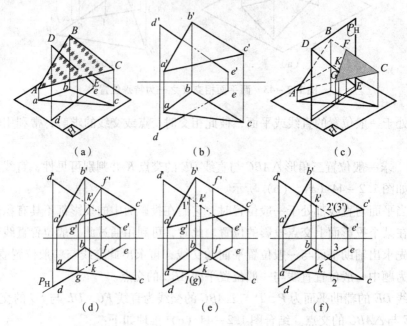

图 1.2-44　一般位置直线与一般位置平面相交

对于相交的两个平面都处于一般位置的情形，可借助于一般位置直线与一般位置平面相交求交点的方法，确定出交线上的两个点后，连接即为所求。结合下面例题讲解。

例 2-6　求图 1.2-45（a）中两平面的交线并判断可见性。

分析：两平面均为一般位置平面，其交线也为一般位置直线，为求得交线上的点，可先求出平面上的棱线与另一个一般位置平面的交点，如求出 △ABC 的棱线 AB 与 △DEF 的交点 M。再求出 AC 与 △DEF 的交点 N，连接 MN 对应投影即为交线的投影。然后利用重影点对两投影面内的可见性分别进行判断即可。

求解步骤：

（1）求出直线 AB 与 △DEF 交点 M 的两面投影 m 及 m'。求出直线 AC 与 △DEF 交点 N 的两面投影 n 及 n'，如图 1.2-45（b）所示。

（2）连接 $m'n'$ 和 mn，MN 即为 △ABC 与 △DEF 的交线。P 点为 DE 与 △ABC 的交点，PN 是两平面交线在空间内的实际可见段，如图 1.2-45（c）所示。

（3）判断两平面正面投影的可见性。$a'b'$ 与 $d'f'$ 的交点为 AB、DF 对正投影面的重影点，比较发现，AB 上的点在 DF 对应点之前，依此判别两面各棱线可见性，可见的棱线画成粗实线，不可见线画成虚线，如图 1.2-45（d）所示。

（4）判断两平面水平投影的可见性。ac 与 ef 的交点为 AC、EF 对水平面的重影点，比较发现,AC 上的点在 EF 对应点之上,依此判别两面各棱线可见性,可见的棱线画成粗实线,不可见线画成虚线,如图 1.2-45(e)所示。

(5)对平面相交投影图进行检查整理,如图 1.2-45(f)所示。

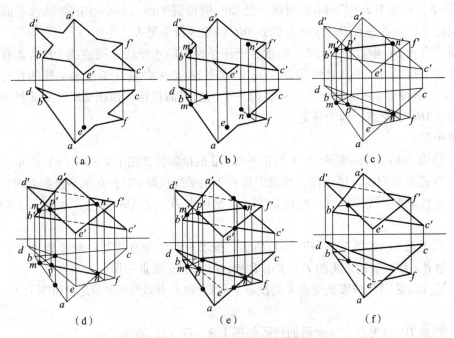

图 1.2-45 两一般位置平面相交求交线

3. 垂直关系

在相交关系中,还有一种常见的特殊位置关系——垂直关系。下面分别对直线与平面及平面与平面的垂直关系分别进行讨论。

直线与平面垂直,则直线垂直于该平面内的任意一条直线;反之,如果直线与平面内任意相交的两条直线,则直线垂直于平面。

如图 1.2-46 所示,△ABC 为铅垂面,DE 与 △ABC 垂直,则 △ABC 积聚为水平投影面内的一条线,DE 的投影 de 与积聚线 abc 亦垂直。

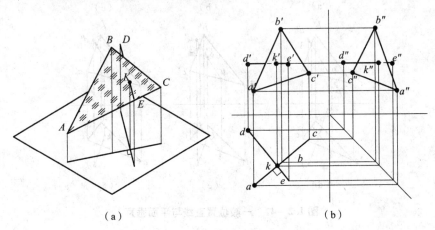

图 1.2-46 特殊位置直线与平面垂直

当直线与平面都是一般位置时，如图 1.2 – 47（a）所示，$DE \perp \triangle ABC$，则 DE 也必然会垂直于 $\triangle ABC$ 内的特殊位置直线，如正平线、水平线、侧平线。反之，如果直线 DE 垂直于 $\triangle ABC$ 内的正平线、水平线或侧平线中的任意两条，则 DE 也必然会与 $\triangle ABC$ 垂直。

例 2 – 5 如图 1.2 – 47（b）所示，已知一般位置平面 $\triangle ABC$ 在正面和水平面内的投影，以及此平面外的一点 D，求点 D 到 $\triangle ABC$ 的垂线及垂足 K。

分析：直线 DE 垂直于 $\triangle ABC$，则垂直于该平面内的水平线，而直线 DE 若垂直于水平线，则在水平投影内，根据直角定理，DE 的水平投影 de 必垂直于该水平线的投影。同样地，DE 的正面投影 $d'e'$ 也垂直于 $\triangle ABC$ 内正平线的正面投影。作出 DE 的两面投影后，再求出其与 $\triangle ABC$ 的交点，即为垂足 K。

求解步骤：

（1）作出 $\triangle ABC$ 内的水平线 $C\text{I}$ 及正平线 $C\text{II}$ 的投影，如图 1.2 – 47（c）所示。

（2）在正投影面内，过 d' 作直线投影垂直于正平线投影 $c'2'$；在水平投影面内，过 d 作直线投影垂直于水平线投影 $c1$。则所得直线满足过点 D 与 $\triangle ABC$ 垂直，如图 1.2 – 47（d）所示。

（3）求垂足 K。如图 1.2 – 47（e）所示，按求一般位置直线与一般位置平面求交点的方法，先过 $d'e'$ 作一辅助正垂面 P，求出 P 与 $\triangle ABC$ 的交线 $\text{III} – \text{IV}$。

（4）求交线 $\text{III} – \text{IV}$ 与 DE 的交点 K 的投影 k' 及 k，则 K 点即为所求垂足，如图 1.2 – 47（f）所示。

（5）判断 DK 可见性，完成后的投影如图 1.2 – 47（f）所示。

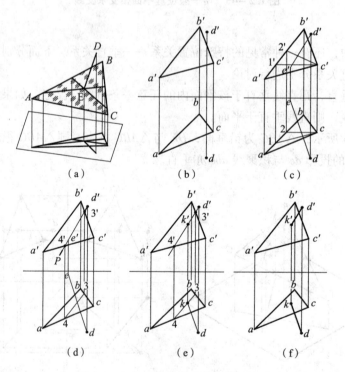

图 1.2 – 47 一般位置直线与平面垂直

如果一条直线垂直于平面，则包含这条直线的所有平面都垂直于该平面。如图1.2-48所示，直线 AB 垂直于平面 P，则包含 AB 的平面均与平面 P 垂直。反之，如果两个平面相互垂直，则从第一个平面的任意点作第二个平面的垂线，此垂线必定会在第一个平面内。

例 2-7 如图1.2-49（a）所示，求作包含直线 EF 的 △EFG，且需与平面 ABCD 垂直，完成其投影。

分析：两平面若垂直，则一平面必包含另一平面的垂线。此题要求新作的平面 △EFG 垂直于平面 ABCD，则不妨通过 EF 上的一点，作出平面 ABCD 的垂线，则此垂线与 EF 构成的新平面满足题目要求。

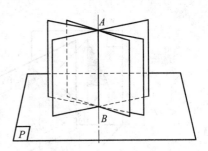

图 1.2-48 垂直于同一平面 P 的平面集

求解步骤：

（1）求作 ABCD 平面垂线的正面投影。先在平面内找到一正平线，则通过 E 点的垂线的正面投影 $e'g'$ 垂直于该正平线的正面投影，如图1.2-49（b）所示。

（2）求作过 E 点的垂线的水平投影。如图1.2-49（c）所示，先在平面内找到一水平线，并使 eg 垂直于该水平线的水平投影。

（3）连接 FG，则 △EFG 即为所求，投影如图1.2-49（c）所示。

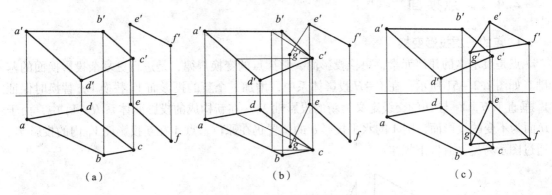

(a)　　　　　　　　(b)　　　　　　　　(c)

图 1.2-49 相互垂直的两平面

2.4　投影变换

对于处于一般位置的平面或直线，它们在三个正交投影面上的投影都不反映平面或直线的实形、实长。而当平面或直线与投影面平行时，则能够真实地反映出实形和实长。利用此性质，如果将线、面等几何元素相对于投影面处于特殊位置，则利于求解一般位置几何元素的形状及相对位置等问题。如图1.2-50所示，空间平面在 H-V 投影体系内的投影并不能反映出实际形状，而新加一投影面 V_1 使其与空间平面平行，则在新构成的 $H-V_1$ 投影体系内，V_1 面内的投影与空间平面形状及大小相同。由此，对于一些问题，可让空间几何元素的位置保持不动，而用新的与几何元素处于特殊相对位置的投影面代替原有的一个投影面，则在新的投影体系内，几何元素在新换的投影面上的投影可使一些问题的求解更加方便、简单，这种方法称为变换投影面法，简称换面法。

新投影面的设置必须遵循下列两条原则：
（1）新投影面必须垂直于原投影面体系中的一个不变的投影面。
（2）新投影面必须使空间几何元素处于有利于解题的位置。

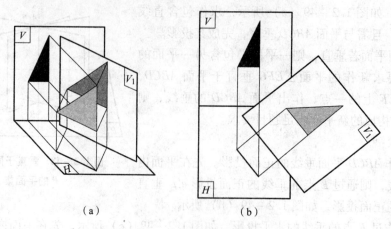

图 1.2 –50　换面法原理

2.4.1　点换面

1. 点的一次投影变换

点是最基本的几何元素，更换投影面，掌握点的变换规律，是进行更复杂投影换面的基础。如图 1.2 –51 所示，在 V – H 投影体系中，增加一个新的投影面 V_1 替换 V，替换时保证 V_1 垂直于 H，V_1 与 H 的交线定义为新的投影轴 X_1。在新构成的投影面体系 H – V_1 中，由于 H 面为不变的投影面，则 A 的水平投影 a 的位置仍在原位，点 A 在新投影面 V_1 内的投影 a'_1，通过图示易见，有以下规律：

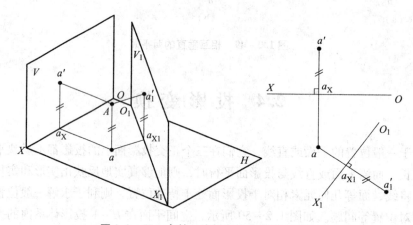

图 1.2 –51　点的一次投影变换（换 V 面）

（1）在新投影面体系中，不变的投影和新投影的连线垂直于新投影轴，即 $a'_1 a \perp X_1$ 轴。
（2）新投影点到新投影轴 X_1 的距离等于被替换的投影点到原来的投影轴 X 的距离，都等于空间点 A 到未被替换的投影面的距离，$a'a_X = Aa = a'_1 a_{X1}$。

用 V_1 替换 V 投影面时,点的一次变换作图步骤如下:

(1) 在已有 $V-H$ 投影体系内,作新的投影轴 X_1,构成新的投影体系 V_1-H;

(2) 过 H 面内未替换投影点 a 作新投影轴 X_1 的垂线,垂足为 a_{X1};

(3) 在 V_1 投影面内,作 a_1',满足 $a'a_X = a_1'a_{X1}$。

类似地,如果我们用一个与 V 面垂直的新的投影面 H_1 替换掉 $H-V$ 投影体系中的 H 面,如图 1.2-52 所示,则点 A 的新投影 a_1 满足以下关系:

(1) $a_1a' \perp X_1$;

(2) $a_1a_{X1} = aa_X$。

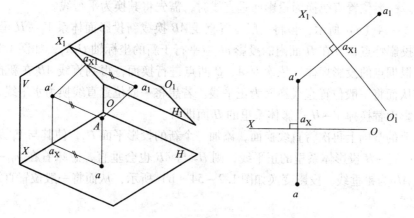

图 1.2-52 点的一次投影变换(换 H 面)

2. 点的二次投影变换

如图 1.2-53 所示,点 A 经过两次投影变换,第一次,在 $V-H$ 投影体系中,V 面被替换为与 H 面垂直的 V_1,点 A 在 V_1 投影面内的投影记为 a_1';第二次,在投影体系 V_1-H 中,新的投影面 H_2 替换 H 投影面,点 A 在 H_2 投影面内的投影记为 a_2。

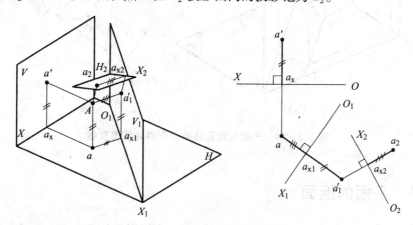

图 1.2-53 点的二次投影变换

点的二次投影变换,求解步骤如下:

(1) 在已有 $V-H$ 投影体系内,作新的投影轴 X_1,构成新的投影体系 V_1-H;

(2) 过 H 面内未替换投影点 a 作新投影轴 X_1 的垂线,垂足为 a_{x1};

(3) 在 V_1 投影面内，作 a'_1，满足 $a'a_x = a'_1 a_{x1}$。

(4) 在 $V_1 - H$ 投影体系内，作新的投影轴 X_2，构成新的投影体系 $V_1 - H_2$；

(5) 过 a'_1 作新投影轴 X_2 的垂线，垂足为 a_{x2}；

(6) 在 H_2 投影面内，作 a_2，满足 $aa_{x1} = a_2 a_{x2}$。

2.4.2 直线的换面

常用的直线换面有两类：一是将一般位置直线换为投影面的平行线；二是将直线换为投影面垂直线。一般位置直线换为投影面垂直线时，需先将其换为平行线。

如图 1.2-54（a）所示，拟将一般位置直线 AB 换成新投影面体系 $V_1 - H$ 里的正平线，根据正平线投影特点，其在 H 面内的投影 ab 应平行于新的坐标轴 $O_1 X_1$，如图 1.2-54（b）所示。然后根据点的投影规律，依次对 A、B 两点进行换面，得到直线 AB 在新投影面里的投影 $a'_1 b'_1$，从而将一般位置直线换面为正平线。若想将一般位置直线换为水平线，则用一个新的水平投影面替换掉 $V - H$ 投影体系里的 H 面即可。

若在以上的基础上再次将直线换面，添加一个新的投影平面 H_2，使其与 V_1 及 $a'_1 b'_1$ 均垂直。因 AB 为 $V_1 - H$ 投影体系里的正平线，则 H_2 与 AB 也会垂直，意味着在 $V_1 - H_2$ 投影体系里，直线 AB 为铅垂线。投影变换如图 1.2-54（b）所示，从而将一般位置直线换面为投影面的垂直线。

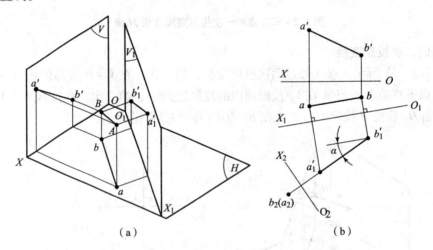

图 1.2-54 一般位置直线换面到特殊位置直线

2.4.3 平面的换面

常用的平面换面有两类：一是将一般位置平面换为投影面的垂直面；二是将平面换为投影面的平行面。一般位置平面换为投影面平行面时，需先将其换为投影面的垂直面。

图 1.2-55（a）所示为一般位置平面 ABC 的投影，首先将它变换为投影面的垂直面，为此，先在该平面内作出一条正平线，新加的投影面与此正平线垂直，则其也必与正投影面垂直，满足换面法则。由此也说明，新加投影面与平面 ABC 满足垂直关系，故在新投影面

体系内，平面 ABC 为新加投影面的垂直面（铅垂面）。作图过程如图 1.2-55（b）、（c）所示，先在平面 ABC 投影内作出正平线 CI 的两面投影，然后新投影面体系中的坐标轴 O_1X_1 与 $c'1'$ 垂直，按点的变换规律，将 a、b、c 变换到新投影面内，成为平面积聚线上的 a_1、b_1、c_1 三点。

如图 1.2-55（d）所示，将投影面垂直面再次换面，添加一个新的投影平面 V_2，使其与积聚线 $a_1b_1c_1$ 平行，则在新的投影体系 V_2-H_1 内，$\triangle ABC$ 为正平面，投影 $a_2'b_2'c_2'$ 反映的是空间平面实形。

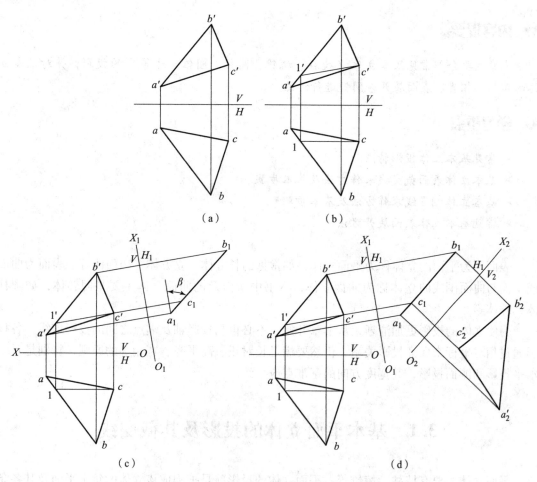

图 1.2-55　一般位置平面换面到特殊位置平面

第 3 章 立体的投影

🔄 内容提要

本章主要介绍常见基本立体（棱柱、棱锥、圆柱、圆锥、球等）的投影，并对基本立体的截切、相贯、表面展开等问题进行讨论。

🔄 学习重点

➢ 常见基本立体投影特点。
➢ 基本立体表面截交线求作方法及基本步骤。
➢ 基本立体相贯线求作方法及基本步骤。
➢ 常见基本立体表面展开方法。

表面均为平面的立体称为平面立体，如常见的长方体、立方体、四面体等。表面为曲面或平面与曲面围成的立体称为曲面立体，本书中所涉及的曲面立体主要是回转体，如圆柱体、球体等。

为使立体的投影更加清晰，从本章开始，不必再画投影轴及端点之间的投影连线。各投影通过相对坐标来保证投影关系，仍然要满足长对正、高平齐、宽相等的原则，特别是对于水平投影和侧面投影，其宽度方向的基准点应一致。

3.1 基本平面立体的投影及其截交线

平面立体主要有棱柱、棱锥等。平面立体的投影就是把围成该立体的每个平面及其各条棱线都在投影面上表达出来，并依据可见性原理，分别判别其可见性。把看得见的棱线投影画成粗实线，看不见的棱线投影用虚线表达。

棱柱可视为一平面多边形沿与该平面不平行的直线方向拉伸而成的实体，拉伸此实体的起始和终止位置处的平面称为底面，由各拉伸平面的各棱线形成的平面称为侧平面，侧平面之间的交线称为侧棱线，各侧棱线相互平行且相等。拉伸的多边形是正多边形的称为正棱柱，拉伸方向垂直于拉伸平面的称为直棱柱，否则称为斜棱柱。

立体被平面截切后称为截切立体。截切立体的平面称为截平面，截平面与立体表面的交线称为截交线。图 1.3-2 所示为六棱柱被单一平面截切后的截切体。

平面立体被截切后的截交线是封闭的多边形，平面立体与截平面的相对位置决定了截交线多边形的边数,且此多边形的每条边为平面立体表面与截平面的交线。而平面立体棱线与截平面的交点即为截交线多边形的顶点。

求截交线的作图步骤:
(1) 画出完整的基本立体投影;
(2) 绘制截平面;
(3) 判断各截交线的基本性质;
(4) 完成各截交线顶点投影;
(5) 逐一顺次连接,完成截交线在各投影面内的投影;
(6) 判别基本体被截断的棱线位置,并对棱线投影进行对应修改;
(7) 分别进行截交线及棱线的可见性判断;
(8) 检查及描深各投影图。

3.1.1 棱柱的投影及其截交线

1. 棱柱的投影

图 1.3-1 所示为一正六棱柱,为投影方便,在三投影体系中,其顶面与底面均为水平面,它们的水平投影反映实形,在正投影面和侧投影面内的投影均积聚为线段;此棱柱的六个侧面中,前后两个侧面为正平面,它们的正面投影反映实形,其水平投影和侧面投影均积聚为线段;另外四个侧面为铅垂面,其水平投影均积聚为线段,正面和侧面投影则为类似形。

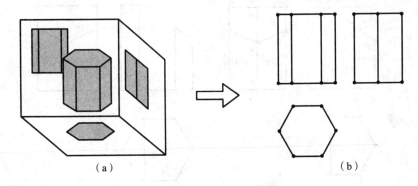

图 1.3-1 六棱柱及其投影

2. 棱柱的截切

例 3-1 图 1.3-2 (a)、(b) 所示为正六棱柱被一平面切掉左上角,完成截切体的投影。

分析:结合该单一截平面在正投影面内的投影,容易判断其为自前向后切穿六棱柱的正垂面,与棱柱的前、后、两个左侧面及上顶面共五个侧面产出相交关系,故截交线应为一平面五边形。

求解步骤:
(1) 确定五边形截交线各顶点在正投影面内的投影 $a' \sim e'$。如图 1.3-2 (c) 所示。
(2) 求出各顶点在水平投影面及侧投影面内的投影,如 A 点在棱柱最左侧棱线上,其水平投影 a 与左侧棱线积聚点重合，侧面投影 a″ 也必在左侧棱线的侧面投影上。如图 1.3-2（c）所示。

（3）在水平和侧面投影面内，顺次连接各顶点，组成封闭的五边形截交线。如图 1.3-2（c）所示。

（4）对六棱柱各棱线的完整性及可见性进行判别。如 A 点往上的棱线被切断移除，如图 1.3-2（d）所示，则其在正投影面内的投影对应部分要擦除，该棱线的侧面投影亦要对应擦除。然后再对截交线及棱线的可见性分别进行判别。

（5）对截切体投影进行检查，擦去求解过程辅助点线标记，将对投影面可见的轮廓线投影画成粗实线，不可见轮廓线投影画成虚线，如图 1.3-2（d）所示。

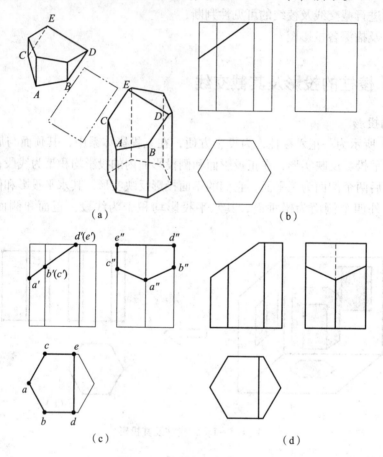

图 1.3-2　截切六棱柱投影

3.1.2　棱锥的投影及其截交线

1. 棱锥的投影

棱锥的底面为多边形，棱面均为三角形，且各棱面三角形汇聚于锥顶点。若底面为正多边形，且锥顶点在底面的投影与底面多边形的形心重合，则称为正棱锥，图 1.3-3 所示为正四棱锥。若锥顶点在底面的投影与其形心不重合，则称其为斜棱锥。

棱锥体在三投影面投影时，通常选其底面与一投影面平行，使其在该投影面内反映实形，在另外两投影面内积聚为线段；然后将棱锥的锥顶点在各投影面内的投影求出，再于每一投影面内依次连接锥顶点投影与底面多边形各顶点的投影，则可得到棱锥上各段棱线的投影。进而根据可见性原理，判别各棱线在每一投影面内的可见性，完成棱锥体的投影。

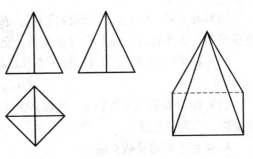

图 1.3-3　正四棱锥及其投影

2. 棱锥表面上的点

对于棱锥表面上的点，求解其投影时，应首先依据所在投影区域、可见性等信息，准确判别该点在棱锥的具体哪个平面上，一旦确定所属平面，便可根据点在平面的性质确定该点的全部投影。

例 3-2　如图 1.3-4（a）所示，点 Ⅰ、Ⅱ、Ⅲ 在三棱锥 $S-ABC$ 的表面上，补全 Ⅰ、Ⅱ、Ⅲ 点的投影。

分析：首先确定各点在棱锥的具体哪个表面上。Ⅰ 点的水平投影 1 在棱锥的底面 ABC 及侧面 SAB 范围内，且 1 可见，则可确定 Ⅰ 点位于侧面 SAB 内。可在 SAB 内作出一条辅助线 SE，如图 1.3-4（b）所示，使得 Ⅰ 点在 SE 上，则通过易于求取的 SE 的两面投影来定位 Ⅰ 点正面投影 $1'$，根据侧面 SAE 在正投影面投影均可见，可判定 $1'$ 也是可见的。同理容易判别 Ⅱ 点位于棱锥侧面 SBC 上，Ⅲ 点位于侧面 SBC 上，可通过 Ⅲ 点在 SBC 面内作出一条线段 GH，且使 $GH // BC$，则 GH 线段在侧面 SBC 内，利用 Ⅲ 点在线段上，定位 Ⅲ 点水平投影 3。

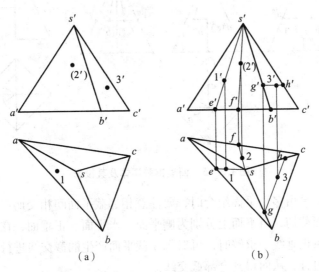

（a）　　　　　　　　　（b）

图 1.3-4　三棱锥表面取点

求解步骤：

(1) 过投影 1，在侧面投影 sab 内作 se 线段交棱线投影 ab 于 e。

(2) 在 $a'b'$ 上定位 e'，连接 $s'e'$，定位 $1'$ 在 $s'e'$ 上，且 $1'$ 可见。

(3) 在 $s'a'c'$ 内，过 $2'$ 点作线段 $s'f'$，在水平投影面上，对应作出 sac 内的 sf 线段，并利用投影 $2'$ 与 2 在长度方向上的对正关系，完成水平投影 2，且 2 可见。

(4) 在 $s'b'c'$ 投影范围内，过 $3'$ 点作出线段 $g'h'$ ∥ $b'c'$，g' 在棱线投影 $s'b'$ 上，h' 在棱线 $s'c'$ 上。

(5) 作出 G 的水平投影 g，且过 g 作线段 gh ∥ bc，根据 Ⅲ 点在线段 GH 上，作出投影 3，且投影 3 也为可见点。

3. 棱锥被截切及截交线

例 3-3 如图 1.3-5（a）、（b）所示，正四棱锥被组合平面截切，其右半部分移除，完成四棱锥剩余部分截切体的投影。

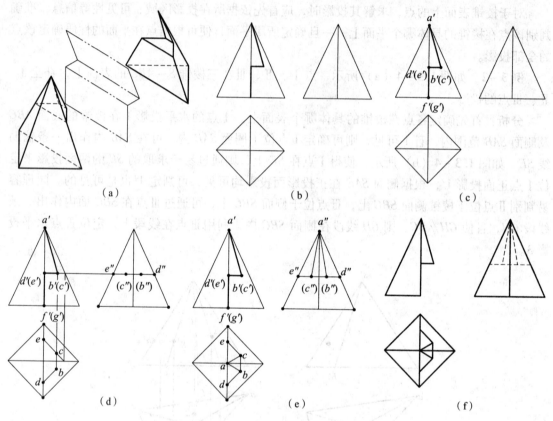

图 1.3-5 四棱锥截切体及其投影

分析：当截平面是由多个平面组合时，要注意相邻截平面间相交而产生的交线。图示四棱锥被三个组合平面截切，自下而上分别为侧平面、水平面、正垂面，在截切四棱锥投影范围内，相交产生两条正垂线。求解时，可对每一截平面产生的截交线进行逐一求解，然后再将各段截交线进行组合，从而得到全部截交线。

图示侧平面截面过四棱锥左右对称的两条棱线，其截交线位置与两条棱线相同，为侧平线，截平面与底面相交产生一正垂截交线，此三段截交线与侧平面和水平面之间的交线组合而成一封闭的四边形，记为第一组；水平面截平面与四棱锥两右侧面部分相交产生两条水平的截交线，且截交线与四棱锥底面棱线平行，与组合截平面间的两条交线组合而成为封闭的四边形，记为第二组；正垂面截平面过四棱锥顶点，也与四棱锥两右侧面发生部分相交产生两条截交线,与正垂面和水平面截平面产生的交线组合而成一封闭的三角形,记为第三组。

求解步骤:

(1) 在正投影面内,确定三组截交线顶点 $a'\sim g'$,完成第一组四边形 DEGF 各顶点的投影并顺次连接,如图1.3-5(c)所示。

(2) 过已在步骤(1)中求出的 d、e 两点,作直线 db、ec 分别平行于四棱锥底面棱线,完成第二组四边形 DECB 各点投影,并顺次连接,如图1.3-5(d)所示。

(3) 顺次连接 A、B、C 三点对应投影,完成第三组截交线的投影。如图1.3-5(e)所示。

(4) 根据四棱锥移除部分,将对应棱线擦除,根据可见性原理对各段棱线及截交线进行可见性判别,并检查描深,擦除辅助点线等,完成截切体投影,如图1.3-5(f)所示。

3.2　常见回转体的投影及其截交线

基本的回转曲面可视为由直线或曲线所构成的母线绕回转轴回转而成的表面。如图1.3-6所示,母线在回转过程中历经的每一位置,称为素线。母线上的点在绕轴回转的过程中,其轨迹为圆,称之为纬圆。在作回转体表面上的点的投影时,常借助素线或纬圆辅助求解。

圆柱、圆锥、球体等是常见的基本回转体,圆柱体可视为矩形绕与其一边重合的轴线回转而成,圆锥可视为直角三角形绕与其一条直角边重合的轴线回转而成,而球体则可视为半圆绕其直径回转而成。

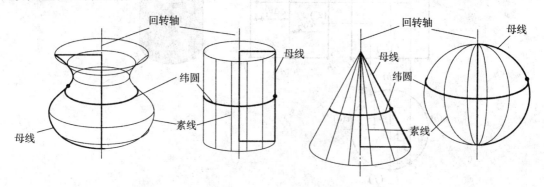

图1.3-6　常见回转体

曲面立体被一个平面截切后的截交线通常是平面曲线或平面曲线与直线组合而成的封闭图形,在一些特殊的截切位置,截交线也可能是由直线围成的封闭图形。

截交线的求解一般按以下步骤进行:

(1) 画出完整的曲面立体投影;

(2) 绘制截平面;

(3) 判断各截交线的基本性质;

(4) 完成各截交线特殊点(极限位置点、中点、转向轮廓线上的点等)投影;

(5) 对同一截平面截得的截交线,逐一顺次光滑连接,完成其在各投影面内的投影;

(6) 判别曲面基本体被截断的轮廓线起始位置点,在各投影面内对轮廓线进行检查与

修改;

（7）分别进行截交线及轮廓线的可见性判断;

（8）检查及描深各投影图。

3.2.1 圆柱体的投影及其截交线

1. 圆柱体的投影

圆柱体由圆柱面和平面构成,如图1.3-7所示,圆柱体轴线垂直于水平投影面,圆柱面上的点均积聚在圆周上。如圆柱面上的Ⅰ点及Ⅱ点,其水平投影都积聚于圆周上。

在正面投影内,圆柱最左轮廓线 AB、最右轮廓线 CD 是圆柱表面上点从前向后投影时可见性的分界线,Ⅰ点位于前半圆柱面上,其正面投影 1′可见,而Ⅱ点位于后半圆柱面上,其正面投影 2′不可见。

在侧面投影内,圆柱最前侧轮廓线 EF、最后侧轮廓线 GH 是圆柱表面上点从右向左投影时可见性的分界线,Ⅰ点位于左侧圆柱面上,其侧面投影 1″可见,而Ⅱ点位于右侧圆柱面上,其侧面投影 2″不可见。

从图 1.3-7 中可以看出,转向线的投影规律:某面的转向线在该面上为边线,在另两面上的投影处于中间位置,如 EF 侧转向线,在 W 面上 e″f″为最边线,e′f′、ef 处于柱体中间位置。

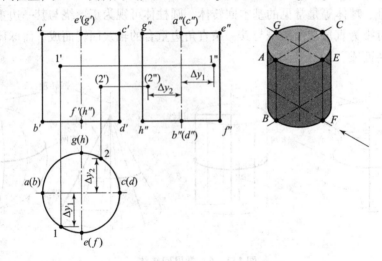

图 1.3-7 圆柱及表面上点的投影

2. 截切圆柱体及截交线

圆柱体被一个截平面截切时,截交线的形状主要可归结为图1.3-8所示三类。图1.3-8（a）所示为截平面垂直于圆柱轴线,此时截交线为圆形;图1.3-8（b）所示为截平面平行于圆柱轴线,此时截交线为矩形;图1.3-8（b）所示为截平面与圆柱轴线倾斜,截交线为椭圆形。

例3-4 如图1.3-9（a）所示,圆柱被组合平面截切,试完成该截切体的投影。

分析：圆柱体被三个平面截切,从其侧面投影特点可见,分别为正平面、侧垂面与水平面,截平面间的交线均为侧垂线。由截平面与圆柱体相对位置,可判断出正平面截切产生的截交线为矩形,侧垂面截切产生的截交线为椭圆弧段,水平面截切产生的截交线为水平圆弧段。

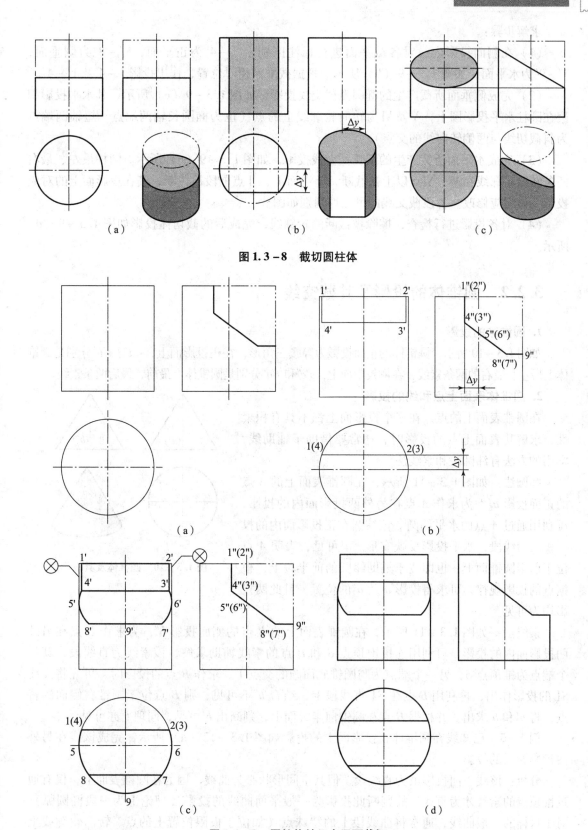

图 1.3-8 截切圆柱体

图 1.3-9 圆柱体被组合平面截切

求解步骤：

（1）在侧面投影内，对各截平面进行标注区别，$1''-4''$为正平面，$5''-8''$为侧垂面，$7''-9''$为水平面，如图1.3-9（b）所示。根据截平面相对位置，作出投影1-4及$1'-4'$。

（2）完成侧垂面所截产生的椭圆弧截交线投影，如图1.3-9（c）所示，其水平投影积聚在圆柱水平投影圆上，V及VI为转向轮廓线上的点（也为椭圆长轴两端点，短轴两端点为斜截切线与两侧转向线的交点）。

（3）完成水平面所截产生的圆弧截交线投影，如图1.3-9（c）所示。圆柱最左、最右两条转向轮廓线在V、VI点以上被截断，上端面I、II点前段被截断，其在投影面上的对应投影要做相应修改。各段截交线的可见性判别如图。

（4）对各投影进行检查，擦除被截断的轮廓线，完成后的截切体投影如图1.3-9（d）所示。

3.2.2 圆锥体的投影及其截交线

1. 圆锥体的投影

如图1.3-10所示，圆锥体的正面投影为等腰三角形，在正投影面上，$s'a'$、$s'b'$分别是圆锥体上最左、最右的两条素线，在侧投影面上，$s''c''$和$s''d''$分别是圆锥体上最前、最后两条素线。

2. 圆锥体表面上点和线的投影

在圆锥表面上的点，在三个投影面上都不具有积聚性，求解其表面上点的投影时，通常要借助于辅助线，常用的方法有纬圆法和素线法。

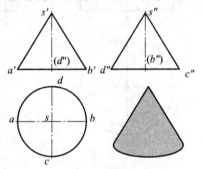

图1.3-10 圆锥体及其投影

纬圆法：如图1.3-11所示，在圆锥表面上的A点的正面投影a'，为求作A点在另外两投影面内的投影，可利用通过A点的水平纬圆。该纬圆在正投影面内的投影积聚为线段，水平投影反映实形。a'可见，表明A点位于前半圆锥面上，也即位于辅助纬圆的前半段上，根据点的投影规律，可求得投影a及a''的位置，且此两投影均为可见。

素线法：如图1.3-11所示，在圆锥表面上的B点的侧面投影b''，为求作B点在另外两投影面内的投影，可利用连接锥顶点S和B点的素线辅助求解，该素线为直线段，其一个端点为锥顶点S，另一个端点为与圆锥底面圆的交点I，求作B点的投影时，可先将素线SI的投影作出，再利用B点在SI直线段上，结合b''不可见，则B点位于圆锥右侧面的特点，将b'和b求出。并根据B点在圆锥前半锥面上，判断出b'可见，同理b亦可见。

例3-5 已知线在圆锥体正投影面上的投影如图1.3-12（a）所示，完成该线在另外两投影面上的投影。

分析：该线正面投影虽为直线段，但其空间形状必为曲线，因为在圆锥表面上，仅有通过锥顶点的素线才为直线。故判断此投影为一般平面曲线的投影（理论上为一段椭圆弧）。对于这样的一般曲线，通常将曲线段上的特殊点（如位于极限位置上的点、转向轮廓线上的点等）投影做出来，再在特殊点间插入一些位于线段上的一般位置点并求出其投影，然

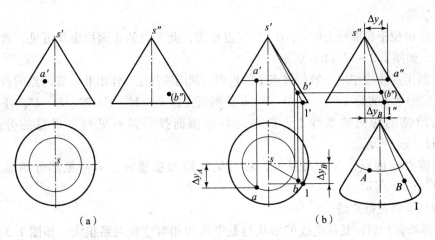

图 1.3-11 圆锥体表面取点

后顺次光滑连接各点,从而得到一般位置曲线的投影。最后依据可见性原理判断曲线段投影的可见性。

针对本题,位于轮廓线上的特殊点为 A、B、C 点,为提高作图精度,在 A、C 点间插入一般位置点 Ⅰ,在 C、B 间插入两个一般位置点 Ⅱ、Ⅲ。如图 1.3-12(b)所示。然后参考在圆锥表面上去点的方法,将各点的投影依次求出后光滑连接。

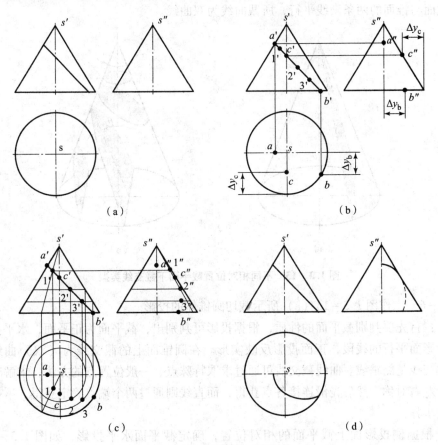

图 1.3-12 圆锥体表面取点

求解步骤：

（1）作出位于轮廓线上的 A、B、C 三点投影，此三点的正面投影均可见，故位于前半圆锥面上，如图 1.3 – 12（b）所示。

（2）利用素线法作出一般位置点 I 的投影，利用纬圆法，作出 II、III 两点的投影。顺次连接曲线段的水平投影 $a-1-c-2-3-b$ 及侧面投影 $a''-1''-c''-2''-3''-b''$，注意 C 点位于圆锥最前侧的转向轮廓线上，自左向右的侧面投影是可见与不可见的分界点，如图 1.3 – 12（c）所示。

（3）擦去辅助点，判别可见性，将可见线段加粗描深，不可见部分画成虚线，如图 1.3 – 12（d）所示。

3. 截切圆锥及截交线

圆锥体被截切后，其截交线的形状与截平面的相对位置关系很大。如图 1.3 – 13（a）所示，当截平面为通过锥顶点的平面时，截交线为一封闭三角形，截交线投影如图 1.3 – 14（a）所示。除此之外，圆锥面的截交线为二次曲线，如图 1.3 – 13（b）所示。截面与锥面轴线所成的角为 θ，锥面的半顶角为 α，则当 $\theta = 90°$ 时，所截曲线为圆，投影如图 1.3 – 14（b）所示；当 $\theta > \alpha$ 时，截面与锥面的所有素线都相交，所截曲线为椭圆，投影如图 1.3 – 14（c）所示（其中：$1'2'$ 为椭圆长轴两端点，$1'2'$ 线段的中点 $c'd'$ 为短轴两端点。）；当 $\theta = \alpha$ 时，截面与锥面的一条素线平行，所截曲线为抛物线，截交线投影如图 1.3 – 14（d）所示；当 $0 \leqslant \theta < \alpha$ 时，截面与锥面的两条素线平行，所截曲线为双曲线。

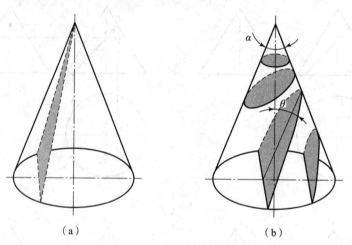

图 1.3 – 13　不同相对位置截平面下截交线类型

例 3 – 6　求作图 1.3 – 15（a）所示截切圆锥体的投影。

分析：首先要判别截平面的性质，根据投影可判别出，截平面为正平面，水平投影积聚为与正投影面平行的线段，正面投影反映实形。在圆锥面上的截交线为（双）曲线，与锥底面的截交线是侧垂线。曲线截交线可通过求取特殊点、一般位置点的方法，求解时注意截交线关于左右对称，然后光滑连接各点获得，而直线则通过两个端点确定获得。

求解步骤：

（1）根据侧投影面上截平面的相对位置，确定截平面水平投影，如图 1.3 – 15（b）所示。

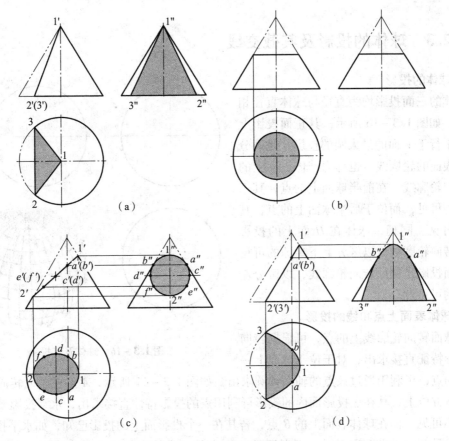

图 1.3-14 圆锥表面截交线

(2) 确定特殊位置点Ⅰ、Ⅱ、Ⅲ的投影，Ⅰ点在最前侧的转向轮廓线上，Ⅱ点及Ⅲ点在底面棱线圆上。并确定左右对称的一般位置点 A、B、C、D，利用纬圆法确定此四点的投影。然后在各投影面上按 Ⅱ - A - C - Ⅰ - D - B - Ⅲ 顺序光滑连接各投影，并连接直线段 Ⅱ - Ⅲ 的投影。如图 1.3-15（b）所示。检查截交线、轮廓线投影并判别可见性。

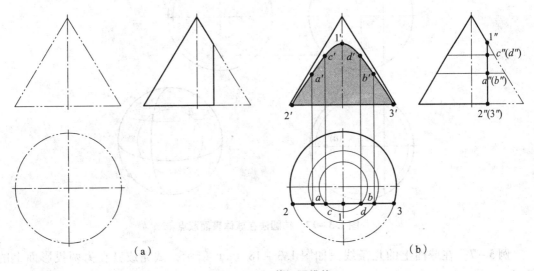

图 1.3-15 截切圆锥体

3.2.3 球体的投影及其截交线

1. 球体的投影

球体的三面投影均为直径与球体直径相等的圆,如图 1.3-16 所示,其正面投影上的圆是平行于 V 面的最大圆的投影,是区分前后球表面的轮廓线,也称为球体表面上的正面转向轮廓线。在前半球面上的点,其正面投影均可见,而位于后半球面上的点,其投影不可见。同理,球体在 H 面上的投影为水平转向轮廓线,以区分上下半球的可见性,侧面投影是侧面转向轮廓线,以区分左右半球的可见性。

2. 球体表面上点和线的投影

圆球面转向轮廓线上的点,可根据转向线的投影特征直接求出,对于位于球面上一

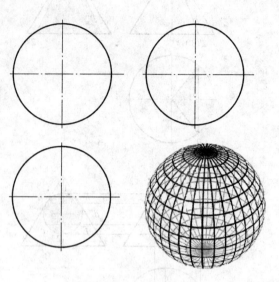

图 1.3-16 球体及其投影

般位置的点,可利用通过该点的辅助纬圆求出。如图 1.3-17 所示,A 点在正面转向轮廓圆的右、下方位上,其在三投影面内的投影可利用点的投影特性直接求出,水平投影 a 及侧面投影 a'' 不可见。而在球体表面上的 B 点,若其在一个投影面上的投影已知,如水平投影 b 已知,则求另两面投影 b' 和 b'' 时,可利用通过 B 点的一个特殊位置上的素线圆,水平圆、正平圆或侧平圆均可,利用特殊素线圆的积聚及实形性,能够方便地得到点在辅助圆上的投影位置。

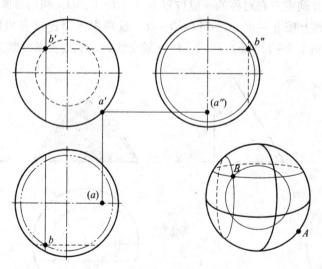

图 1.3-17 纬圆法在球体表面取点

例 3-7 在球面上的几条线段如图 1.3-18(a)所示,试完成其在另两投影面上的投影。

分析：从主视图投影可判别出，此球面上的线段空间为三段圆弧，其投影可分别进行处理。Ⅰ-Ⅱ-Ⅲ段在球面上，且其正面投影与侧投影面平行，应为侧平的圆弧段，侧面投影反映圆弧实形；同理，Ⅶ-Ⅷ应为水平圆弧段，其水平投影为圆弧实形；中间的圆弧段位于正垂面内，其水平投影和侧面投影应为椭圆弧。

求解步骤：

（1）根据侧平线及点的投影规律，作出Ⅰ-Ⅱ-Ⅲ段圆弧的投影，如图1.3-18（b）所示。

（2）作出中间弧段位于转向轮廓线上的Ⅳ、Ⅵ及特殊点Ⅴ的投影，并利用纬圆法，作出一般位置点 A 及 B 的投影，如图1.3-18（c）所示。

（3）光滑连接侧投影面上的 $3''-a''-4''-5''-6''-b''-7''$，并注意 $4''$ 为侧面投影可见性的分界点；同理光滑连接 $3-a-4-5-6-b-7$ 并注意 6 为水平投影可见性分界点，如图1.3-18（c）所示。

作出水平圆弧段Ⅶ-Ⅷ的投影，注意此段圆弧位于下、右圆球面上，在水平投影及侧面投影均不可见。

（4）检查各段弧线投影，并判别其在各投影面上的可见性。如图1.3-18（d）所示。

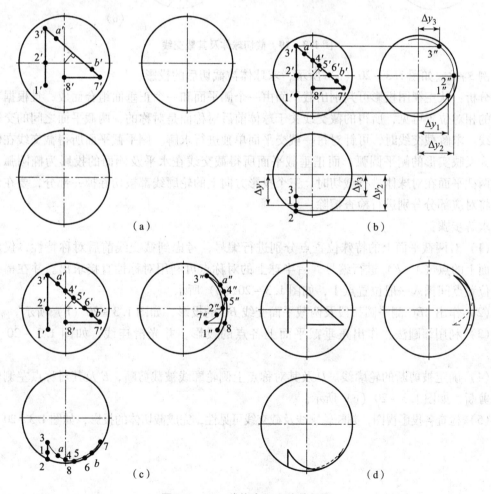

图1.3-18　球体表面上线的投影

3. 截切球体及截交线

球体被一个截平面截切后，截交线为圆，截交线的投影根据截平面相对投影面位置的不同，反映实形、积聚为直线段，或为椭圆。球体被水平截平面截切，截交线为一水平圆。如图 1.3-19（a）所示，球体被一铅垂面截切，截交线在正投影面及侧投影面的投影均为椭圆形，如图 1.3-19 所示。

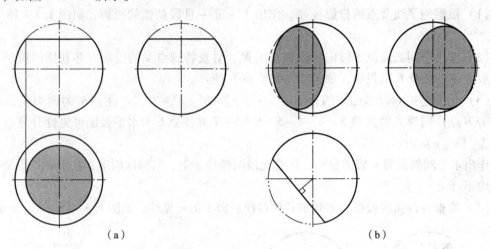

图 1.3-19 截切球体及其截交线

例 3-8 如图 1.3-20（a）所示，求球体被截切后的投影。

分析：从主视图投影可判别出截平面由一个侧平面和一个正垂面组合而成，且根据其与球体的相对位置可见，所得的截交线关于球体前后对称面是对称的，两截平面之间的交线为正垂线。求解截交线时，可针对每一截交平面单独进行求解。侧平截平面所得截交线在侧面投影为反映实形的侧平圆弧，而正垂截平面所得截交线在水平及侧面的投影为椭圆弧。而且，两截平面在对球体进行截切时，三个投影方向上的轮廓线都被切除掉一部分，要在各投影中将对应部分分别进行检查擦除。

求解步骤：

（1）对两截平面上的特殊位置点分别进行编号，考虑到截交线前后对称特性，仅对前半球面上的点（$A \sim F$）进行编号，后半球上的对称点可利用对称性直接求出。并在稀疏的特殊位置点间插入一般位置点 I，如图 1.3-20（b）所示。

（2）作出 ABC 侧平圆弧段及两截平面交线 BC 的投影，如图 1.3-20（b）所示。

（3）利用纬圆法，作出正垂截平面上各点的投影，并光滑连线，如图 1.3-20（c）所示。

（4）确定被剪断的轮廓线。D 及其对称点上侧轮廓线被裁剪断，E 及其对称点左侧轮廓线被剪断，如图 1.3-20（c）所示。

（5）检查各投影视图，判断轮廓线及截交线可见性，完成截切体的投影，如图 1.3-20（d）所示。

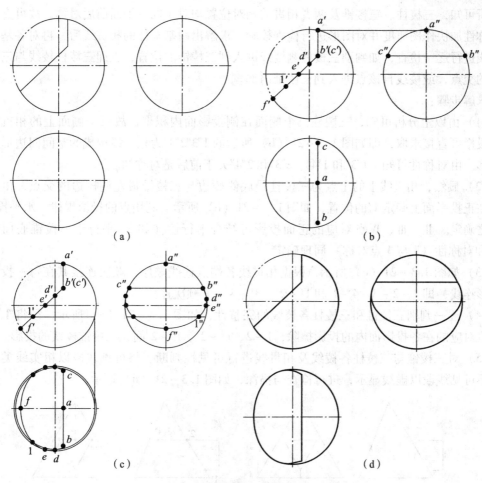

图 1.3-20 球体被组合平面截切及其截交线

3.3 相贯立体投影

两立体相交称为相贯,其表面的交线称为相贯线。相贯线即是两立体表面的共有线,也是两立体表面的分界线。

3.3.1 两平面立体相贯画法

两平面立体相贯,是参与相交的不同平面立体表面的交线集合,一般情况下,为由一段段直线构成的封闭空间多边形。

例3-9 完成图1.3-21(a)所示相贯立体的投影。

分析:根据投影视图特点,确定相贯的两基本体分别为三棱锥和三棱柱。三棱柱在侧投影面内的投影具有积聚性,表明位于三棱柱侧面的相贯线的侧面投影也必然积聚于此;且三棱柱的三个侧面与三棱锥的两个侧面相交,其相贯线为由直线构成的封闭空间四边形;进一步分析可知,三棱柱、三棱锥及两者相贯的相对位置均对于同一平面前后对称,故可充分利用对称性加快作图速度并对图形进行检查校验。求解出两基本体的相贯线后,再对各基本体的棱线进行逐一检查,如判别三棱柱侧棱线进入到三棱锥的位置,也即三棱柱棱线与三棱锥表面的交点,或棱线自该点进入到三棱锥内部。

求解步骤:

(1) 由以上分析可知,三棱柱三个侧面在侧投影面内积聚,故三个侧面上的相贯线在侧面投影可直接求取,即如图 1.3 – 21(b)所示的 1″3″2″4″为相贯线构成的空间四边形的侧面投影。由对称性可知,1″3″和 1″4″、2″3″和 2″4″关于前后是对称的。

(2) 显然,相贯线上的 Ⅰ 点为三棱柱最底侧棱边与三棱锥最左侧棱边的交点,由此可直接在正投影面上确定 1′的位置,如图 1.3 – 21(c)所示。利用点的投影规律,水平投影 1 点随之确定。Ⅱ、Ⅲ、Ⅳ 点对应的正面投影可结合平行性(如 23 平行于三棱锥底面的一边)和对称性(3 与 4 点对称)同理确定。

(3) 如图 1.3 – 21(c)所示,根据相贯线各端点连线顺序,顺次连接其在每一投影面的投影连线,即 1 – 2 – 3 – 4 – 1 和 1′– 2′– 3′– 4′– 1′顺次连接。

(4) 逐一判别三棱锥和三棱柱各棱线的完整性,如图 1.3 – 21(c)所示,须将 Ⅰ – Ⅱ 段线段对应的在各投影面内的投影擦除,1 – 2、1′– 2′、1″– 2″间无三棱锥棱线的投影。

(5) 对三棱锥与三棱柱各棱线及相贯线进行可见性判断。将可见线段以粗实线类型显示,不可见线段以虚线显示,进行检查与描深,如图 1.3 – 21(d)所示。

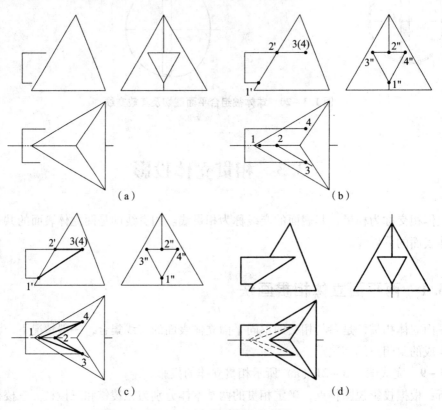

图 1.3 – 21 两平面立体相贯

3.3.2 平面立体与曲面立体相贯画法

例3-10 求图1.3-22（a）所示正三棱锥被圆柱穿空后的投影。

分析：圆柱从前向后将三棱锥完全贯穿，其圆柱表面与三棱锥的三个侧平面均相交，产生三段平面曲线，即三段相贯线。然后结合投影，考察两个基本体的投影积聚性，显然圆柱圆周面在正投影面内的投影积聚在圆周上，意味着圆柱面上的三段相贯线也都积聚于此；而与圆柱面相交的三棱锥后侧面包含侧垂线（底面棱边），故此后侧面为侧垂面，该面及其上的相贯线在侧面的投影都将积聚；再考察对称性，易见三棱锥、圆柱两者的相对位置关于左右是对称的，则由此产生的相贯线也是左右对称的。

对于构成相贯线的每段平面曲线，一般先分析它的性质，如是否是圆或椭圆等，对于非特殊的平面曲线，通常确定曲线上的多个特殊点，加上一些一般位置点，然后再将这些点按其空间连接顺序顺次连接起来，从而完成对该段平面曲线的绘制。特殊点主要包括极限位置点（如最左、最右、最高、最低、最前、最后位置点）、转向点（可见性分界点）、拐点（该点处切线水平或垂直等），一般位置点主要为了确定曲线走势，提高曲线作图精度。

在完成相贯线的绘制后，再确定圆柱及三棱锥两基本体的轮廓线投影，如是否存在被打断等情况，最后进行相贯线及基本体轮廓线的可见性判别。

求解步骤：

（1）由以上分析可知，圆柱体自前而后穿过三棱锥，首先完成圆柱体在水平投影面和侧投影面的投影，如图1.3-22（b）所示。然后再求取三棱锥左右对称面与圆柱表面相贯线的投影。找到两段线上的特殊点——最高点正面投影n'、最低点s'、最左点w'、最右点e'（与w'左右对称）及过三棱锥顶点的直线且与圆柱面相切的切点t'及其对称点。

（2）从正面投影可知，N、S为圆柱上最高、最低转向轮廓线与三棱锥最前端棱线的交点，可依此关系直接得到n''、s''的投影，如图1.3-22（b）所示。两点的水平投影n、s可利用两点到三棱锥顶点的前后相对位置Δy_n及Δy_s确定。

（3）W点的水平投影w可通过包含该点在平面内做一条辅助线，使其与三棱锥棱线相平行，通过点在直线上的方法获得。如图1.3-22（c）所示。e点通过与w对称直接得到，而w''和e''为侧面重影点，其在侧投影面的位置可利用前后相对位置Δy_e直接从水平投影得到。

（4）T点的投影t和t''可利用三棱锥左前侧面内通过顶点的直线得到，如图1.3-22（c）所示。与之左右对称的点利用对称性直接作出。

（5）求取完特殊点后，可在特殊点间插入几个一般位置点。如图1.3-22（c）所示位于左侧相贯线上的Ⅰ点和Ⅱ点。先在相贯线正面投影上选定$1'$及$2'$，在另外两投影面上的投影作法与前述特殊点类似。对于Ⅰ、Ⅱ两点的对称点，利用对称性直接作出。

（6）参照相贯线正面投影各点连接顺序，在水平投影及侧面投影依次连接，得到图1.3-22（d）所示相贯线的水平投影及侧面投影。

（7）作出圆柱面与三棱锥后侧面相交后的相贯线，其水平投影应为椭圆、侧面投影积聚为线，作图时，与前述求取特殊点方法类似，先根据正投影上最左侧点w'、最右侧e'和

最高点 n'、最低点 s'，分别作出其另外两面内的投影。如图 1.3-22（e）所示。

（8）根据相贯关系，分别判别两基本体各棱线的完整性，相贯线及棱线的可见性，进行投影检查。完成后的相贯体投影如图 1.3-22（f）所示。

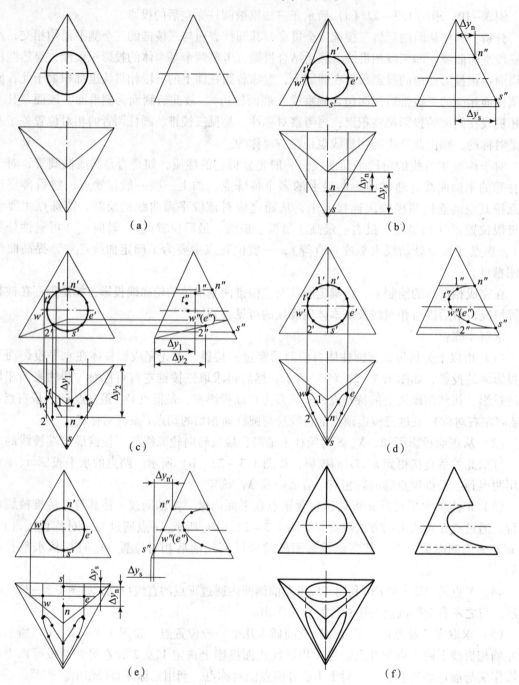

图 1.3-22　平面立体与曲面立体相贯

3.3.3 两回转体相贯的画法

例 3-11 求图 1.3-23（a）所示两圆柱相贯立体投影。

分析：从投影可见，两圆柱及其相贯位置均关于左右、前后对称，其相贯线也必然关于左右、前后对称。直径较小的圆柱在水平投影上积聚，直径较大的圆柱在侧投影面上的投影也积聚，可利用积聚性对相贯线上各点进行求解。即相贯线的水平投影与小圆柱圆周面积聚圆重合，能够直接找到相贯线的最左、最右、最前、最后侧的特殊点；而相贯线侧面投影在大圆柱圆周面积聚圆上，能够直接找到相贯线上最高、最低特殊点，在特殊点之间，插入一般位置点，再将各点按顺序光滑连接，即可得到相贯线的投影。

求解步骤：

（1）根据上述分析，在水平投影面找到相贯线上最左点Ⅰ、最右点Ⅲ、最前点Ⅳ和最后点Ⅱ的对应投影，相应作出其侧面投影。Ⅰ点和Ⅲ点同为相贯线上最高点，Ⅱ点和Ⅳ点同为相贯线上最低点，并作出它们在正投影面的投影，如图 1.3-23（a）所示。

（2）在 1、4 特殊点间插入一般位置点 a，并完成其在另外两投影面上的投影 a' 和 a''，如图 1.3-23（a）所示。

（3）根据对称性，作出 A 点左右和前后的对称点及其投影，并将各点按顺序光滑连接，判别可见性，检查线型特性，完成后的相贯体投影如图 1.3-23（b）所示。

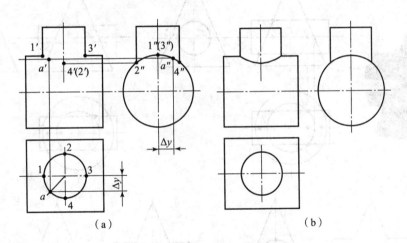

图 1.3-23 两圆柱立体相贯

例 3-12 完成图 1.3-24（a）所示圆锥与水平圆柱体相贯在三投影面内的投影。

分析：首先，参与相贯的两基本体相对位置具有左右与前后对称关系。可采用辅助平面法进行求解，即作一辅助平面，使其与两基本体都相交，与每一基本体相交所得到的交线也彼此相交产生交点，此交点是两基本体相贯线上的点。利用辅助平面法求相贯线上的点时，要注意该平面与每一基本体的交线尽量为直线或圆，以提高作图效率和精度。对于空间的相贯线，较常采用的是求出多点后然后光滑连接的方法，尤其是位于特殊位置的点，如极限位置上的点、位于基本体上的可见性分界点等，要认真分析容易求解出该点的辅助平面位置。在特殊点较为"稀疏"的位置，要适当增加一些一般点，以便准确描述相贯线的形状。求出全部相贯线后，在对由于相贯引起的基本体的轮廓线完整性进行判别，最后对全部投影平面上的相贯线及基本体的可见性进行分析，只有同时在每一个基本体的可见面上的相贯线线段才能判为是可见的，多个基本体要结合多个投影来判断其彼此的遮挡部位，从而确定轮廓线的可见部分。

求解步骤：

（1）相贯线上特殊位置点 A 和 B 为圆柱上最高、最低转向轮廓线与圆锥最左侧轮廓线的交点，可利用积聚性求解出来；与 A、B 两点左右对称的点，也可一并作出，如图 1.3-24（b）所示。

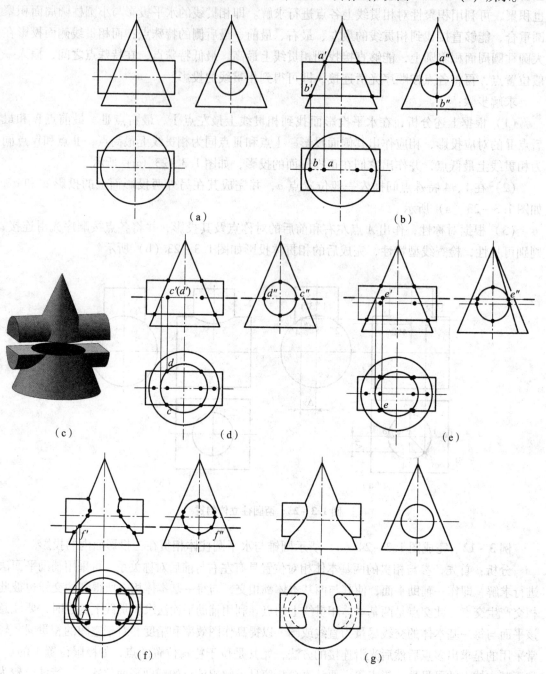

图 1.3-24　圆锥与水平圆柱相贯

(2) 包含圆柱上下对称面，作一辅助水平面，该平面与圆锥相交的交线为一水平纬圆，与圆柱体的交线为矩形，则位于同一辅助平面上的纬圆与矩形的四个交点（C、D 及对称点）也为相贯线上的点。如图 1.3-24（c）、（d）所示，分别为辅助平面法求解相贯线上点 C、D 的示意图及投影。

(3) 在侧面投影上，通过锥顶点作圆柱积聚圆的切线，切点 E 即为圆锥最前、最后轮廓线与圆柱的交点，仍可包含该点作一辅助水平面，利用与圆锥相交所得纬圆及与圆柱相交所得矩形的交点来确定相贯线上的点，如图 1.3-24（e）所示。

(4) 对于相贯线上的一般位置点 F，同样可以利用辅助平面法求解，然后顺次将相贯线上的各点连接起来，并分别对两立体各棱线起止位置进行判定，如图 1.3-24（f）所示。

(5) 分别对相贯线及各棱线的可见性进行判定，进而对各投影进行检查描深，完成求解，如图 1.3-24（g）所示。

例 3-13 完成图 1.3-25（a）所示圆柱与圆锥相贯体的投影。

分析：圆柱与圆锥及其相贯相对位置均前后对称，所求相贯线也应前后对称。对于参与相贯的立体都是回转体时，求取相贯线上的点也可以采用同心球面法确定。其基本原理为：回转体与球心在其回转轴上的球相交时，则交线一定是圆。如图 1.3-25（b）所示，以圆锥和圆柱轴线交点作为辅助球面的球心，辅助球体与圆锥及圆柱的相贯线均为圆。辅助圆交点则为圆锥与圆柱相贯线上的点。

求解步骤：

(1) Ⅰ点和Ⅱ点为相贯线上的最高点和最低点，如图 1.3-25（c）所示。

(2) 应用同心球面法，作出相贯线上一般位置点，如图 1.3-25（d）所示，Ⅲ点和Ⅳ点为圆锥和圆柱上、前半面上的共有点。

(3) 作出最小同心辅助球面（与圆锥表面相切），作出相贯线上Ⅴ点的投影，如图 1.3-25（e）所示。

(4) Ⅵ点和Ⅶ点也是相贯线上的点，如图 1.3-25（f）所示。

(5) 利用图中所示辅助平面，作出相贯线上最前侧（Ⅶ点）、最后侧的点，如图 1.3-25（g）所示。

(6) 顺次光滑连接相贯线各点投影，如图 1.3-25（h）所示。

(7) 判别相贯立体轮廓线起止范围，如图 1.3-25（i）所示。

(8) 对轮廓线及其可见性进行判断，如图 1.3-25（j）所示。

(9) 对各面投影进行检查，完成相贯立体投影，如图 1.3-25（k）所示。

3.3.4 正交圆柱相贯线的近似画法

当两圆柱正交时，其轴线垂直相交，若此两圆柱的直径差别较大，则相贯线可采用近似画法，在两圆柱体投影为非圆的投影面内用大圆柱的半径做圆弧来代替相贯线的投影。如图 1.3-26 所示，对相贯线形状精度要求不高时常采用此近似画法。

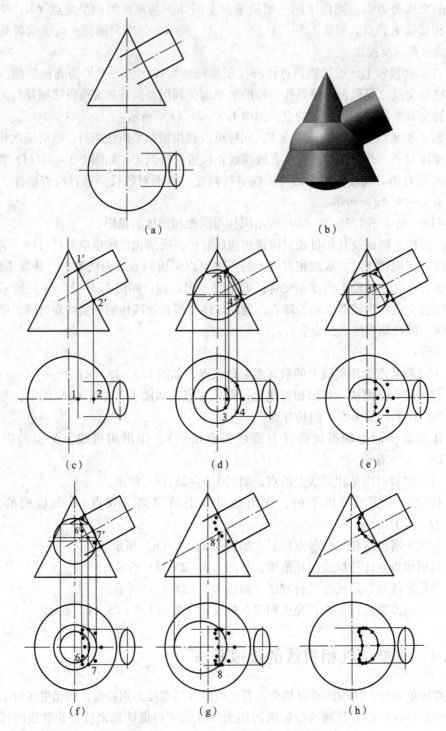

图 1.3-25 圆柱与圆锥相贯立体投影

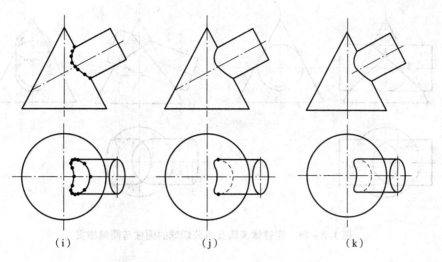

图 1.3-25　圆柱与圆锥相贯立体投影（续）

3.3.5　相贯线的特例及简化画法

两直径相等的圆柱正交时，其相贯线为椭圆，该椭圆在平行于两轴构成平面的投影面内的投影为直线段。如图 1.3-27 所示，相贯的两外圆柱及内圆孔直径相等，在正投影面内投影为直线段。

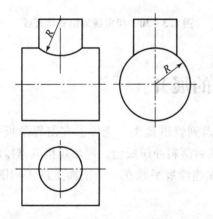

图 1.3-26　正交圆柱体相贯线近似画法

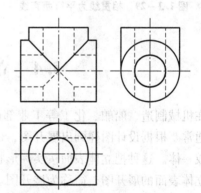

图 1.3-27　等直径圆柱体正交相贯

如图 1.3-28 所示，当相贯的圆锥与圆柱有公切球时，相贯线为椭圆，其在正面的投影也积聚为线段。

两回转体相交的相贯线一般为空间曲线，但在特殊情况下也可能是平面曲线或直线段，如图 1.3-29 所示，等高的两圆柱体相贯线为两条平行线。图 1.3-30 所示两共有锥顶点的锥体相贯，相贯线为相交的两条直线。

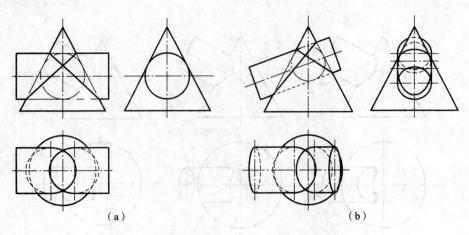

图1.3-28 回转体表面具有公切球的圆柱与圆锥相贯

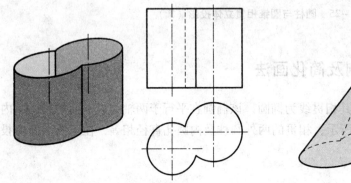

图1.3-29 相贯线为平行两直线

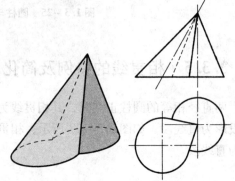

图1.3-30 相贯线为相交两直线

3.4 立体表面的展开

在机械制造、船舶、化工等工业部门,经常会遇到管道接头、壳体、容器等薄板类制件,通常要根据设计图样画出展开图,也称放样,然后落料冲压成型,再用焊接或铆接的工艺连成一体。这种把立体表面按实际形状和大小依次连续展平画在一个平面上的工程图样,称为立体表面的展开图,简称为展开图。

3.4.1 平面立体表面展开

平面立体的表面是多边形的平面,因此求其展开图时,关键是求出多边形各边线的实长并重构实形多边形。

例3-14 求图1.3-31(a)所示三棱锥截切体的展开图。

分析:图示截切三棱锥底面为一水平三角形,其水平投影反映实形,可在此基础上,把三个侧面三角形分别展开,即求出各侧面棱线的实长并组成三角形,然后找到每条棱线上的断开点并连接,完成各侧面的实形展开。

求解步骤：

（1）利用求直线实长的直角三角形法，求出三棱锥侧面各棱线 SA、SB、SC 的实长。如图 1.3-31（b）所示，并分别找到棱线上的切断点 Ⅰ、Ⅱ 和 Ⅲ 点。

（2）如图 1.3-31（c）所示，将底面 △ABC 和各侧面展开在一个平面内，△ABC 的投影与 △abc 大小相同，各侧面三角形可依据已求得的棱线实长及底面棱长得到。

（3）完成后的三棱锥各面展开如图 1.3-31（d）所示。

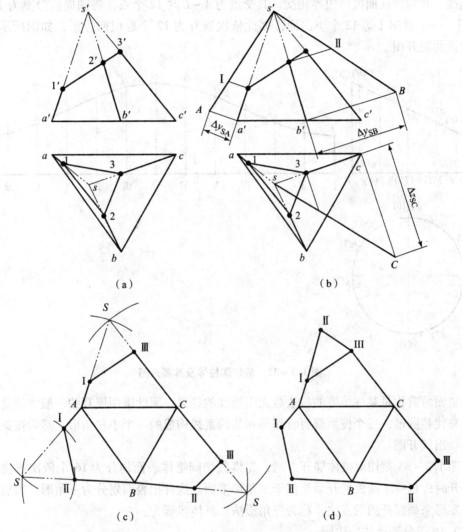

图 1.3-31　截切三棱锥表面展开图

3.4.2　曲面立体表面展开

曲面有可展与不可展两种，只有直线面中的一部分是可展曲面，即相邻两素线位于同一平面上。因此，可将相邻两素线间所夹的很小一部分表面当作平面，如圆柱、圆锥，它们的相邻素线平行或相交，就可构成平面，因此，柱、锥均可视为可展开曲面。球面、正螺旋面等属于不可展开曲面，其展开图可用近似展开法作出。

1. 可展开曲面

柱面可看作是某些棱柱的棱线无限增加的结果。因此柱面展开的一般方法是：以内接棱柱来代替柱面，每个棱面都可看作是相邻两素线构成的一个小梯形或平行四边形，然后按棱柱面展开的方法画出展开图。

以图 1.3－32 所示截切圆柱体展开为例，首先将底面圆均匀分成 12 段，过每一分段点做铅垂线，并与圆柱面椭圆边界相交，其交点为 $A \sim L$ 共 12 个点，将圆周面分割为 ⅠABⅡ、ⅡBCⅢ、……ⅫLAⅠ等 12 个小曲面，据此依次展开为 12 个近似四边形，如图所示，即为此圆柱面的展开图。

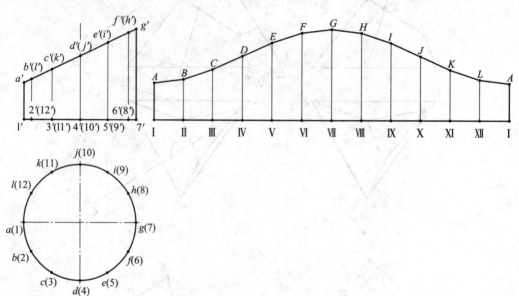

图 1.3－32　截切圆柱体及其展开图

圆锥面可看作是某些棱锥的棱边数无限增加的结果。因此锥面展开的一般方法是：以内接棱锥来代替圆锥，每个棱面都可看作是相邻两素线构成的一个小三角形，然后按锥面展开的方法画出展开图。

以图 1.3－33 截切圆锥体展开为例，先将截切圆锥体表面划分为 16 个依次连接的小曲面，展开时，每一个曲面展开后近似于三角形平面。这种把表面划分为三角形，然后求出各三角形实形来画展开图的方法，称为三角形法。具体步骤为：

（1）16 等分圆锥体底边圆；

（2）将每一等分点与圆锥体顶点 S 相连，记其与截交线的交点分别为 $A \sim P$；

（3）将小曲面ⅠSⅡ、ⅡSⅢ……逐一展开为相连的近似三角形。并依据投影按照比例法求出各素线与截交线的交点 $A \sim P$；

例 3－16　完成图 1.3－34（a）、（b）所示变形接头的展开图。

分析：图示变形接头上端与圆形管道连接，下端与正方形截面管道连接，中间待展开部分由圆形渐变到方形，该部分可视为四个相同的平面三角形和四个锥面构成，平面三角形的各边实长可直接量出或用直角三角形法得到；锥面部分则可以近似划分为多个小三角形并逐次展开。

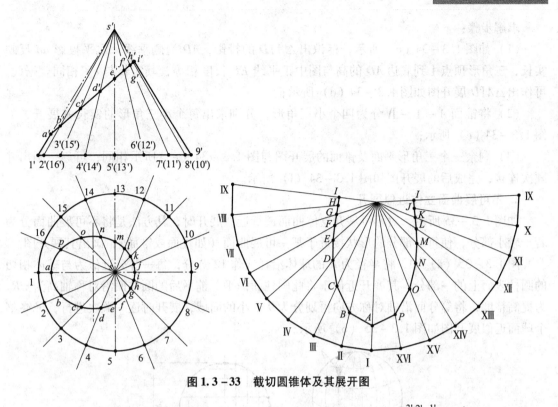

图 1.3-33 截切圆锥体及其展开图

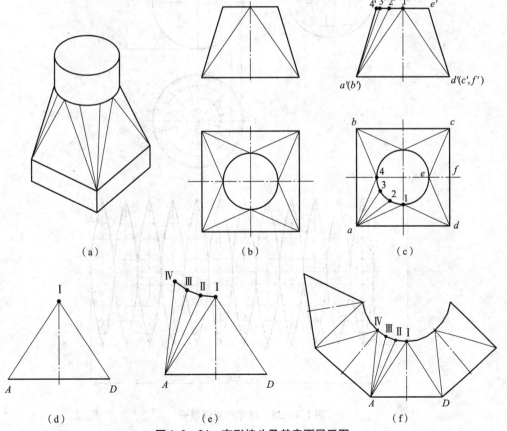

图 1.3-34 变形接头及其表面展开图

求解步骤：

（1）如图1.3-34（c）所示，标识出△A I D 的投影，AD 为侧垂线，水平投影 ad 反映实长，三角形顶点 I 到底边 AD 的高与图中正平线 EF 长度相等，其实长与 $e'f'$ 相同。据此，可作出△A I D 展开图如图1.3-34（d）所示；

（2）将锥面 A-I-Ⅳ分为四个小三角形，分别求出每个小三角形的实长并展开，如图1.3-34（e）所示；

（3）剩余三个三角形平面及锥面的展开图与图1.3-34（e）所示相同，可逐一画出并顺次连接，完成后的展开图如图1.3-34（f）所示。

2. 不可展曲面立体近似展开

如图1.3-35所示，对不可展开立体曲面进行近似展开时，其方法是将不可展曲面分为若干较小部分，使每一部分的形状接近于某一可展曲面（如柱面或锥面），画出其展开图。

图1.3-35（a）中，将半径为 R 的球体沿径线作12等分，每一等分近似为与球体相切的圆柱表面上的一部分，其展开近似于将此圆柱面铺平。铺平后的圆柱面沿对称轴高为 πR，为提高精度，将等分面沿轴对称方向再划分为9个小的面域，展开时逐一顺次进行，最终整个球面近似展开图如图1.3-35（b）所示。

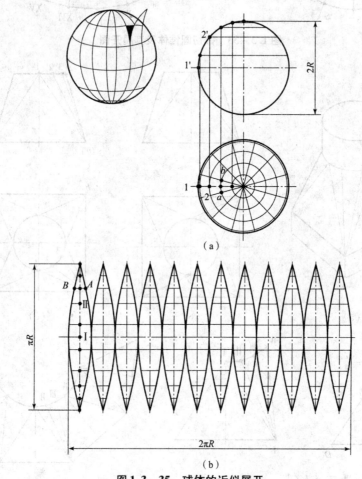

图1.3-35 球体的近似展开

第 4 章 组合体的视图

内容提要

组合体是由基本体经过一定的方式组合在一起的复杂形体,本章主要介绍组合体三视图的画法、尺寸注法及看/读组合体视图的方法。学习过程中,要善于运用点、直线、平面和立体的投影特性与基本作图原理,才能熟练掌握本章内容,为后续机械制图奠定基础。

学习重点

- 掌握组合体三视图的画法。
- 掌握组合体的看图方法。
- 掌握组合体尺寸标注方法及规则。

4.1 组合体三视图画法

由基本立体按照一定方式组合而成的物体称之为组合体。与机器零件不同的是组合体不考虑材料、加工工艺和一些局部的细小工艺结构(如圆角、倒角和坑槽等),只考虑其主体几何形状和结构,学习其目的是为绘制机器零件奠定基础。

4.1.1 组合体的三视图及其投影规律

1. 组合体的三视图

如图 1.4-1(a)所示,将一组合体置于三投影面体系中进行投射,可得到它的三面投影;而在国家标准 GB/T 13361—2012《技术制图 通用术语》中规定:将机件(组合体等物体)用正投影的方法向投影面投射所得的图形称为视图,由前向后投射得到的视图为主视图,即三面投影中的正面投影;由上向下投射所得的视图为俯视图,即三面投影中的水平投影;由左向右投射得到的视图为左视图,即三面投影中的侧面投影。三个视图统称其为三视图,如图 1.4-1(b)所示。

2. 组合体三视图投影规律

物体有长、宽、高三个方向的尺寸。设定上下方向为高度方向;左右方向为长度方向;前后方向为宽度方向。如图 1.4-2 所示,物体的上下位置关系(高度)可以由主视图和左视图反映;物体的左右位置关系(长度)可以由主视图和俯视图反映;物体的前后位置关系（宽度）可以由俯视图和左视图反映。归纳三视图的投影与位置关系，得到如下投影规律：

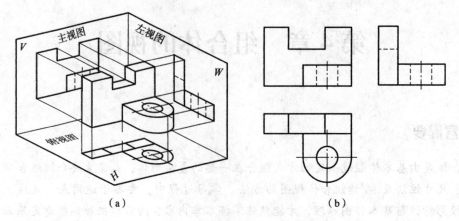

图1.4-1　组合体的三视图

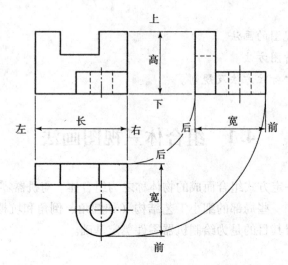

图1.4-2　三视图的位置关系和投影规律

　　长对正——主、俯视图；
　　高平齐——主、左视图；
　　宽相等——俯、左视图。
　　"长对正、高平齐、宽相等"是组合体画图和看图时必须遵循的基本投影规律，实质上是三面投影体系中点投影规律的具体运用。

4.1.2　形体分析法和线面分析法

1. 形体分析法

　　形体分析法就是假想将组合体分解为若干个基本立体，并分析确定各立体间的组合方式、相对位置及各表面间过渡关系的一种分析方法。形体分析法是画图或看图的基本方法。

1）组合体的组合方式

（1）叠加。叠加是基本立体（或稍作变形的基本立体）相互堆叠在一起的组合方式。图 1.4-3（a）所示组合体是由圆柱和六棱柱叠加而成的；图 1.4-3（b）所示组合体是由 2 个四棱柱与 1 个三棱柱叠加而成的立体。

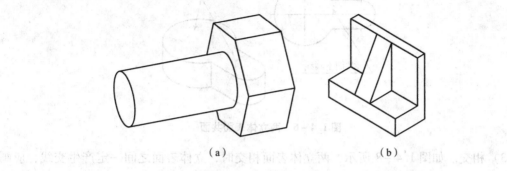

图 1.4-3　叠加式组合体

（2）挖切。挖切是通过基本立体被平面或曲面切割或穿孔而形成组合体的方式。图 1.4-4（a）所示组合体是将圆柱体穿孔成圆筒，再左、右对称切割而成的；图 1.4-4（b）所示组合体是由一长方体被平面多次切割去三部分后，再挖一个圆柱孔而形成的。挖切式组合体多为空心或内凹立体，一般带有孔、槽和坑等结构。

（3）综合。综合是既有叠加又有挖切的组合方式，是最常见的一种组合方式。如图 1.4-5 所示组合体（吊架），它可以看作是由圆柱体和四棱柱分别被挖切后叠加而成的，而且四棱柱的左右两平面与圆柱体外表面相切。

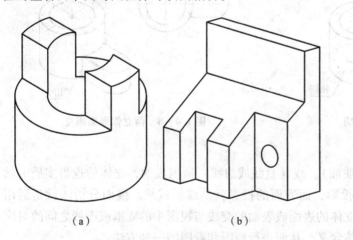

图 1.4-4　挖切式组合体

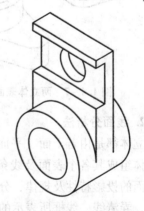

图 1.4-5　综合式组合体

2）组合体相邻表面间的过渡关系

（1）共面。当两立体表面平齐过渡，就构成了同一个表面，即为共面，不存在交线，两立体共面处不画线。如图 1.4-6 所示，圆柱上表面与其相邻结构上表面共面，俯视图上不画线。

（2）相切。如图 1.4-7 所示，当两立体表面相切（平面与曲面相切，或两曲面相切）时，两表面交界处是光滑过渡的，不存在交线，不画线，所以在主视图上没有线。

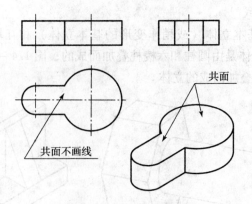

图 1.4-6 两立体表面共面

（3）相交。如图 1.4-8 所示，两立体表面相交时，立体表面之间一定产生交线，应画出交线的投影，所以在主视图上应画出交线。求交线的方法，请参见第 3 章立体的投影中相贯线部分内容。

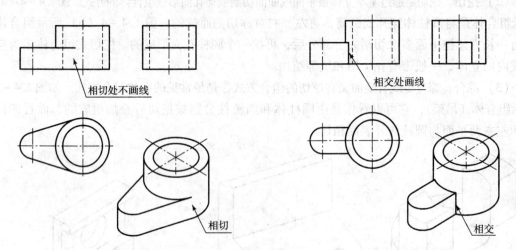

图 1.4-7 两立体表面相切　　　　　　图 1.4-8 两立体表面相交

2. 线面分析法

立体都是由若干面（平面或曲面）、线（直线或曲线）所围成的，立体的投影实质上就是立体组成其各个表面及线条的投影，而表面的投影就是线框或线。线面分析法就是运用线、面的投影特性及规律，分析立体的表面或表面的交线与视图中的线框或图线之间的对应关系，弄清线、线框所表示的具体含义，从而进行画图和看图的一种方法。

一般地说，视图上每一个封闭线框都表示立体的一个表面（平面或曲面）的投影，有的时候也表示两个相切表面的投影。当这个表面与投影面处于平行位置时，该线框必反映实形；处于一般位置时，一定具有类似性，如图 1.4-9 所示。利用投影面垂直面的类似性投影特性对于正确画图和迅速读图十分有利。

视图上每相邻两个线框可以表示：①两相交面的投影；②平行面的投影。如图 1.4-10 所示。

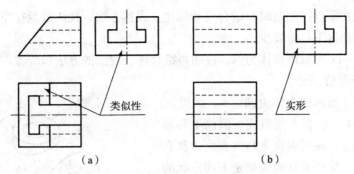

图 1.4-9　表面投影类似性和实形性的对比

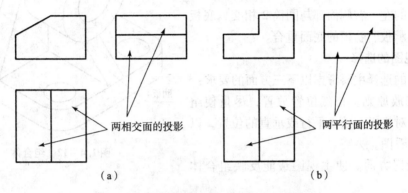

图 1.4-10　视图中相邻两线框的不同含义

视图上每一条线（直线或曲线）表示：①具有积聚性表面（平面或曲面）的投影；②表示相邻两表面交线的投影；③表示回转面（含孔、坑等）的转向轮廓线的投影，如图 1.4-11 所示。

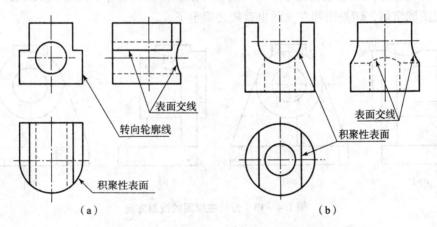

图 1.4-11　视图上每一条线的不同含义

通常在画图和看图实践中，首先采用形体分析法，然后结合线面分析法进行分析。

4.1.3　组合体三视图的画法和步骤

画组合体三视图是为了更好地巩固正投影的基础理论，为后续工程图样的绘制与阅读奠定基础。实际上在零件图绘制时，结合尺寸标注及表达方法，视图数量在完整、清晰地表达内外结构形状的前提下尽量要少。

现以图 1.4 – 12 所示组合体为例，说明画组合体三视图的方法和步骤。

1. 形体分析与线面分析

如图 1.4 – 12 所示组合体由圆筒 1、圆筒 2、支承板 3、肋板 4 及底板 5 所组成。圆筒 1 和圆筒 2 轴线垂直相交，在外表面上和内表面上都有相贯线；支承板、肋板及底板分别是不同形状的平板，支承板的左、右侧面都与圆筒 2 外圆柱面相切，肋板的左、右侧面都与圆筒 2 相交，底板的顶面与支承板、肋板的底面重合。

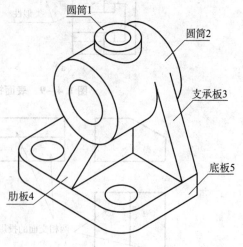

图 1.4 – 12　组合体

2. 主视图的选择

主视图的选择主要考虑以下三方面的要求：

（1）安放原则。自然位置放置，尽量使组合体的表面对投影面处于平行或垂直的位置，以方便画图和看图。

（2）投射方向。使主视图最能反映组合体的形体特征。

如图 1.4 – 13 所示，若以 D 向作为主视图，虚线较多，显然没有 B 方向清楚；C 向与 A 向视图虽然虚实线的情况相同，但如以 C 向作为主视图，则左视图会出现较多虚线，没有 A 向好；再对比 A 向与 B 向视图，B 向主视图更能反映形体特征，所以最终确定 B 向为主视图的投射方向。

（3）可见性原则。使主视图中不可见的形体最少，也就是各个视图中虚线最少。

主视图确定后，俯视图和左视图也就随之确定了。

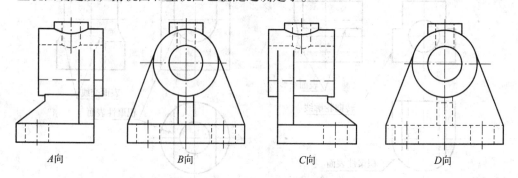

图 1.4 – 13　分析主视图的投射方向

3. 确定图幅及绘图比例

根据所画形体的大小和复杂程度，先确定绘图比例（优先选用 1∶1 的比例），再选择合适的图纸幅面。

4. 画图步骤

（1）布置视图。布图也就是确定图在图纸中的位置，具体就是先画出各视图的对称中心线、回转轴线、定位线（图 1.4 – 14（a）），应注意视图之间不要太拥挤或太分散，还要留出标注尺寸的位置。

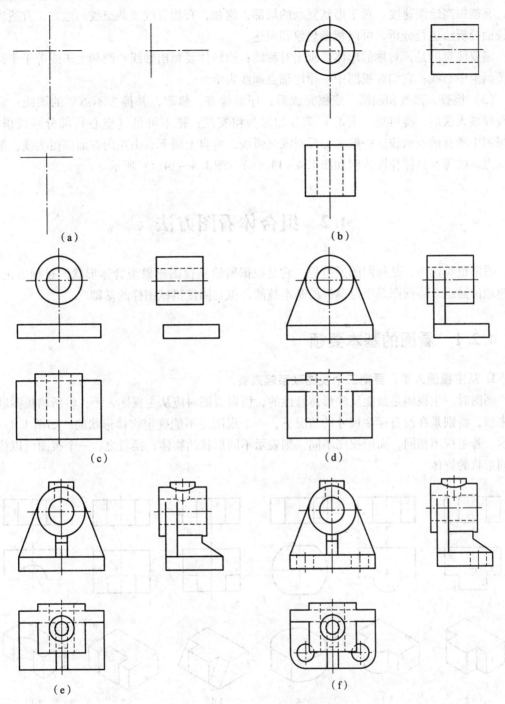

图 1.4-14　组合体的作图过程

（a）画轴线及后端面的定位线；（b）画圆筒 2 的三视图；（c）画底面的三视图；（d）画支承板的三视图；
（e）画圆筒 1 和肋板三视图；（f）画底板上的圆角及圆孔，并校核、加深

（2）轻画底稿。用 2H 铅笔打底稿。按一定顺序，依次画出各基本形体的三视图。通常先画大的、主要的轮廓，再画小的形体及细节部分；先画实心部分后画空心部分。画图时每

个基本形体应同时画出它的3个视图,这样既能保证各基本形体之间的相对位置和投影关系,又能提高绘图速度。对于形状复杂的局部,例如,有相贯线或截交线的地方,宜适当结合线面分析法进行分析,可以帮助想象和表达。

需要注意的是,对称的形体要画出对称线;回转体要画出轴线;圆和大于或等于半圆的弧要画上中心线;它们在视图中一律用细点画线表示。

(3) 检查、修改和加深。底稿完成后,仔细检查、修改,并擦去不需要的图线;经过检查校核无误后,将可见(实心)部分加深为粗实线;把不可见(空心)部分画成虚线;加深图中所有的点画线。一般先加深圆或圆弧线,再自上而下、由左向右加深粗实线,最后加深点画线等。具体作图步骤如图 1.4 – 14 (a) ~ 图 1.4 – 14(f) 所示。

4.2 组合体看图方法

看图也叫读图,是画图的逆过程。它是根据所给三视图想象组合体形状的过程。正确、迅速地读懂组合体视图是重点掌握的基本技能,也是阅读机械图样的基础。

4.2.1 看图的基本要领

1. 从主视图入手,要把三个视图联系起来看

画图时,主视图是最能反映形体特性的,所以看图时应从主视图入手,将所给视图联系起来读,特别是在没有标注尺寸的情况下,一个视图是不能确定物体形状的。如图 1.4 – 15 所示,若主视图相同,而俯视图不同,则表示不同形状的物体;换言之,一个视图可以构思不同形状的物体。

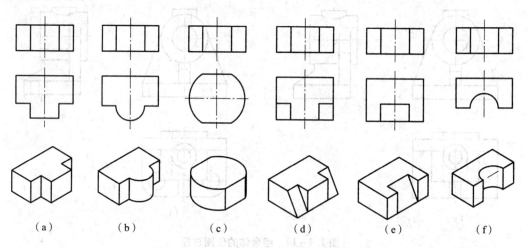

图 1.4 – 15　一个视图构思出不同形状物体

有时根据两个视图也不能完全确定物体的形状。如图 1.4 – 16 (a) 所示,只看主、俯两个视图,物体的形状还不能确定;若给定不同左视图,如图 1.4 – 16 (b) ~ 图 1.4 – 16(d) 所示,则可以分别表示四棱柱、1/4 圆柱和三棱柱。

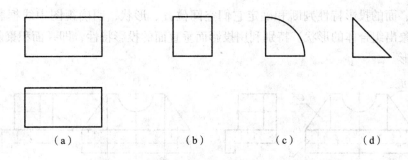

图 1.4-16　两个视图仍然不能确定的形体结构

所以只有几个视图联系来分析，才能完全确定空间物体的形状。

2. 要熟练掌握基本立体的投影

组合体是由基本立体或简单体组合而成的，所以只有熟练掌握平面立体及回转体这些基本立体的三面投影，才能很好地阅读组合体的视图。

3. 善于构思物体的形状

为了提高读图能力，应注意不断培养构思物体形状的能力，从而进一步丰富空间想象力，为了能正确和迅速地读懂视图，一定要多练习读图，多构思物体的形状。

由此可见，看图时不仅要把几个视图联系起来，互相对照并进行分析，还应注意图线的虚、实，从而想象出物体的形状。一般可以先根据两个最能反映出特征的视图初步想象、识别物体可能的空间形状，再通过其他视图加以验证。即由视图想象出物体，再由该物体对照视图，如此反复多次，最后确定物体的空间形状。此外，应注意不断培养构思物体形状的能力，进一步丰富空间想象能力，从而达到正确和迅速地读懂视图的目的。

4.2.2　看图的一般方法和步骤

1. 以叠加为主的组合体看图方法与步骤

该类组合体的识读主要是通过形体分析法，具体方法和步骤如下：

(1) 划线框，分形体。从主视图入手，找出封闭的实线框，根据长对正、宽相等、高平齐在其他视图中找出其对应线框的投影。

图 1.4-17 (a) 所示形体的三视图，按实线框可以把主视图划分成的 A、B、C 3 个封闭的线框，每个线框即为一个部分，按照三视图投影规律，在其他视图中找出与其对应的线框投影，如图 1.4-17 (b) ~ 图 1.4-17(d) 所示。

(2) 对投影，想形状。根据各部分的三面投影分别想象 A、B、C 3 个线框所对应的空间结构形状。不难得到 B 线框对应的是一个长方体，在其上部挖了一个半圆柱形状的槽；C 线框（左右对称）对应的是两块三棱柱板；A 线框对应的是一块带弯边的长方板，其上有两个小孔。如图 1.4-18 所示。

(3) 综合起来想整体。在看懂各部分形体的基础上，再根据它们之间的位置关系可以想象出整体的形状，如图 1.4-18 所示。

2. 以挖切为主的组合体看图方法

该类组合体的识读主要是通过线面分析法。就是把组合体表面分解成线、面等几何元素，根据线、面的投影特性判断和确定它们空间位置、形状，明确视图中线框和图线的含义，进而想象出组合体的形状。特别利用投影面垂直面的投影特性，即一面积聚斜线，另两面投影类似形。

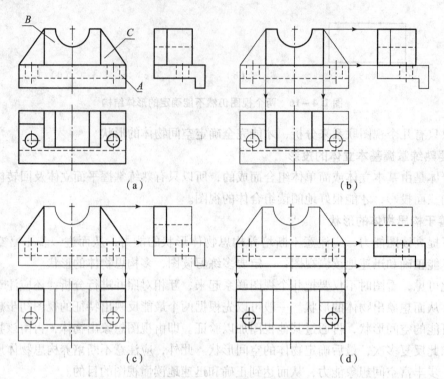

图 1.4-17　叠加为主组合体看图方法

如图 1.4-19（a）所示组合体的三视图，从主视图及俯视图的最外长方形线框，基本可以判断该形体是由长方体挖切而得到的；进一步观察，俯视图中线框 2 与左视图中线框 2″具有类似形，所以确定其为正垂面的投影，然后根据长对正、高平齐可以确定其对应的主视图投影为斜线 2′；左视图图中的斜线 4″根据长对正、宽相等得到主视图与左视图分别对应线框 4′和线框 4，又符合投影面垂直面的投影特性，所以为侧垂面；主视图中的线框 1′，在俯、左视图中分别对应的是两条直线 1 和 1″，故平面Ⅰ是正平面；平面Ⅲ在主、俯视图中对应的是直线 3′、3，左视图中对应的是线框 3″，所以平面Ⅲ为侧平面；依次分析，可以想象出该组合体为图 1.4-19（b）所示的挖切体。

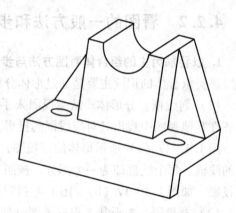

图 1.4-18　图 1.4-17 所示形体对应的立体图

一般在看图过程中，在运用形体分析法的基础上，还要配合运用线面分析法。形体分析法是看图的基本方法，线面分析法常用于分析视图中局部投影比较复杂之处，将它作为形体分析法的补充。在分析挖切式组合体或有些带有倾斜面形体的视图时，主要运用线面分析

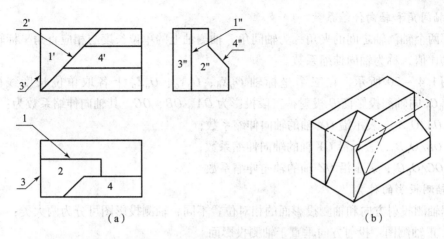

图 1.4-19 挖切为主组合体看图方法

法。要善于利用线、面的投影特性和线与线框之间的对应关系分析投影,逐步提高看图能力。

4.2.3 组合体正等轴测图画法

三视图属于多面正投影图,其直观性差,缺乏立体感。为了帮助工程技术人员看懂图样,在工程中经常采用三维立体感较强的轴测投影图来表达物体的结构形状、工作原理及使用说明,以弥补正投影图的不足。反过来,画轴测图也是读图的一种应用方式,在机械工程制图中,最常用的为正等轴测图,这里只介绍组合体正等轴测图的画法。

1. 轴测图的基本知识

1) 轴测投影的形成

用平行投影法将物体连同确定该物体的直角坐标系一起沿不平行于任一坐标平面的方向投射到一个投影面上,所得到的图形称为轴测投影,又称轴测图。如图 1.4-20 所示,投影面 P 称为轴测投影面;投射线方向 S 称为投射方向;空间坐标轴 O_0X_0、O_0Y_0、O_0Z_0 在轴测投影面上的投影 OX、OY、OZ 称为轴测投影轴,简称轴测轴。

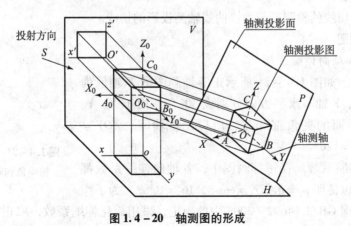

图 1.4-20 轴测图的形成

2）轴间角和轴向伸缩系数

相邻两个轴测轴之间的夹角称为轴间角。轴测轴上的单位长度与相应直角坐标轴上的单位长度的比值，称为轴向伸缩系数。

如图 1.4-20 所示，在三个坐标轴 O_0X_0、O_0Y_0、O_0Z_0 上各取单位长度线段 O_0A_0、O_0B_0、O_0C_0 向轴测投影面 P 投射得三段投影为 OA、OB、OC，其轴向伸缩系数为：

$p_1 = OA/O_0A_0$，表示沿 OX 轴的轴向伸缩系数；

$q_1 = OB/O_0B_0$，表示沿 OY 轴的轴向伸缩系数；

$r_1 = OC/O_0C_0$，表示沿 OZ 轴的轴向伸缩系数。

3）轴测投影的种类

根据轴测投射方向和轴测投影面的相对位置不同，轴测投影图可分为两大类：

（1）正轴测图：投射方向垂直于轴测投影面。

（2）斜轴测图：投射方向倾斜于轴测投影面。

根据轴间角和轴向伸缩系数的不同，每类又可分为三种：

正轴测图 $\begin{cases} \text{正等轴测图（简称正等测）}: p_1 = q_1 = r_1 \\ \text{正二轴测图（简称正二测）}: p_1 = r_1 \neq q_1 \\ \text{正三轴测图（简称正三测）}: p_1 \neq q_1 \neq r_1 \end{cases}$

斜轴测图 $\begin{cases} \text{斜等轴测图（简称斜等测）}: p_1 = q_1 = r_1 \\ \text{斜二轴测图（简称斜二测）}: p_1 = r_1 \neq q_1 \\ \text{斜三轴测图（简称斜三测）}: p_1 \neq q_1 \neq r_1 \end{cases}$

工程上一般常采用正等测和斜二测。

4）轴测图的投影规律

由于轴测投影是采用平行投影法形成的，因此，各类轴测投影同样都具有平行投影的规律，即：

（1）直线的轴测投影通常仍为直线。

（2）圆的轴测投影一般情况下为椭圆，特殊情况下为圆。

（3）空间两平行直线，其轴测投影仍保持平行，与坐标轴平行的线段，其轴测投影仍平行相应的轴测轴。

（4）曲线的切线的轴测投影为该曲线轴测投影的切线。

2. 正等轴测图

1）轴间角和轴向伸缩系数

（1）轴间角。如图 1.4-21 所示正等轴测图的 Z 轴取为铅垂方向，X 轴、Y 轴与水平方向分别成 30°角。由于 X、Y、Z 轴与轴测投影面的夹角都相等，所以，各轴间 $\angle XOY = \angle YOZ = \angle XOZ = 120°$。

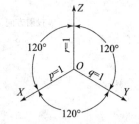

图 1.4-21 正等轴测图的轴间角和轴向伸缩系数

（2）轴向伸缩系数。在正等测图中，各轴向伸缩系数都相等，理论上可以证明 $p_1 = q_1 = r_1 = \cos 35°16' = 0.82$。为了作图方便，可以根据 GB/T 14692—2008 中的规定，采用简化伸缩系数，取正等测图的轴向伸缩系数 $p = q = r = 1$，如图 1.4-21 所示。

2）平面立体正等轴测图的画法与步骤

画平面立体轴测图的基本方法是坐标法，即沿坐标轴测量，然后按坐标画出各顶点的轴测图，根据不同组合方式可以分为切割法和叠加法。

（1）切割法。对挖切方式组成的平面立体，可先按完整形体画出，然后用切割的方法画出其不完整部分；下面以图 1.4 - 22（a）所示组合体正等轴测图的画法说明其作图步骤。

①确定坐标原点的位置，画轴测轴系 $OXYZ$；然后画出完整的四棱柱的正等测图，如图 1.4 - 22（b）所示。

②量尺寸 a、b，切去左上方的第Ⅰ块，如图 1.4 - 22（c）所示。

③量尺寸 c、d，切去中间的第Ⅱ块，如图 1.4 - 22（d）所示。

④擦去多余图线并描深，得到四棱柱切割体的正等测图，如图 1.4 - 22（e）所示。

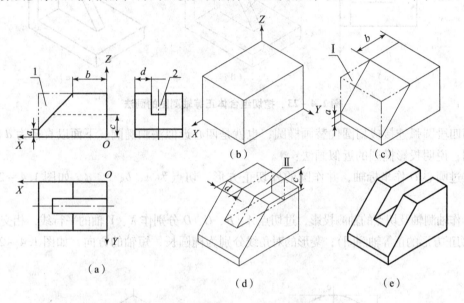

图 1.4 - 22 挖切组合体正等轴测图的画法

（2）叠加法。对叠加和综合方式组成的平面立体则采用形体分析法，先将其分成若干基本形体，然后再逐个将形体组合在一起。下面以图 1.4 - 23（a）所示组合体正等轴测图的画法说明其作图步骤。

①确定坐标原点的位置，画轴测轴系 $OXYZ$，然后画出形体Ⅰ，如图 1.4 - 23（b）所示。

②形体Ⅱ与形体Ⅰ前、后和右面都共面，画出形体Ⅱ，如图 1.4 - 23（c）所示。

③形体Ⅲ的下面与形体Ⅰ的上面共面，上面与形体Ⅱ的上面共面，右面与形体Ⅱ的左面共面，画出形体Ⅲ，如图 1.4 - 23（d）所示。

④擦去形体间不应有的交线和被遮挡住的线，然后描深，得到完整的正等测图，如图 1.4 - 23（e）所示。

3）曲面立体正等轴测图的画法

（1）圆的正等测图的画法。在画圆柱、圆锥等回转体的轴测图时，关键是解决圆的轴测投影的画法。平行于坐标面的圆的正等测图都是椭圆，为了简化作图，常采用近似画法，

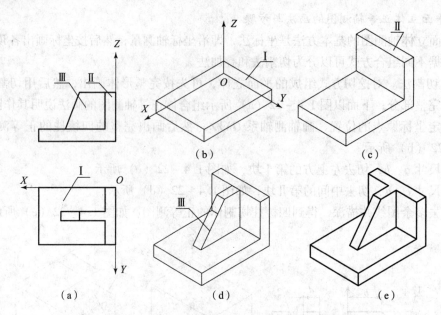

图 1.4-23 挖切组合体正等轴测图的画法

即利用四段圆弧连接成扁圆代替画椭圆,也就是四心近似法画椭圆。下面以直径为 d 的水平圆为例,说明投影椭圆的近似画法:

①过圆心 O 作坐标轴,并作圆的外切正方形,切点为 a、b、c、d,如图 1.4-24(a)所示。

②作轴测轴及切点的轴测投影,过切点 A、B、C、D 分别作 X、Y 轴的平行线,相交成菱形(即外切正方形的正等轴测图);菱形的对角线分别为椭圆长、短轴的方向,如图 1.4-24(b)所示。

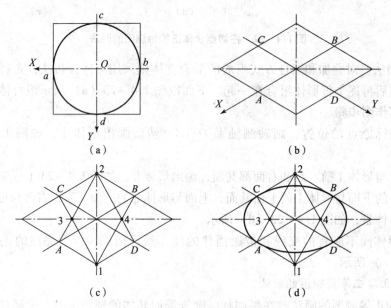

图 1.4-24 水平圆的正等轴测图近似画法

③连接 2A 和 2D 或 1C 和 1B 交长轴于 3、4 点,1、2、3、4 点即为四段圆弧的圆心,如图 1.4-24(c)所示。

④分别以 1、2 为圆心,以 1B(或 2A)为半径画大圆弧 BC、AD;以 3、4 为圆心,以 3A(或 4B)为半径画小圆弧 AC、BD,如图 1.4-24(d)所示。

正平圆和侧平圆轴测图的画法为:根据各坐标面的轴测轴作出菱形,其余作法与水平椭圆的正等测图的画法类似,如图 1.4-25 所示。

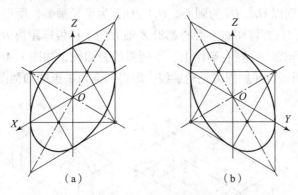

图 1.4-25　正平圆和侧平圆的正等轴测图

(2)圆柱体正等测图的画法。如图 1.4-26(a)所示,圆柱的轴线垂直于水平面,顶面和底面都是水平圆,在圆柱的正等测图中,其顶面为可见,故取顶圆中心为坐标原点,使 Z 轴与圆柱的轴线重合,其作图步骤如下:

①作轴测轴,用近似画法画出圆柱顶面的轴测投影(近似椭圆),再把连接圆弧的圆心沿 Z 轴方向向下移 H,以顶面相同的半径画弧,作底面的轴测投影(近似椭圆)的可见部分,如图 1.4-26(b)所示。

②过两长轴的端点作两近似椭圆的公切线,即为圆柱面轴测投影的转向轮廓线,如图 1.4-26(c)所示。

③擦去不应有的线,然后描深,得到完整的圆柱体的正等测图,如图 1.4-26(d)所示。

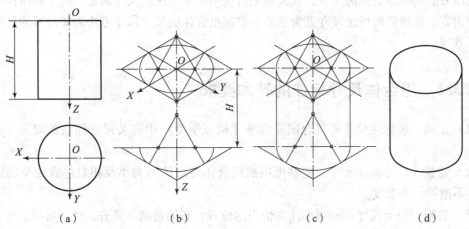

图 1.4-26　圆柱体正等测图的画法

(3) 圆角正等轴测图的画法。圆角通常是圆的 1/4，平行于坐标面的圆角，其正等测画法与圆的正等测画法相同，即作出对应的 1/4 菱形，画出近似圆弧。现以 1.4-27 图（a）所示平板为例，说明圆角具体画法：

① 画出平板的轴测图，并在平板的顶面相应边线上量取圆角半径 R，确定切点 1、2 和 3、4，如图 1.4-27 (b) 所示。

② 过切点 1、2 分别作出相应边线的垂线得到焦点 O_1，同样过切点 3、4 作出相应边线的垂线得交点 O_2；分别以 O_1、O_2 为圆心，O_11、O_12 为半径画弧，所得的弧即为轴测图上的圆角，对于底面圆角，只要将切点、圆心都沿 Z 轴方向下移板厚距离 H，以顶面相同的半径画弧，即完成圆角的作图，并在右端作上、下两弧的公切线，如图 1.4-27 (c) 所示。

③ 擦去多余的作图线，并加深可见轮廓线，即得到圆角平板的轴测图，如图 1.4-27 (d) 所示。

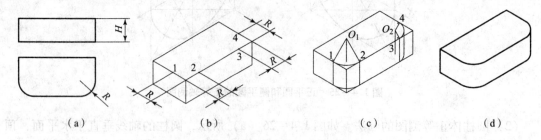

图 1.4-27　圆角的正等测图的画法

(4) 截交线、相贯线的正等测图的画法。截交线与相贯线的正等轴测图可以根据坐标法去作图，即根据三视图中截交线或相贯线上点的坐标，画出截交线或相贯线上一系列点的轴测投影，然后用曲线板光滑连接成曲线，这里就不举例说明。

4.3　组合体的尺寸标注

视图只能表示组合体的形状，其大小是由视图中所标注的尺寸确定。尺寸是图样中的一项重要内容，正确清晰标注尺寸尤为重要。掌握组合体的尺寸标注方法为零件图的尺寸标注奠定了基础。

4.3.1　组合体尺寸标注的基本要求

(1) 正确。所标注尺寸要符合国家标准《机械制图》中有关尺寸注法的规定（见第 1 章）。

(2) 完整。尺寸标注齐全，能够把组成组合体各形体的大小及相对位置完全确定。不多余、不遗漏、不重复。

(3) 清晰。每个尺寸都必须标注在恰当的位置，布局清晰、整齐，便于看图。

4.3.2 组合体尺寸的分类

1. 尺寸分类

按照形体分析法及每个尺寸的具体作用,组合体的尺寸分为定形尺寸、定位尺寸和总体尺寸3类。

(1) 定形尺寸:确定组合体各个形体大小的尺寸,往往是直径、半径和长、宽、高等尺寸。如图1.4-28所示,例如:

①四棱柱的尺寸:长68、宽50(与梯形板下端等宽)和高14。

②三棱柱的尺寸:长22、宽10和高度17。

③梯形板的尺寸:厚14、上宽36、下端宽(与长方板相同)50。

在三维空间中,定形尺寸一般包括长、宽、高三个方向的尺寸。每一个基本立体的大小均由定形尺寸确定。根据各基本立体间的表面相互关系,基本立体的定形尺寸有些就无须标注,而有些不直接标出。如梯形板的下端尺寸50,已由俯、左视图表明与四棱柱同宽,就不必重复标注了;梯形板高没有直接标出,而是标注了组合体总高尺寸54(尺寸54和四棱柱高度14之差即为梯形板高40)。

(2) 定位尺寸:确定组合体中各基本立体之间相对位置的尺寸,如图1.4-28所示:

①梯形板距离四棱柱右端的尺寸14(俯视图中)。

②梯形板上"U"形缺口半圆柱面中心高度的尺寸42。

每个基本立体的相对位置,在长、宽、高三个方向均需定位。两个基本立体之间一般应该有三个方向的定位尺寸。若两立体之间相对位置关系已由视图表明,则就省略一个定位尺寸。如图1.4-28所示,三棱柱与梯形板上"U"形缺口均处于组合体的前后对称面上,因此,在前后方向无须再标注定位尺寸。一般在某一方向两个基本立体之间处于对称、共面、同轴、叠加之一时,就可以省略这个方向的定位尺寸。

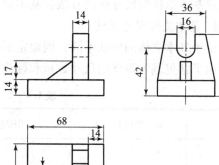

图1.4-28 尺寸分类

(3) 总体尺寸:组合体的总长、总宽和总高三个尺寸,表达了组合体所占空间的大小。如图1.4-28中总长68、总宽50及总高54。

总体尺寸有时兼有基本立体的定形尺寸或定位尺寸作用。如图1.4-28中的68和50既是四棱柱的长、宽定形尺寸,又是组合体的总长和总宽尺寸。

注意:当标注总体尺寸后,有时可能会出现尺寸重复,这时可以考虑省略某些尺寸。如图1.4-28所示,标注总高尺寸54后,应将梯形板的高度40或四棱柱的高度14去掉一个,这里去掉了尺寸40,为避免调整尺寸,也可先标注总体尺寸。

应当指出,将组合体尺寸分为定形尺寸、定位尺寸和总体尺寸只是标注尺寸的一种分析方法。实际上,具体某个尺寸的作用有时是双重或多重的,例如,定位尺寸兼有定形尺寸作用，定形尺寸兼有总体尺寸功能，如图1.4-28中的尺寸10既是定形尺寸又是定位尺寸。

2. 尺寸基准

标注组合体的尺寸时，应先选择尺寸基准，所谓的尺寸基准就是指标注尺寸的起始点。一般选择组合体（或基本形体）的对称平面、轴线和重要的平面作为尺寸基准。例如：回转体的轴线、较大的端（侧）面、底面等常被选作尺寸基准。

由于组合体是一个具有长、宽、高3个方向尺寸的空间形体，因此，在3个方向上都应有尺寸基准，以确定各基本形体间的相对位置。如图1.4-28所示组合体，其长度（左右）方向上的尺寸基准为右侧面，宽度（前后）方向上的尺寸基准为前后对称面、高度（上下）方向上的尺寸基准为底平面。

由于组合体形状不一，每个方向上除确定一个主要基准外，有时还要选择辅助基准，主要基准与辅助基准之间应有尺寸联系。关于基准问题的深入讨论，涉及机械设计和制造工艺等专业知识。这里只要求掌握组合体定位尺寸基准的选择。

4.3.3 基本形体及常见结构的尺寸标注

基本形体的尺寸是组合体尺寸的重要组成部分，因此，要掌握组合体的尺寸标注，必须先掌握基本形体的尺寸标注方法。基本形体包括基本立体和截切、相贯立体。

1. 基本立体尺寸标注

由于基本立体的形状不同，因而定形尺寸的数量也各不相同。表1.4-1和表1.4-2分别列出了常见基本形体的尺寸数量和标注方法。

表1.4-1 平面立体的尺寸注法

	六棱柱	四棱柱	三棱柱	四棱台
标注图例及说明				
	（ ）内尺寸只作参考尺寸，可不标注	四棱柱的两视图	一般不标注斜边长	
尺寸数目	2	3	3	5

表 1.4-2　回转体的尺寸注法

	球体	圆柱	圆锥	圆台
标注图例及说明	$S\phi40$	$\phi30$，40	$\phi36$，50	$\phi22$，33，$\phi36$
	完整的球和圆柱不能注半径，要标注其直径			也可标大端圆直径、高度和锥度或圆锥角
尺寸数目	1	2	2	3

2. 截切、相贯立体尺寸标注

截切立体与相贯立体也是组成组合体的常见结构，图 1.4-29 和图 1.4-30 分别给出了常见截切体和常见相贯体尺寸注法。

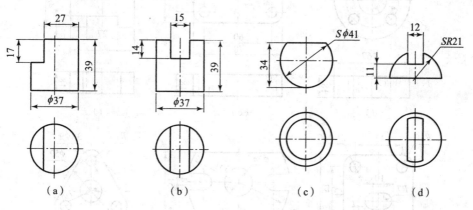

图 1.4-29　截切体的尺寸标注示例

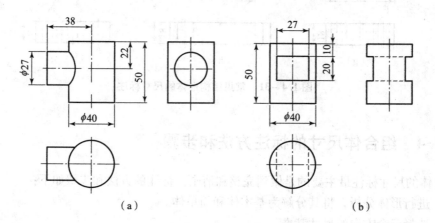

图 1.4-30　相贯体的尺寸标注示例

3. 常见结构形体尺寸标注

在机器零件上经常会遇到一些组合形体，称其为常见结构形体。图 1.4－31 所示为常见结构形体尺寸标注方法图例。源于加工工艺和习惯，其尺寸标注方法已经固定，尤其要注意各种底面尺寸的标注方法。

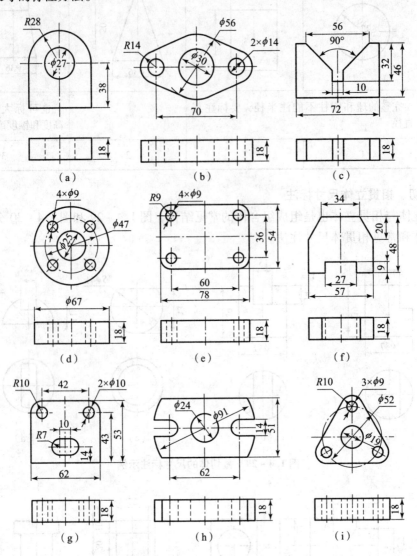

图 1.4－31　常见结构形体的尺寸标注

4.3.4　组合体尺寸的标注方法和步骤

组合体的尺寸标注最主要的是做到完整和清晰。标注的方法和步骤如下：
（1）进行形体分析，将其分解为基本体和简单体。
（2）选择三个方向的尺寸基准。
（3）依次标注各基本体和简单体的定形尺寸和定位尺寸。
（4）标注总体尺寸，并进行调整，避免出现重复标注。

(5) 检查。

现以图 1.4-32 所示组合体为例说明组合体尺寸标注的方法和步骤。

1. 进行形体分析

如图 1.4-32（b）所示，该组合体圆筒 1、圆筒 2、支承板 3、肋板 4 及底板 5 所组成。两圆筒轴线垂直相交；支承板与圆筒 2 相切，后面与底板表面共面；底板上有两个圆通孔，整个结构左、右对称。

2. 选尺寸基准

根据组合体尺寸基准选择原则，选左右对称平面为长度方向的尺寸基准，圆筒 2 后端面为宽度方向的基准，底板的底面为高度方向的尺寸基准，如图 1.4-32（a）所示。

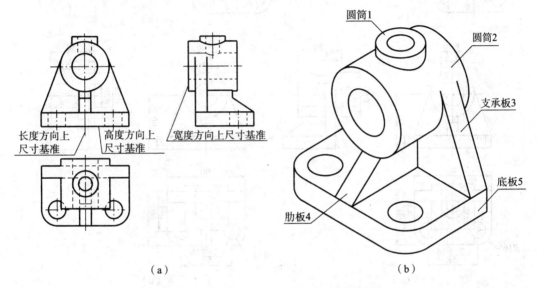

图 1.4-32　组合体形体分析和尺寸基准

3. 标注定形、定位尺寸

逐个标注各基本形体的定形、定位尺寸。具体标注步骤如下：

（1）标注圆筒 2 的定形定位尺寸：定形尺寸内径 $\phi26$、外径 $\phi50$ 和长度 50；定位尺寸 60，如图 1.4-33（a）所示。

（2）标注圆筒 1 的定形定位尺寸：定形尺寸内径 $\phi14$、外径 $\phi26$；定位尺寸 25，如图 1.4-33（b）所示。

（3）标注底板的定形定位尺寸：底板长 90、宽 60、高 14 及圆角半径 $R16$；底板上两个小圆通孔的定形尺寸 $2\times\phi16$ 和定位尺寸 58、44，如图 1.4-33（c）所示。

（4）标注支承板的定形定位尺寸：定形尺寸厚 12，定位尺寸 7，如图 1.4-33（d）所示。

（5）标注肋板的定形尺寸：定形尺寸 12、26、14，如图 1.4-33（e）所示。

4. 标注总体尺寸

标注总高为 90，总长（即底板）长度为 90，总宽为底板宽度 60 加上圆筒 2 后端面到支承板后端面之间的距离 7；为了避免尺寸标注重复，总宽尺寸为 67，这里不标出，若要标出，则作为参考尺寸标出。最终尺寸标注如图 1.4-33（f）所示。

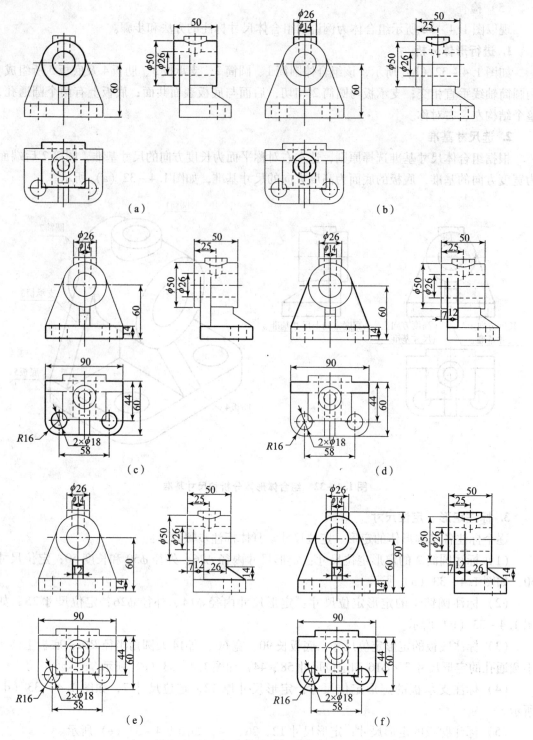

图 1.4-33 组合体尺寸标注的方法和步骤

5. 检查、调整尺寸

要按照形体分析法逐个检查各基本形体的定形尺寸、定位尺寸及总体尺寸，补齐遗漏、剔除重复，并对标注和排布不当的尺寸加以修改和调整。检查时，以形体为序，逐个进行检查，同时也检查一下所标注的尺寸配置是否明显、集中和清晰。

特别强调，尺寸标注时不要出现"封闭尺寸链"，如图 1.4-33（f）所示，总宽尺寸应为底板宽度 60 与圆筒后端面与支承板后端面之间的距离 7 的和，若将总宽尺寸 67 再标注的话，就构成了尺寸链封闭。若将此三个尺寸同时标出，一方面是不必要的重复，另一方面也是不合理的，具体体现在机械加工时的不合理，不可能同时保证三个尺寸的精度要求。

4.3.5 清晰标注尺寸的原则

所谓清晰，就是在正确、完整的基础上，还应将某些尺寸的排列布置进行适当的调整，使图面清晰，以便于看图。为此，主要有下面一些原则：

1. 反映特征

为了看图方便，各个形体的定形尺寸尽可能地标注在形状特征最明显的视图上。如图 1.4-33（f）所示的肋板高度尺寸 14，注在左视图上比注在主视图上要好；底板上两个小圆通孔的定位尺寸 58 和 44 注在俯视图上比分别注在主、左视图上要好；半径尺寸 $R16$ 一定要标注在反映圆弧的视图上。

2. 集中标注

同一形体的尺寸及有关联的尺寸应尽量集中标注。如图 1.4-33（f）中，将圆筒的定形尺寸 $\phi50$、$\phi26$ 和 50 集中标注在一起；底板上两个小圆通孔的定形尺寸 $2\times\phi18$ 和定位尺寸 58、44 集中注在俯视图上，比较清晰。

3. 尽量标在图形外部

尺寸应尽量标注在视图外部，以保持图形清晰，如尺寸界线与轮廓相交也可标在图形里边。为了避免尺寸标注零乱，同一方向连续的几个尺寸尽量放在一条线上，如图 1.4-33（f）左视图中 7、12 及 26 三个尺寸标注在一条线上，使尺寸显得较为整齐。

4. 两个视图的共有尺寸，放在两视图之间

在不影响图形清晰的条件下，尺寸尽量标注在两个相关视图之间。如图 1.4-33（f）中的底板长度 90、宽度 60 和高度 14。

5. 虚线上尽量不标注尺寸

一般情况下，尽量不要在虚线上标注尺寸，但不影响清晰的情况下，又兼顾其他因素，也可以标注在虚线上。如图 1.4-33（f）中的两个圆筒内径。

6. 同轴回转体直径集中标注在非圆视图上

如图 1.4-33（f）中，两个圆筒的内、外直径注法。另外，完整的回转体的直径尺寸最好集中注在反映轴线的视图（即非圆视图）上。圆盘上均布小孔的定位尺寸和大小尺寸应集中注在反映它们的个数和分布位置最清楚的视图上。

在标注尺寸时，若不能同时兼顾以上各点，必须在保证尺寸完整的前提下，统筹安排、合理布置。

第5章 机件的表达方法

内容提要

在生产实际中，机件的结构形状是多种多样的，当机件的结构形状比较复杂时，组合体的三视图很难把机件的内外形状表达清楚，为此国家标准《技术制图》和《机械制图》规定了表达机件的各种方法。本章主要介绍视图、剖视图和断面图等常用的表达方法。

学习重点

- 了解机件的常用表达方法。
- 掌握视图、剖视图、断面图的用途、画法和标注规则。
- 了解其他表达方法的规定并能够正确识读。

5.1 视 图

视图是采用正投影法将机件向投影面投影所得的图形，主要用来表达机件的外部结构，有基本视图、向视图、局部视图和斜视图。

注意：在机件表达方法中，一般只画出机件的可见部分，不可见部分不画，必要时才画。

5.1.1 基本视图

1. 基本投影面

用正六面体的六个面作为投影面，这六个投影面称为基本投影面。

当机件的上下、左右、前后形状各不相同时，在三视图中会出现较多的虚线，再加上内部结构的虚线，使图形很不清晰，不易读懂。为此，国家标准规定采用正六面体作为基本投影面，即在原有的正立面、水平面、右侧面以外增加了前立面、顶面和左侧立面，共六个投影面，如图1.5-1（a）所示。

2. 基本视图

机件向基本投影面投影所得的视图，称为基本视图。

将机件置于正六面体内，分别向六个投影面投影，相应得到六个视图，主视图、俯视图、左视图、右视图（由右向左投影）、后视图（由后向前投影）、仰视图（由下向上投影），六个投影面的展开方法仍然是正立面保持不动，旋转到与正面在同一平面内。因此，六个基本视图的配置（GB/T 17451—1998）如图 1.5-2 所示。

注意：六个基本视图之间仍然符合"长对正、高平齐、宽相等"的投影规律，如图 1.5-2 所示，从图中可以看出：

(1) 主、仰、俯与后视图——长对正。
(2) 右、主、左与后视图——高平齐。
(3) 右、俯、左与仰视图——宽相等。
(4) 左、右视图的形状左右颠倒，类似镜像。
(5) 仰、俯视图的形状上下颠倒，类似镜像。
(6) 主、后视图的形状左右颠倒，类似镜像。

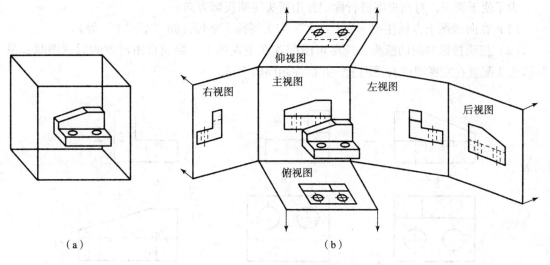

图 1.5-1 六个基本投影面及展开

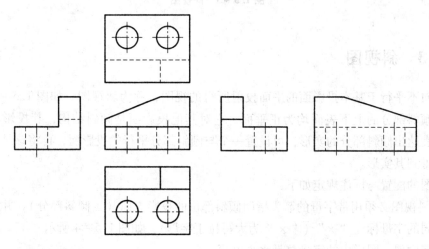

图 1.5-2 六个基本视图的配置

在绘制机件的图样时，应根据机件的复杂程度，选用其中必要的几个基本视图，一般应优先考虑选择主、俯、左三个视图，然后再考虑其他的基本视图，总的选择原则如下：

(1) 选择表示机件信息量最多的那个视图作为主视图，通常是机件的工作位置或加工位置或安放位置。

(2) 在机件表示明确的前提下,使视图的数量为最少。

(3) 尽量避免使用虚线表达机件的轮廓。

(4) 避免不必要的重复表达。

5.1.2　向视图

向视图是可以自由配置的视图。为了合理地利用图纸的幅面,基本视图可以不按投影关系配置。这时,可以用向视图来表示,如图1.5-3所示。

为了便于读图,对向视图进行标记并用箭头注明投影方向。

(1) 在向视图上方标注"×"("×"为大写拉丁字母,如"A""B"等)。

(2) 指明投影方向的箭头,应尽可能配置在主视图上。绘制自由放置的后视图时,最好将箭头配置在左视图或右视图上,并标注相同的字母。

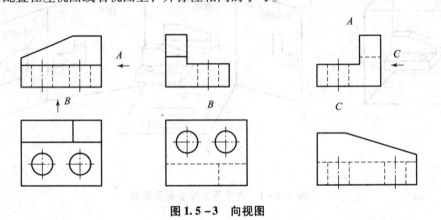

图 1.5-3　向视图

5.1.3　斜视图

机件向不平行于基本投影面的平面投射所得的视图,称为斜视图。如图1.5-4所示机件,右边倾斜部分的上下表面均为正垂面,它对其他投影面是倾斜结构,其投影不反映实形。为了表达出倾斜部分的实形,可设置一个与倾斜部分平行的投影面,再将该结构向新投影面投影得到其实形。

斜视图的配置与标注规定如下:

(1) 斜视图必须用带字母的箭头指明倾斜部位的投影方向(⊥倾斜部分),并在斜视图上方用相同的字母标注"×"("×"为大写拉丁字母),如图1.5-4所示"A"。不论图形和箭头如何倾斜,图样中的字母总是水平书写。

(2) 斜视图一般配置在箭头所指方向的一侧,且按投影关系配置,如图1.5-4中的斜视图A。有时为了合理利用图纸幅面,也可将斜视图按向视图配置在其他适当的位置,或在不至于引起误解时,将倾斜的图形旋转到水平位置配置,以便于作图。此时,应标注旋转符号。表示该视图名称的大写字母应靠近旋转符号的箭头端。若斜视图是按顺时针方向转正,则标注为"⌒A",若斜视图是按逆时针方向转正,则应标注为"A⌒"。也允许将旋转角度标注在字母之后,如"⌒A60°"或"A60°⌒"。

旋转符号用半圆形细实线画出,其半径等于字体的高度,线宽为字体高度的1/10或1/14,箭头按尺寸线的终端形式画出。

(3) 斜视图一般只表达倾斜部分的局部形状,其余部分不必全部画出,可用波浪线断开,如图1.5-4所示的局部斜视图A。

在同一张图纸上,按投影关系配置的斜视图和按向视图且旋转放正配置的斜视图,画图时只能画出其中之一,如图1.5-4所示。

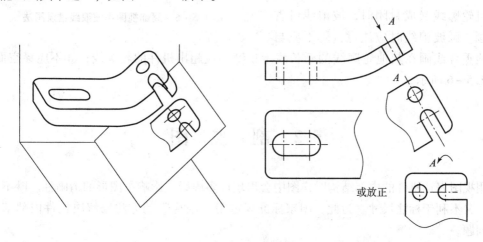

图1.5-4 斜视图

5.1.4 局部视图

将机件的某一部分向基本投影面投射所得的视图,称为局部视图。局部视图是一个不完整的基本视图,当机件上的某一局部形状没有表达清楚,而又没有必要用一个完整的基本视图表达时,可将该部分结构单独向基本投影面投影,并用波浪线与其他部分断开,画成不完整的基本视图。它可能是某一基本视图的一部分,也可能是机件的某一部分,利用局部视图可以减少基本视图的数量。如图1.5-5所示,机件左侧凸台和右上角缺口的形状,在主、俯视图上无法表达清楚,又没有必要画出完整的左视图和右视图,此时可用局部视图表示两处的特征形状。

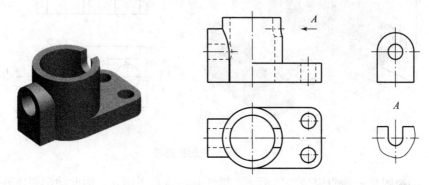

图1.5-5 局部视图

局部视图的标记如下：

（1）一般在局部视图上方标出视图名称"×"，在相应的视图附近用箭头指明投影方向，并注上同样的字母。

（2）当局部视图按基本视图配置形式配置时，可省略标注，也可按向视图的配置形式配置并标注。

（3）当所表示的局部结构是完整的，且轮廓线又成封闭时，波浪线可省略不画。画波浪线时应注意：①不应与轮廓线重合或画在其他轮廓线的延长线上；②不应超出机件的轮廓线；③不应穿空而过，如图1.5-6所示。

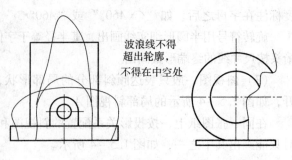

图1.5-6 局部视图中波浪线错误画法

5.2 剖 视 图

用视图表达机件的内部结构时，图中会出现许多虚线，影响了图形的清晰性。既不利于看图，又不利于标注尺寸。为此，国家标准规定用"剖视"的方法来解决机件内部结构的表达问题。

5.2.1 剖视图的概念

1. 剖视图的形成

假想用剖切面剖开机件，将处在观察者与剖切面之间的部分移去，而将其余部分向投影面投射所得的图形，称为剖视图（简称剖视），如图1.5-7所示。

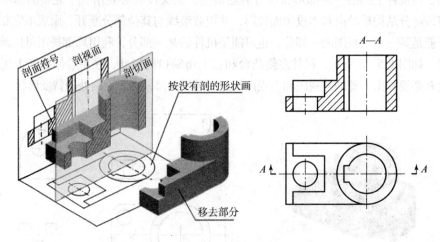

图1.5-7 剖视图的形成

注意：剖视图是一种假想的表达手法，机件并不被真正切开，因此除剖视图外，机件的其他视图仍然是完整画出。

一般采用平行于投影面的平面剖切。剖切位置选择要得当，首先应通过内部结构的轴线或对称平面以剖出它的实形；其次应在可能的情况下使剖切面通过尽量多的内部结构。

2. 剖视图的画法

画剖视图的方法有两种：

（1）先画出机件的视图，再进行剖切。

（2）先画出剖切后的断面形状，再补画断面后的可见轮廓线。

以压盖为例说明画剖视图的方法步骤，如图1.5-8所示。

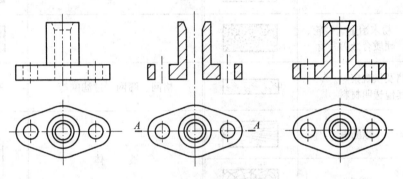

图1.5-8　剖视图的画法

（1）画出完整机件视图。因压盖结构简单，有主、俯视图即可表达。

（2）选择适当的位置。因三个内孔的轴线处在一个平面内，则应让剖切平面通过这个平面，且用剖切符号标出剖切位置，即在俯视图两端标注 A 的粗短线。

（3）从剖切平面的左端或右端开始，依次画出剖切面与机体内、外基本形体的交线。孔的转向轮廓线由虚线变为实线。按规定金属机件在断面上应画出与水平方向成45°的剖面线，且同一个零件在不同的剖视图中的剖面线方向应相同，间隔相等。

（4）补画切断面后的可见轮廓线，底板左右两端孔的上下轮廓线，中间孔的上下轮廓线和圆台圆柱的交线。检查无误后加深粗实线。

3. 剖面符号

在剖视图中，被剖切面剖切到的部分，称为剖面。为了在剖视图上区分剖面和其他表面，应在剖面上画出剖面符号（也称剖面线）。机件的材料不相同，采用的剖面符号也不同。各种材料的剖面符号见表1.5-1。

画金属材料的剖面符号时，应遵守下列规定：

（1）同一机件的零件图中，剖视图、剖面图的剖面符号，应画成间隔相等、方向相同且与水平方向成45°（向左、向右倾斜均可）的细实线，如图1.5-9（a）所示。

（2）当图形的主要轮廓线与水平线成45°时，该图形的剖面线应画成与水平成30°或60°的平行线，其倾斜方向仍与其他图形的剖面线一致，如图1.5-9（b）所示。

表 1.5-1 剖面符号 (GB/T 4457.4—2002)

名称	符号	名称	符号
金属材料（已有规定剖面符号者除外）		木质胶合板（不分层数）	
非金属材料（已有规定剖面符号者除外）		基础周围的泥土	
转子、电枢、变压器和电抗器等的迭钢片		混凝土	
线圈绕组元件		钢筋混凝土	
型砂、填砂、粉末冶金、砂轮、陶瓷刀片、硬质合金刀片等		砖	
玻璃及供观察用的其他透明材料		格网、筛网、过滤网等	
木材 纵断面		液体	
木材 横断面			

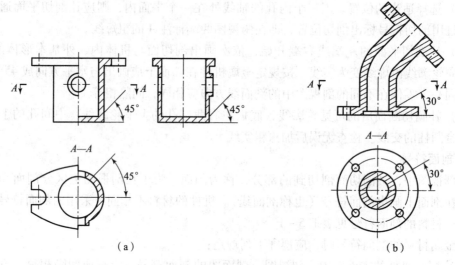

图 1.5-9 金属材料的剖面线画法

4. 剖视图的标注

为了便于看图，在画剖视图时，应将剖切位置、剖切后的投影方向和剖视图的名称标注在相应的视图上。

（1）剖切位置：用线宽（1～1.5）b、长 5～10 mm 的粗实线（粗短画）表示剖切面的起讫和转折位置，如图 1.5-7、图 1.5-9 所示。

(2) 投影方向：在表示剖切平面起讫的粗短画线外侧画出与其垂直的箭头，表示剖切后的投影方向，如图 1.5-7、图 1.5-9 所示。

(3) 剖视图名称：在表示剖切平面起讫和转折位置的粗短画线外侧写上相同的大写拉丁字母"×"，并在相应的剖视图上方正中位置用同样的字母标注出剖视图的名称"×—×"，字母一律按水平位置书写，字头朝上，如图 1.5-7、图 1.5-9 所示。在同一张图纸上，同时有几个剖视图时，其名称应顺序编写，不得重复。

5. 画剖视图的注意事项

(1) 画剖视图时，剖切机件是假想的，并不是把机件真正切掉一部分。因此，当机件的某一视图画成剖视图后，其他视图仍应按完整的机件画出，不应出现图 1.5-10 中俯视图只画出一半的错误。

(2) 剖切平面应通过机件上的对称平面或孔、槽的中心线，并应平行于某一基本投影面。

(3) 剖切平面后方的可见轮廓线应全部画出，不能遗漏。图 1.5-10 中主视图上漏画了后一半可见轮廓线。同样，剖切平面前方已被切去部分的可见轮廓线也不应画出，图 1.5-10 中主视图多画了已剖去部分的轮廓线。

(4) 剖视图上一般不画不可见部分的轮廓线。当需要在剖视图上表达这些结构，又能减少视图数量时，允许画出必要的虚线，如图 1.5-11 所示。

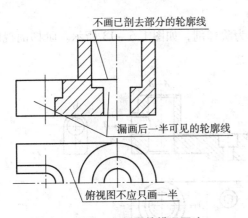

图 1.5-10 剖视图的错误画法

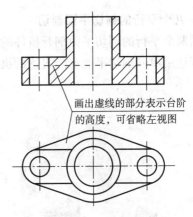

图 1.5-11 剖视图中的虚线

5.2.2 剖切面的种类

1. 单一剖切面剖切

单一剖切面剖切分为单一正剖面剖切和单一斜剖切面剖切。

1) 单一正剖切面剖切

单一正剖切面剖切是用单一平行于基本投影面的剖切平面进行剖切，是画剖视图最常用的一种方法。当采用单一正剖切平面剖切机件画全剖视图时，视图之间投影关系明确，没有任何图形隔开时，可以省略标注，如图 1.5-7 所示。

2）单一斜剖切面剖切

用一个不平行于任何基本投影面的剖切平面剖切机件的方法，称为斜剖。常用来表达机件上倾斜部分的内部形状结构，如图1.5－12所示。

画这种斜剖视图时，一般应按投影关系将剖视图配置在箭头所指的一侧的对应位置。在不致引起误解的情况下，允许将图形旋转。旋转后的图形要在其上方标注旋转符号（画法同斜视图）。斜剖视图必须标注剖切位置符号和表示投影方向的箭头，如图1.5－12所示。

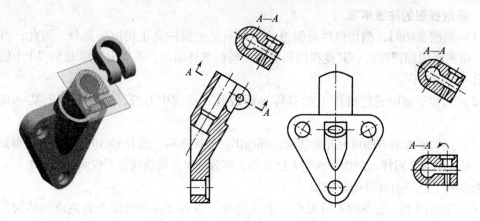

图1.5－12　斜剖视图的形成

2. 几个平行的剖切平面剖切

用两个平行的剖切平面剖开机件的方法，称为阶梯剖，如图1.5－13所示。阶梯剖视图用于表达用单一剖切平面不能表达的机件。

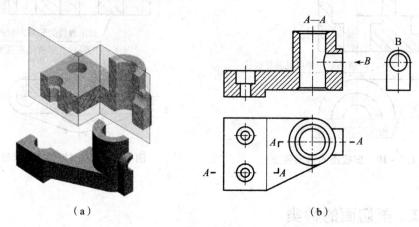

（a）　　　　　　　　　　　　　　　（b）

图1.5－13　阶梯剖视图的形成及标注

用阶梯剖的方法画剖视图时，由于剖切是假想的，应将几个相互平行的剖切面当作一个剖切平面，但在视图中标注转折的剖切位置符号时必须相互垂直。表示剖切位置起讫、转折处的剖切符号和字母必须标注。当视图之间投影关系明确，没有任何图形隔开时，可以省略标注箭头，如图1.5－13（b）所示。阶梯剖视图中常见的错误画法及标注如图1.5－14所示。

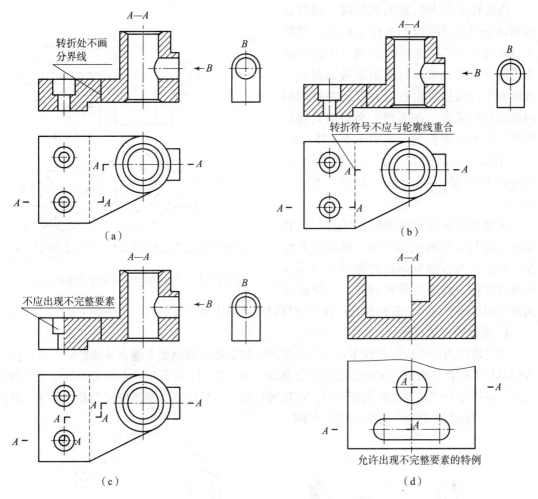

图 1.5-14　阶梯剖视图中常见的错误画法及标注

3. 几个相交的剖切平面

用两个相交的剖切平面（交线垂直于某一投影面）剖开机件的方法，称为旋转剖。如图 1.5-15（b）所示。当用单一剖切平面不能完全表达机件内部结构时，可采用旋转剖。

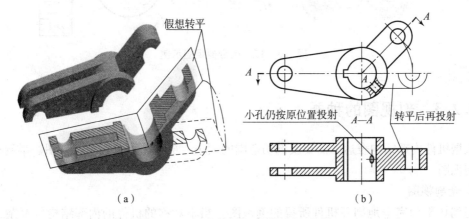

图 1.5-15　旋转剖视图的形成及标注

用旋转剖的方法画剖视图时，两相交的剖切平面的交线应与机件上的回转轴线重合并同时垂直于某一投影面。画图时应先剖切后旋转，将倾斜结构旋转到与某一投影面平行的位置再投射，以反映被剖切内部结构的实形，在剖切平面后的其他结构仍按原来位置投射，如图 1.5-15（b）中的小孔。当剖切后产生不完整要素时，应将该部分按不剖绘制，如图 1.5-16 所示。

采用旋转剖画剖视图时必须标注，其标注方法与阶梯剖视图相同。但应注意标注中的箭头所指的方向是与剖切平面垂直的投射方向，而不是旋转方向。当视图之间没有图形隔开时可以省略箭头。注写字母时一律按水平位置书写，字头朝上。

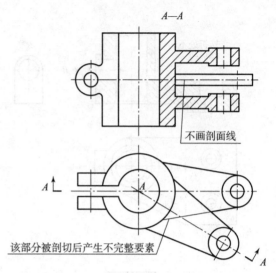

图 1.5-16　旋转剖视图不完整要素的处理

4. 组合的剖切平面

当机件的内部结构形状较多且复杂，单用阶梯剖和旋转剖仍不能表达清楚时，可以用组合的剖切平面剖开机件，这种方法称为复合剖。图 1.5-17 就是用几个相交的剖切平面剖切机件，采用复合剖切方法画剖视图时，可用展开画法。采用复合剖画剖视图必须标注，其画法与标注方法与阶梯剖、旋转剖基本相同。

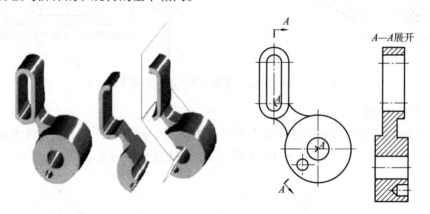

图 1.5-17　组合剖视图示例

5.2.3　剖视图的种类

根据机件内部结构表达的需要及剖切范围的大小，剖视图可分为全剖视图、半剖视图和局部剖视图。

1. 全剖视图

用剖切平面完全地剖开机件所得的剖视图。当不对称的机件的内部结构较复杂，外形较为简单或外形已在其他视图上表达清楚时，常采用全剖视图表达机件内部结构形状。如

图 1.5 – 9 所示。

2. 半剖视图

当机件具有对称平面时，在与对称平面垂直的投影面上的图形，可以以对称中心线（即细点画线）为界，一半画成剖视图表达内形，另一半画成视图表达外形，从而达到在一个图形上同时表达内外结构的目的。半剖视图适应于内外形状都需要表达的对称机件或基本对称的机件。

画半剖视图时应注意的问题：

（1）半个视图与半个剖视图的分界线应以对称中心的细点画线为界，不能画成其他图线，更不能理解为机件被两个相互垂直的剖切面共同剖切而将其画成粗实线，如图 1.5 – 18（a）所示。

（2）采用半剖视图后，不剖的一半不画虚线，但对孔、槽等结构要用点画线画出其中心位置。如图 1.5 – 18（b）所示，左半部分不应画出虚线。

（3）当机件的结构基本对称，而且不对称的部分另有图形表达清楚时，也可画成半剖视图。一般是将不对称部分画成剖视图，如图 1.5 – 19 所示。

半剖视图的标注方法及省略标注的情况与全剖视图完全相同，图 1.5 – 20 所示为错误标注。

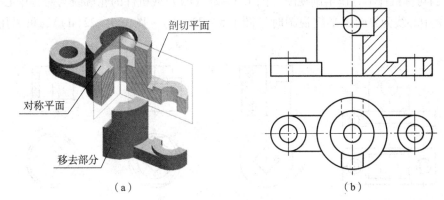

图 1.5 – 18　半剖视图的形成

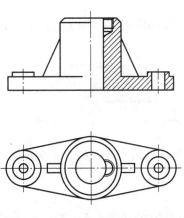

图 1.5 – 19　基本对称的半剖视图

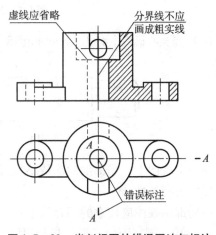

图 1.5 – 20　半剖视图的错误画法与标注

3. 局部剖视图

用剖切平面局部地剖开机件所得的剖视图，称为局部剖视图，如图 1.5 – 21 所示。局部剖视图不受图形是否对称的限制，在何部位剖切、剖切面有多大，均可根据实际机件的结构选择，是一种比较灵活的表达方法，运用得当可使图形简明清晰。

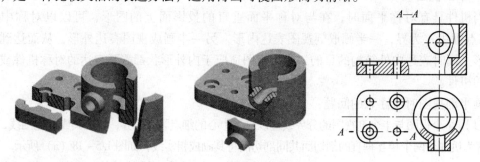

图 1.5 – 21　局部剖视图

局部剖视图适用于以下三种情况：

（1）当不对称机件的内、外形状均需在同一视图上兼顾表达时，可采用局部剖视图，如图 1.5 – 21 所示。

（2）当对称机件不宜作半剖视图（图 1.5 – 22（a））或机件的轮廓线与对称中心线重合，无法以对称中心线为界画成半剖视图时（图 1.5 – 22（b）~ 图 1.5 – 22（d）），可采用局部剖视图。

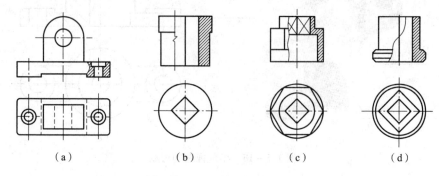

图 1.5 – 22　局部剖视图（一）

（3）当实心机件上有孔、凹坑和键槽等局部结构时，也常用局部剖视图表达，如图 1.5 – 23 所示。

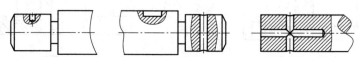

图 1.5 – 23　局部剖视图（二）

在一个视图上，局部剖的次数不宜过多，否则会使机件显得支离破碎，影响图形的清晰性和形体的完整性。

画局部剖视图应注意的问题如下：

（1）局部剖视图中，视图与剖视图部分之间可以用双折线（图 1.5 – 22（b））或波浪线为分界线。画波浪线时应注意：①不应超出视图的轮廓线；②不应与轮廓线重合或在其轮廓线的延长线上；③不应穿空而过；④当剖切部分为回转体时，允许将该结构的中心线作为局部剖视图与视图的分界线，如图 1.5 – 24 所示。

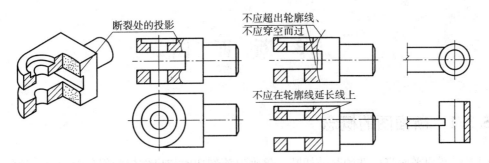

图 1.5-24　局部剖视图中波浪线的画法

（2）必要时，允许在剖视图中再做一次简单的局部剖视，但应注意用波浪线分开，剖面线同方向、同间隔错开画出，如图 1.5-25 中的"B—B"所示。

当单一剖切平面的位置明显时，局部剖视图可省略标注。但当剖切位置不明显或局部剖视图未按投影关系配置时，则必须加以标注，如图 1.5-21 和图 1.5-25 所示。

5.2.4　剖视图的尺寸标注

在剖视图上标注尺寸时，应注意将外形尺寸和内形尺寸尽量分注在视图外侧，尽量集中标注，如图 1.5-26 所示。半剖、局部剖视图中不完整结构的尺寸，可只画出一条尺寸界线，尺寸线超过对称中心线，如图 1.5-26 和图 1.5-27 所示。

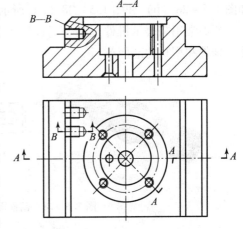

图 1.5-25　局部剖视图的标注

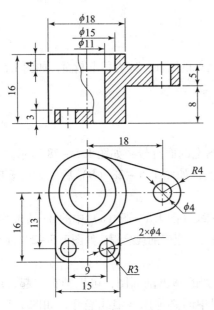

图 1.5-26　剖视图的尺寸标注

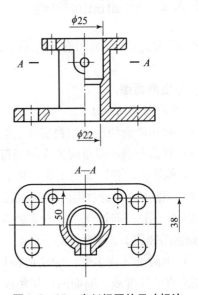

图 1.5-27　半剖视图的尺寸标注

5.3 断面图

5.3.1 断面图的概念

假想用剖切平面将机件的某处切断,仅画出该剖切面与机件接触部分的图形,这种图形称为断面图(简称断面),如图 1.5-28(a)所示。

断面图与剖视图的主要区别是:断面图仅画出机件与剖切平面接触部分的图形;而剖视图则除需要画出剖切平面与机件接触部分的图形外,还要画出其后的所有可见部分的图形,如图 1.5-28(b)和图 1.5-28(c)所示。

断面常用来表示机件上某一局部结构的断面形状,如机件上的肋板、轮辐、键槽、小孔、杆件和型材的断面等。

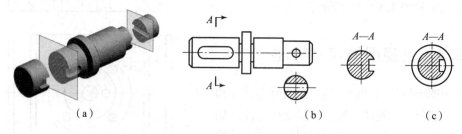

图 1.5-28　断面图的生成及与剖视图的区别
(a)断面位置;(b)断面图;(c)剖视图

5.3.2 断面图的种类

断面图分为移出断面和重合断面两种。画在视图之外的断面,称为移出断面,如图 1.5-28 所示。

1. 移出断面图

1)移出断面的画法

(1)移出断面的轮廓用粗实线绘制,并在断面画上剖面符号,如图 1.5-28 所示。

(2)移出断面应尽量配置在剖切符号的延长线上,如图 1.5-28(b)所示。必要时也可画在其他适当位置,如图 1.5-29 中的"$A—A$"。

(3)当剖切平面通过由回转面形成的凹坑、孔等轴线(图 1.5-29(a)中的 $A—A$ 断面图)或非回转面的孔、槽时出现完全分离的两部分,则这些结构应按剖视绘制,如图 1.5-29(a)中 $B—B$ 断面图和图 1.5-29(b)所示。

(4)由两个(或多个)相交的剖切平面剖切得到的移出剖面图,可以画在一起,剖切面分别垂直于轮廓线,断面图中间用波浪线断开。但中间必须用波浪线隔开,如图 1.5-30 所示。

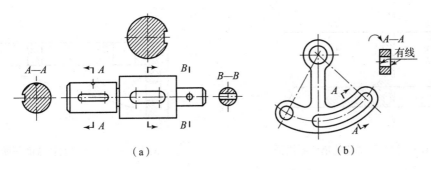

图 1.5-29　移出断面图的画法和标注

(5) 当移出断面对称时,可将断面图画在视图的中断处,如图 1.5-31 所示。

图 1.5-30　断开的移出断面图

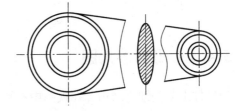

图 1.5-31　配置在视图中断处的移出断面图

2) 移出断面的标注

移出断面一般应用剖切符号表示剖切位置,用箭头表示投射方向并注上大写拉丁字母,在断面图上方,用相同的字母标注出相应的名称。

(1) 完全标注。不配置在剖切符号的延长线上的不对称移出断面或不按投影关系配置的不对称移出断面,必须标注,如图 1.5-29 所示的 "A—A"。

(2) 省略字母。配置在剖切符号的延长线上或按投影关系配置的移出断面,可省略字母,如图 1.5-29 (a) 所示断面。

(3) 省略箭头。对称的移出断面和按投影关系配置的断面,可省略表示投影方向的箭头,如图 1.5-29 (a) 所示的断面 B—B。

(4) 不必标注。配置在剖切位置符号的延长线上的对称移出断面和配置在视图中断处的对称移出断面及按投影关系配置的移出断面,均不必标注,如图 1.5-28 (b) 所示的断面。

2. 重合断面图

画在视图之内的断面,称为重合断面,如图 1.5-32 所示。

1) 重合断面的画法

重合断面的轮廓线用细实线绘制,如图 1.5-33 所示。当重合断面轮廓线与视图中的轮廓线重合时,视图的轮廓线仍应连续画出,不可间断,如图 1.5-32 所示。

2) 重合断面的标注

重合断面直接画在视图内的剖切位置上,标注时可省略字母,如图 1.5-33 所示。不对称的移出断面,仍要画出剖切符号,如图 1.5-32 所示。对称的重合断面,可不必标注,如图 1.5-33 所示。

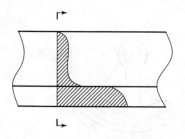
图 1.5-32　不对称的重合断面图

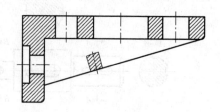
图 1.5-33　对称的重合断面图

5.4　局部放大图和简化画法

5.4.1　局部放大图

当机件上某些细小结构，在视图中不易表达清楚和不便标注尺寸时，可将这些结构用大于原图形所采用的比例画出，这种图形称为局部放大图，如图 1.5-34 所示。

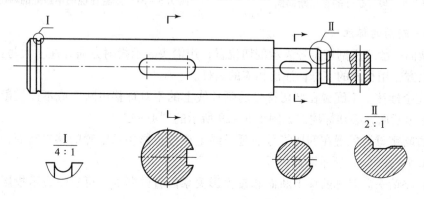
图 1.5-34　局部放大图

局部放大图可画成视图、剖视图或断面图，它与被放大部分所采用的表达形式无关。局部放大图应尽量配置在被放大部位的附近。

局部放大图必须进行标注，一般应用细实线圈出被放大的部位。当同一机件上有几处被放大的部分时，必须用罗马数字依次标明被放大的部位，并在局部放大图的上方标注出相应的罗马数字和所采用的比例（指放大图中机件要素的线性尺寸与实际机件相应要素的线性尺寸之比，与原图形所采用的比例无关）。

5.4.2　简化画法

（1）对于机件上的肋、轮辐、薄壁等，当剖切平面沿纵向剖切时，这些结构上不画剖面符号，而用粗实线将它与其邻接部分分开。当剖切平面按横向剖切时，这些结构仍需画上剖面符号，如图 1.5 – 35 所示。

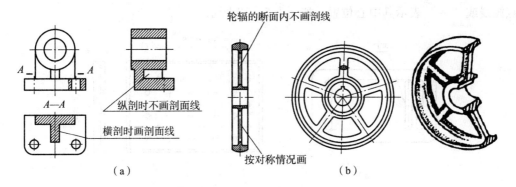

图 1.5 – 35　肋板的剖切画法

（2）当需要表达形状为回转体的机件上有均匀分布的肋、轮辐、孔等结构不处于剖切平面上时，可将这些结构假想旋转到剖切平面上画出，且不需加任何标注，如图 1.5 – 36 所示。

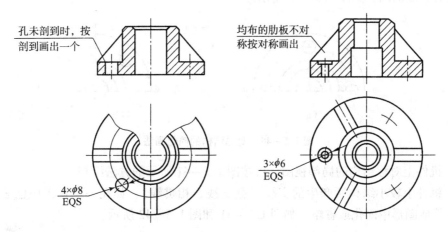

图 1.5 – 36　回转体上均匀结构的简化画法

（3）当需要表示剖切平面前已剖去的部分结构时，可用双点画线按假想轮廓画出，如图 1.5 – 37 所示。

（4）当机件上具有若干相同结构（齿或槽等），只需要画出几个完整的结构，其余用细实线连接，但必须在图上注明该结构的总数，如图 1.5 – 38 所示。

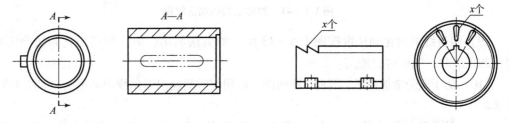

图 1.5 – 37　用双点画线表示被剖切去的机件结构　　　图 1.5 – 38　相同结构的简化画法（一）

（5）当机件上具有若干直径相同且成规律分布的孔，可以仅画出一个或几个，其余用细点画线或"+"表示其中心位置，如图 1.5-39 所示。

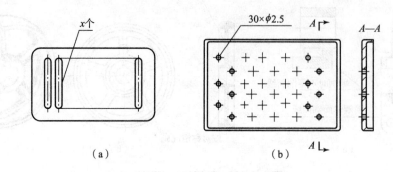

图 1.5-39　相同结构的简化画法（二）

（6）在不致引起误解时，对称机件的视图可只画 1/2 或 1/4，并在图形对称中心线的两端分别画两条与其垂直的平行细实线（细短画），如图 1.5-40 所示。也可画出略大于一半并波浪线为界线的圆，如图 1.5-36 所示。

图 1.5-40　对称结构的简化画法

（7）机件上对称结构的局部视图，可按图 1.5-41 所示的方法绘制。

（8）机件上较小结构所产生的交线（截交线、相贯线），如在一个视图中已表达清楚时，可在其他图形中简化或省略，如图 1.5-41 和图 1.5-42 所示。

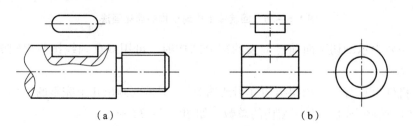

图 1.5-41　对称结构的局部视图

（9）相贯线的简化画法可按图 1.5-43 所示的方法画出，但当使用简化画法会影响对图形的理解时，则应避免使用。

（10）为了避免增加视图、剖视、断面图，可用细实线绘出对角线表示平面，如图 1.5-44 所示。

（11）较长的机件（轴、型材、连杆等）沿长度方向形状一致，或按一定规律变化时，可利用波浪线或双点画线断开后绘制，如图 1.5-45 所示。

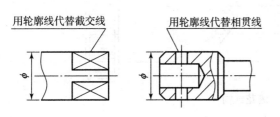
图1.5-42 小结构交线的简化画法

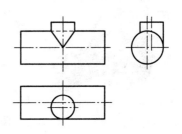
图1.5-43 相贯线的简化画法

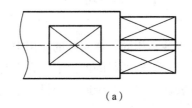
（a）

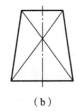
（b）

图1.5-44 用对角线表示平面
（a）轴上的矩形平面画法；（b）锥形平面画法

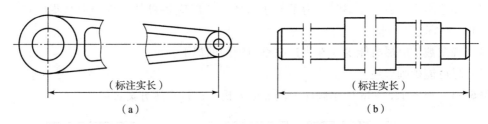

图1.5-45 较长机件的折断画法

（12）除确定需要表示的圆角、倒角外，其他圆角、倒角在零件图均可不画，但必须注明尺寸，或在技术要求中加以说明，机件上斜度不大的结构，如在一个图形中已表达清楚时，其他视图可按小端画出，如图1.5-46所示。

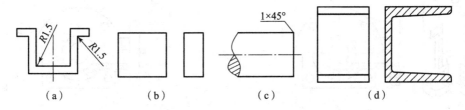

图1.5-46 小圆角、小倒圆、小倒角的简化画法和标注
（a）小圆角简化；（b）锐边圆角0.5；（c）小倒角简化；（d）小斜度简化

（13）滚花、沟槽等网状结构应用粗实线完全或部分地表示出来，但在零件图上或技术要求中注明这些结构的要求（例如：网纹 m0.4 GB/T 6403.3—2008），如图1.5-47所示。

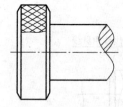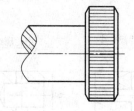

图 1.5-47 滚花结构

5.5 综合举例

机件的结构形状多种多样，表达方法也各不相同，在实际的应用中，应当根据机件的不同结构特点，在完整、清晰地表达机件各部分结构形状的前提下，力求制图简便。在确定一个机件的表达方案时，要恰当地选用各种表达方法，对于同一个机件来说可能有几种表达方法，经比较之后，确定较好的方案。

选用表达方法时应注意：

（1）一般情况下机件内、外结构形状应分别表达，每一个图形都应有其表达重点。

（2）在选用不同表达方案时，为了便于看图，一般应将机件各部分形状集中在少数几个视图上，不宜过于分散。

（3）视图数量应尽可能少（在表达完整清晰的前提下）。

（4）尽可能少画虚线。

例 5-1 以图 1.5-48 所示阀体为例加以分析，进行表达方案选择。

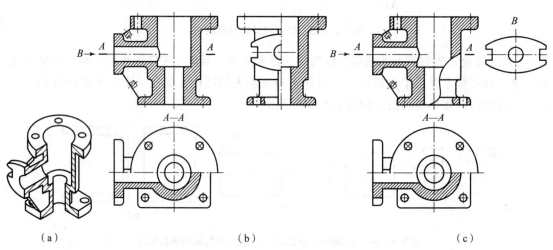

图 1.5-48 阀体方案表达

(a) 剖切实体；(b) 方案一；(c) 方案二

图 1.5-48 列出了两种表达方案，第一种方案中主视图采用全剖视，表达了内腔的结构形状；俯视图作了 A—A 半剖视，表达了顶部外形圆盘形状和小孔结构，同时也表达了中间圆柱体与底板的形状和小孔结构；肋板的结构形状采用了重合剖面；左视图也为半剖视，表达了凸缘的形状与阀体的内腔形状。第二种方案是在第一种方案的基础上改进的，由于第一种方案的左视图与主

视图所表达的内容有不少重复之处，此方案省略了左视图，而用 B 向局部视图表达凸缘的形状；主视图采用了局部剖视图，表达了内腔形状和底板上的小孔。经比较第二种方案更为简明。

例 5-2 以图 1.5-49 所示阀体为例，说明表达方法的综合运用。

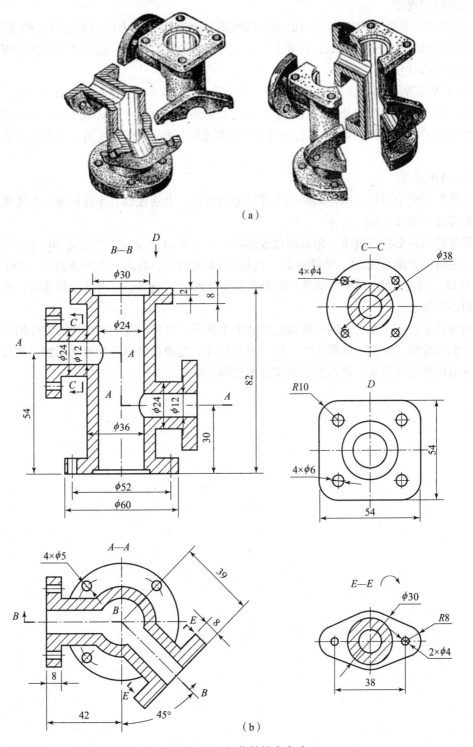

图 1.5-49 阀体的综合表达

1）图形分析

如图 1.5 – 49 所示，阀体的表达方案共有五个图形：两个基本视图（旋转全剖主视图 $B—B$、阶梯全剖俯视图 $A—A$）、一个 $C—C$ 局部剖视图、一个 D 向局部视图和一个 $E—E$ 旋转全剖的斜剖视图。

主视图 $B—B$ 是采用旋转剖画出的全剖视图，表达阀体的内部结构形状；俯视图 $A—A$ 是采用阶梯剖画出的全剖视图，着重表达左、右管道的相对位置，还表达了下连接板的外形及 $4×\phi5$ 小孔的位置。

$C—C$ 局部剖视图表达左端管连接板的外形及其上 $4×\phi4$ 孔的大小和相对位置；D 向局部视图，相当于俯视图的补充，表达了上连接板的外形及其上 $4×\phi6$ 孔的大小和位置。

因右端管与正投影面倾斜 45°，所以采用斜剖画出 $E—E$ 全剖视图，以表达右连接板的形状。

2）形体分析

由图形分析中可见，阀体的构成大体可分为管体、上连接板、下连接板、左连接板、右连接板等五个部分。

管体的内外形状通过主、俯视图已表达清楚，它是由中间一个外径为 36、内径为 24 的竖管，左边一个距底面 54、外径为 24、内径为 12 的横管，右边一个距底面 30、外径为 24、内径为 12、向前方倾斜 45°的横管三部分组合而成的。三段管子的内径互相连通，形成有四个通口的管件。

阀体的上、下、左、右四块连接板形状大小各异，这可以分别由主视图以外的四个图形看清它们的轮廓，它们的厚度为 8。通过分析形体，想象出各部分的空间形状，再按它们之间的相对位置组合起来，便可想象出阀体的整体形状。

第 2 篇　机械制图实训篇

项目 1　标准件与常用件

项目 2　零件图

项目 3　装配图

项目 4　金属结构图

项目1　标准件与常用件

📌 项目描述

在机器、仪表和电气设备中，广泛使用螺纹紧固件、键、销、滚动轴承等零件，为了便于专业化生产，提高生产效率，国家标准将这些零件的结构形式、尺寸、技术要求、表达画法和标记等均已标准化，称为标准件；在机械的传动、支承、减振等方面，齿轮、弹簧等零件也被广泛应用，这些零件的部分结构要素及尺寸参数也已标准化，称为常用件。在选用标准件与常用件时，必须了解国家标准的规定。在表达机器图样时，必须遵循国家标准的规定。

任务1　螺纹的规定画法与标记

📝 任务目标

- 认识螺纹，了解螺纹的形成与结构要素。
- 熟练掌握螺纹的规定画法和标记。
- 熟练掌握查阅国家标准的方法。

📝 任务呈现

在国家标准《机械制图》中，规定了螺纹紧固件的结构要素、规定画法和标记规则等。螺纹是螺纹紧固件的重要功能结构，国家标准的规定主要体现在功能结构方面，主要目的是方便专业化生产，提高效率。因此，工程技术人员必须学习并遵循国家标准。

📝 想一想

（1）什么是螺纹结构？螺纹是如何加工而成的？其结构要素有哪些？常用的螺纹有哪些类型？

（2）在工程图中，应该如何表达并标注螺纹结构？

知识准备

一、螺纹的形成及加工方法

螺纹是在圆柱或圆锥表面上沿着螺旋线所形成的、具有相同轴向剖面的连续凸起和沟槽。在圆柱（或圆锥）外表面上所形成的螺纹称为外螺纹，如图2.1-1（a）所示；在圆柱（或圆锥）内表面上所形成的螺纹称为内螺纹，如图2.1-1（b）所示。

车削加工是常见的螺纹加工方法，图2.1-1（a）和（b）是在车床上加工外螺纹和内螺纹的情况，加工螺纹时，将工件安装在与车床主轴相连的卡盘上，主轴带动工件旋转，车刀沿轴线方向作匀速移动，在工件外表面或内表面车削出螺纹。对于直径较小的外螺纹，也可以用套扣的方法加工，如图2.1-1（c）所示。对于直径较小的螺孔，应先用钻头加工出光孔，再用丝锥攻丝，加工出内螺纹（如图2.1-1（d））。

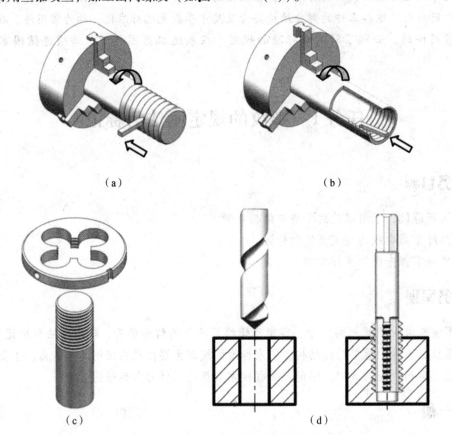

图 2.1-1 螺纹的形成及加工方法
(a) 车床加工外螺纹；(b) 车床加工内螺纹；(c) 套扣外螺纹；(d) 攻内螺纹

二、螺纹的结构要素

1) 牙型

利用单一剖切平面通过螺纹轴线剖切时，螺纹的断面形状称为牙型。常用螺纹的牙型有三角形、梯形、锯齿形和方形,如图 2.1-2 所示。在螺纹的牙型结构中,沟槽的底端称为牙底,凸起的顶端称为牙顶,如图 2.1-3 所示。

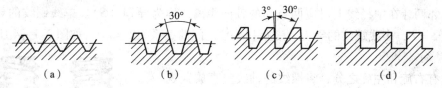

图 2.1-2　常用螺纹牙型

(a) 三角形螺纹;(b) 梯形螺纹;(c) 锯齿形螺纹;(d) 方形螺纹

2) 公称直径

螺纹结构的直径包括大径(d, D)、小径(d_1, D_1)和中径(d_2, D_2),其中外螺纹直径用小写字母表示,内螺纹直径用大写字母表示。螺纹的大径即为公称直径,是指与外螺纹牙顶或内螺纹牙底相重合的假想圆柱面的直径;螺纹的小径是指与外螺纹牙底或内螺纹牙顶相重合的假想圆柱面的直径;螺纹的中径是指母线通过螺纹牙型上沟槽和凸起宽度相等的假想圆柱面的直径,如图 2.1-3 所示。

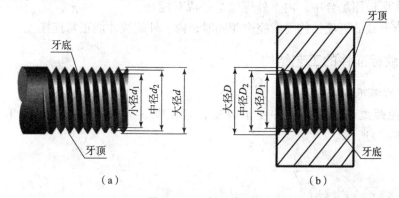

图 2.1-3　螺纹直径

(a) 外螺纹;(b) 内螺纹

3) 线数 n

沿一条螺旋线形成的螺纹,称为单线螺纹;沿着在轴向上等距分布的两条或两条以上螺旋线形成的螺纹,称为多线螺纹,如图 2.1-4 所示。

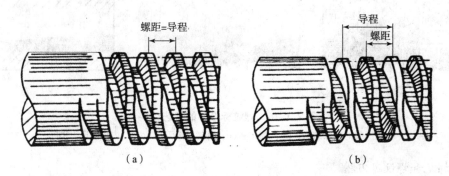

图 2.1-4　螺纹的线数、导程和螺距

(a) 单线螺纹;(b) 双线螺纹

4) 螺距 P 和导程 S

螺纹的相邻两个牙型在中径线上对应两点间的轴向距离,称为螺距(P);在同一条螺旋线上相邻两牙在中径线上对应两点间的轴向距离,称为导程(S)。单线螺纹的导程等于螺距,即 $S = P$,多线螺纹的导程、螺距和线数之间的关系为 $S = nP$,如图 2.1 - 4 所示。

5) 旋向

螺纹有右旋和左旋之分,将螺纹的轴线竖直放置观察,螺旋线沿顺时针方向旋入的螺纹,称为右旋螺纹,螺旋线沿逆时针方向旋入的螺纹,称为左旋螺纹。通常也可以按照图 2.1 - 5 所示方法判断螺纹的旋向。

国家标准对螺纹的牙型、大径和螺距作了统一规定,该三项要素均符合国家标准的螺纹,称为标准螺纹;只有牙型符合标准,而大径和螺距不符合标准的螺纹,称为特殊螺纹;牙型不符合标准的螺纹,称为非标准螺纹。

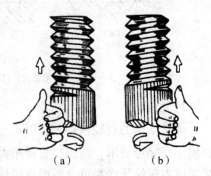

图 2.1 - 5 螺纹的旋向

(a) 左旋;(b) 右旋

在多数实际应用场合中,内、外螺纹总是成对配合使用的,只有螺纹的五项结构要素完全相同时,内、外螺纹才能正常连接。

三、螺纹标准件的工艺结构

1) 螺纹的端部结构

为了避免螺纹起始圈损坏并便于装配,常在螺纹的起始端加工成倒角或倒圆,如图 2.1 - 6 (a) 所示。

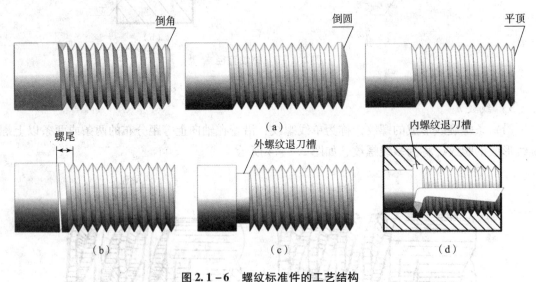

图 2.1 - 6 螺纹标准件的工艺结构

(a) 螺纹的端部结构;(b) 螺尾;(c) 外螺纹退刀槽;(d) 内螺纹退刀槽

2) 螺尾和螺纹退刀槽

在车床上车削到螺纹尾部时,要逐渐退出刀具,因而形成螺纹沟槽渐浅的结构,称为螺尾,如图 2.1 - 6 (b) 所示。为了避免产生螺尾,可以先在螺纹末端加工出退刀槽,再车削螺纹，外螺纹和内螺纹的退刀槽结构如图2.1-6（c）、图2.1-6（d）所示。

四、螺纹的规定画法

螺纹的实际投影比较复杂，且其结构要素已标准化，在图样表达时没有必要画出其真实投影，为此国家标准（GB/T 4459.1—1995）规定了螺纹的画法：螺纹的牙顶用粗实线表示，牙底用细实线表示，螺杆的倒角和倒圆部分也应画出，小径可以画成大径的0.85倍；在投影为圆的视图上，表示牙底的细实线圆只画约3/4圈，倒角的投影圆省略不画；螺纹终止线用粗实线表示。

五、螺纹的分类及规定标记

按用途可分为连接螺纹和传动螺纹两类。连接螺纹起连接作用，用于将两个或多个零件连接起来；传动螺纹用于传递动力和运动。常用螺纹分类具体如下：

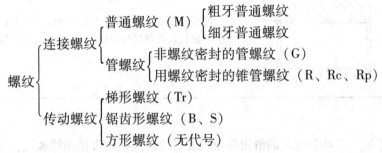

1）普通螺纹

普通螺纹牙型为三角形，牙型角为60°，螺纹的特征代号为"M"。普通螺纹的直径和螺距见附录B-1。细牙普通螺纹与粗牙普通螺纹的区别在于：在公称直径相同的条件下，细牙普通螺纹的螺距比粗牙普通螺纹的螺距小。

普通螺纹的完整标记格式为：

| 螺纹特征代号 | 公称直径 | × | 螺距 | - | 中径、顶径公差带代号 | - | 旋合长度代号 | - | 旋向代号 |

普通螺纹标记说明如下（标注示例见表2.1-1）：

标记细牙普通螺纹时必须注明螺距，普通粗牙螺纹不必标注螺距；右旋螺纹不需标注旋向，左旋螺纹的旋向用"LH"表示；螺纹公差带代号包括中径和顶径公差带代号，当中径和顶径的公差带代号相同时，只需标注一次；螺纹旋合长度分为长、中、短三个等级，分别用字母L、N、S表示，当螺纹旋合长度为中等级时，不需注写；有特殊需要时，可直接注明旋合长度的数值。

表2.1-1 普通螺纹标注示例

标记示例	标注示例	标记说明
M16-5g6g-S	M16-5g6g-S	粗牙普通螺纹，螺纹大径为16，中、顶径公差带代号分别为5g、6g，右旋，旋合长度为短等级

续表

标记示例	标注示例	标记说明
M16 – 6H		粗牙普通螺纹，螺纹大径为 16，中、顶径公差带代号均为 6H，右旋，旋合长度为中等级
M16 × 1.5 – 6h – LH		细牙普通螺纹，螺纹大径为 16，螺距为 1.5，中、顶径公差带代号均为 6h，旋合长度为中等级，左旋
M16 × 1 – 7G6G – 50		细牙普通螺纹，螺纹大径为 16，螺距为 1，中、顶径公差带代号分别为 7G、6G，旋合长度为 50 mm，右旋

2）管螺纹

在液压系统、供暖系统、气动系统、润滑附件及仪表管道的连接中常使用管螺纹，分为非密封的管螺纹、用螺纹密封的管螺纹和 60°圆锥管螺纹。

非密封的管螺纹牙型角为 55°，牙型符号为 G，其内、外螺纹均为圆柱螺纹，旋合后螺纹本身不具有密封能力，常用于密封要求较低的管路系统连接。

用螺纹密封的管螺纹牙型角为 55°，其牙型符号有三种：圆锥内管螺纹（锥度 1∶16）为 Rc；圆柱内管螺纹为 Rp；圆锥外管螺纹为 R_1。用于密封的管螺纹可以实现圆锥内管螺纹与圆锥外管螺纹的连接，也可以实现圆柱内管螺纹和圆锥外管螺纹的连接，旋合后具有密封能力，常用于高温高压系统和润滑系统中。

60°圆锥管螺纹牙型角为 60°，牙型符号为 NPT，常用于汽车、拖拉机、航空机械、机床等燃料、油、水、气输送系统的连接。

管螺纹的规定标记由螺纹特征代号、尺寸代号和旋向代号组成。管螺纹的尺寸代号不是螺纹的大径，而是指管子的内径（英制）。管螺纹的标记采用指引线标注法，指引线一端指向螺纹大径，其标注示例见表 2.1 – 2。

表 2.1 – 2 管螺纹标注示例

标记示例	标注示例	标记说明
G 3/4 A		非螺纹密封的圆柱外管螺纹，尺寸代号为 3/4 in，公差等级为 A 级，右旋。外螺纹公差等级有 A、B 两种

续表

标记示例	标注示例	标记说明
G 3/4 – LH	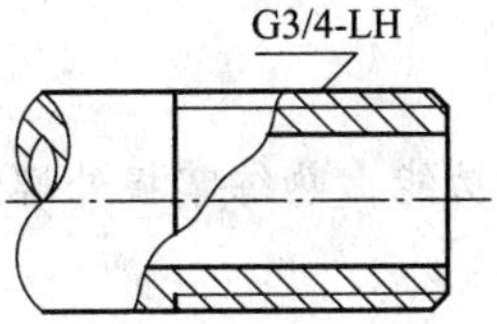 G3/4-LH	非螺纹密封的圆柱内管螺纹,尺寸代号为3/4 in,左旋。内螺纹公差等级仅有一种,不必标注
Rp 1	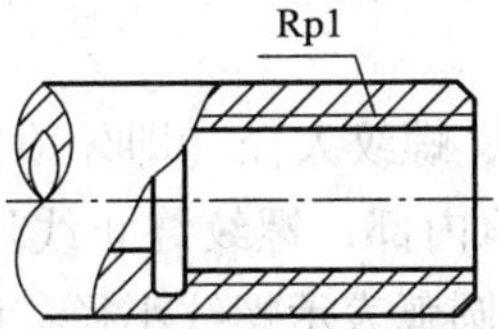 Rp1	用螺纹密封的圆柱内管螺纹,尺寸代号为1 in,右旋。公差等级只有一种,省略不注
Rc 3/4 – LH	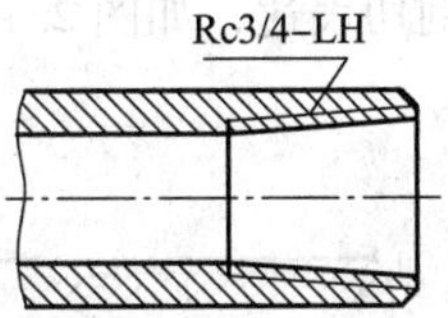 Rc3/4-LH	用螺纹密封的圆锥内管螺纹,尺寸代号为3/4 in,左旋。公差等级只有一种,省略不注
R_1 1/2	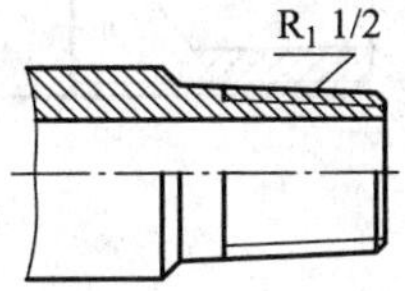 R_1 1/2	用螺纹密封的圆锥外管螺纹,尺寸代号为1/2 in,右旋。公差等级只有一种,省略不标注

3) 梯形螺纹和锯齿形螺纹

梯形螺纹和锯齿形螺纹常在机构中起到传递动力和运动的作用,其规定标记和标注方法与普通螺纹类似,不同之处在于:它们的标记中只标注中径公差带代号;旋合长度只有两种(N、L)。梯形螺纹和锯齿形螺纹的标注示例见表2.1-3。

表2.1-3 梯形螺纹和锯齿形螺纹标注示例

标记示例	标注示例	标记说明
Tr30×12(P6)-7e-LH	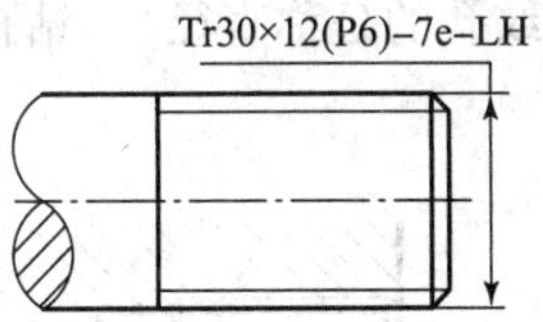 Tr30×12(P6)-7e-LH	梯形螺纹,公称直径为30,导程为12,螺距为6,双线,左旋,中径公差带代号7e,中等旋合长度
B40×10-8e	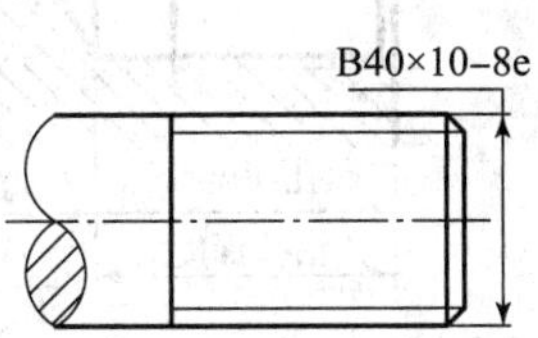 B40×10-8e	锯齿形螺纹,公称直径为40,螺距为10,单线,右旋,中径公差带代号8e,中等旋合长度

任务实施

工作任务

通过学习和查阅资料,认识螺纹的结构和功能,熟练掌握外螺纹、内螺纹和内外螺纹连接的各种规定画法。

【任务解析一】 外螺纹的画法

外螺纹的具体画法如图 2.1-7(a)所示,螺纹大径(即牙顶)用粗实线表示;螺纹小径(即牙底)用细实线表示,并画入端部倒角内部;螺纹终止线用粗实线表示。左视图上用粗实线圆表示螺纹大径,用约 3/4 圈细实线圆弧表示螺纹小径,倒角的投影圆省略不画。

当外螺纹加工在管子的外壁时,一般需要剖切表达,如图 2.1-7(b)所示。

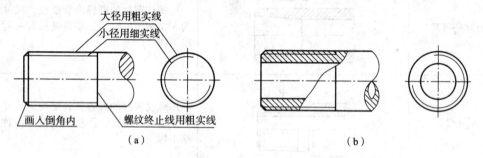

图 2.1-7 外螺纹的画法

【任务解析二】 内螺纹的画法

内螺纹的具体画法如图 2.1-8(a)所示,螺纹小径(即牙顶)用粗实线表示;螺纹大径(即牙底)用细实线表示,画入端部倒角处;剖面线画至表示螺纹小径的粗实线为止。左视图上用粗实线圆表示螺纹小径,用约 3/4 圈细实线圆弧表示螺纹大径,倒角的投影圆省略不画。

在盲孔内加工螺纹的表示方法如图 2.1-8(b)所示,一般应分别表达出钻孔深度和螺纹孔深度,两个深度相差 $0.5D$(D 为螺纹孔的公称直径),钻孔的锥角按 $120°$ 画出。

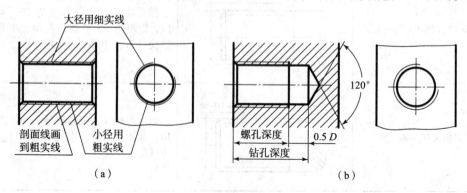

图 2.1-8 内螺纹的画法

【任务解析三】 螺纹画法的其他情况

（1）需要表达螺纹的螺尾时，用与轴线成30°的细实线表示螺尾处的牙底线，如图2.1－9所示。

（2）不可见螺纹的所有图线均用虚线绘制，如图2.1－10所示。

（3）锥管螺纹垂直于轴线的投影，按可见端螺纹画出，如图2.1－11中左视图按小端螺纹画出。

（4）绘制非标准传动螺纹时，可用局部剖视或局部放大图表示出牙型结构，如图2.1－12所示。

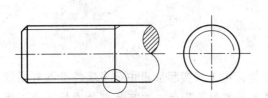

图2.1－9 螺尾的表示方法

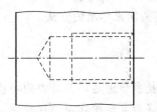

图2.1－10 不可见螺纹的表示方法

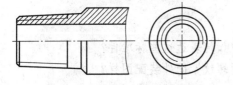

图2.1－11 锥管螺纹的表示方法

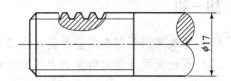

图2.1－12 传动螺纹牙型的表示方法

（5）用剖视图表示螺纹孔相贯时，在两内表面相交处仍应画出相贯线，如图2.1－13所示。

【任务解析四】 内、外螺纹连接的规定画法

内、外螺纹连接时，一般用剖视的表达方法，如图2.1－14所示。内、外螺纹旋合部分按外螺纹的画法绘制，其余部分仍按各自的画法表达。

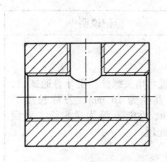

图2.1－13 螺纹孔相贯的表示方法

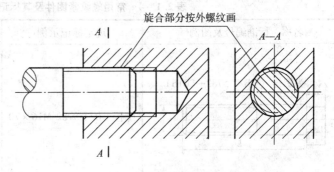

图2.1－14 内、外螺纹连接的表示方法

任务2 螺纹紧固件的规定画法与标记

📋 任务目标

- 认识各类螺纹紧固件,了解其用途。
- 掌握螺纹紧固件的规定标记。
- 熟练掌握螺纹紧固件连接的规定画法。
- 熟练掌握查阅国家标准的方法。

📋 任务呈现

螺纹是实现连接和传递运动与动力的功能结构,在工程实际应用中很多零件都具有螺纹结构,这些零件大多为起连接作用的标准件,称之为螺纹紧固件。在表达部件或机器的工程图中,应遵循国家标准要求,正确表达螺纹紧固件的连接情况,并对螺纹紧固件进行标记。

📋 想一想

(1) 螺纹紧固件都有哪些种类?在工程图样中如何表达这些标准件?
(2) 螺纹紧固件是如何配套应用的?如何绘制螺纹紧固件装配图样?

📋 知识准备

一、常用螺纹紧固件及规定标记

常用的螺纹紧固件有螺栓、双头螺柱、螺钉、螺母和垫圈,这些标准件的结构和尺寸均已标准化(见附录C),因此在绘制螺纹紧固件工程图时,只需按照规定画法绘制并注明其规定标记,常用螺纹紧固件及其标记方法见表2.1-4。

表2.1-4 常用螺纹紧固件及其标记方法

名称、标准编号及图例	规定标记示例	标记说明
六角头螺栓(GB/T 5782—2016) 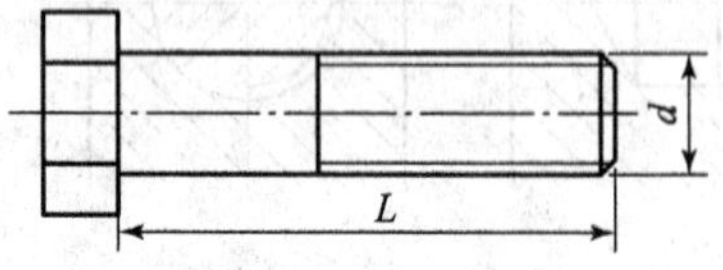	螺栓 GB/T 5782 M16×70	A级六角头螺栓,粗牙普通螺纹,公称直径为16 mm、公称长度为70 mm、性能等级为7.8级、表面氧化处理

续表

名称、标准编号及图例	规定标记示例	标记说明
双头螺柱（GB/T 898—1988）	螺柱 GB/T 898 M12×50	双头螺柱，两端均为粗牙普通螺纹，螺纹大经为 12 mm、公称长度为 50 mm、旋入端 $b_m = 1.25\,d$、性能等级为 4.8 级、不经过表面处理
开槽盘头螺钉（GB/T 67—2000）	螺钉 GB/T 67 M5×25	开槽盘头螺钉，粗牙普通螺纹，公称直径为 5 mm、公称长度为 25 mm、精度等级 A、性能等级为 4.8 级、不经过表面处理
开槽沉头螺钉（GB/T 68—2000）	螺钉 GB/T 68 B M5×25	开槽沉头螺钉，粗牙普通螺纹，公称直径为 5 mm、公称长度为 25 mm、精度等级 B、性能等级为 4.8 级、不经过表面处理
六角螺母（GB/T 6170—2000）	螺母 GB/T 6170 M16	A 级 I 型六角螺母，粗牙普通螺纹，公称直径为 16 mm、性能等级为 10 级、不经表面处理
平垫圈（GB/T 97.1—2002）	垫圈 GB/T 97.1 16	A 级平垫圈，规格 16 代表与之配套的螺纹紧固件公称直径为 16 mm、性能等级为 140 HV 级、不经表面处理
弹簧垫圈（GB/T 93—1987）	垫圈 GB/T 93 16	标准型弹簧垫圈，规格 16 代表与之配套的螺纹紧固件公称直径为 16 mm、材料 65Mn、表面氧化处理

二、常用螺纹紧固件的比例画法

因螺纹紧固件的结构形式和各部分尺寸均已标准化,因此绘制螺纹紧固件的视图时,可根据国家标准查出各部分参数并绘制。为了提高绘图效率,也可将螺纹紧固件的各部分尺寸(公称长度除外),按与螺纹大径 d(D)的比例关系画出,这种比例画法在工程中应用较多,常用螺纹紧固件的比例画法如图 2.1-15 所示。

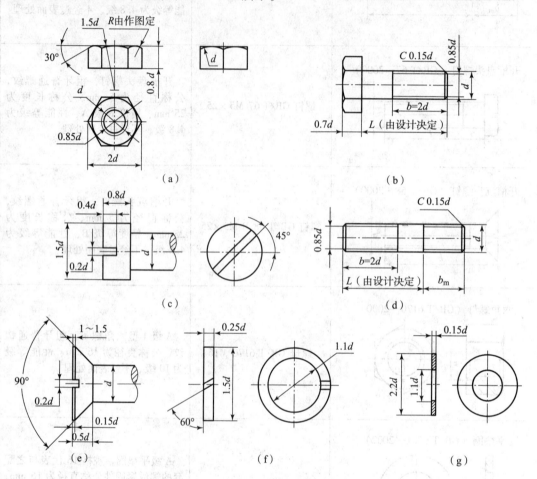

图 2.1-15 常用螺纹紧固件的比例画法

(a)螺母;(b)螺栓;(c)开槽圆柱头螺钉;(d)双头螺柱;(e)开槽沉头螺钉;(f)弹簧垫圈;(g)平垫圈

三、常用螺纹紧固件装配图的规定画法

(1)两零件的接触表面只画一条粗实线。

(2)在剖视图中,相邻的两个零件的剖面线方向应相反(或方向相同而间隔不同);同一个零件在不同剖视图中的剖面线方向和间隔必须相同。

(3)当剖切平面沿实心零件或标准件(螺栓、螺柱、螺钉、螺母、垫圈)的轴线(或对称线)剖切时,这些零件按不剖绘制,即仍画其外形。

任务实施

工作任务

(1) 通过查阅资料和实地调查,认识螺纹紧固件的种类、功能及其应用场合。
(2) 通过查表,熟练掌握查阅国家标准确定螺纹紧固件参数的方法。
(3) 熟练掌握螺纹紧固件连接的装配图画法,并能正确标注。

【任务解析一】 螺栓连接的装配画法

螺栓用于连接两个不太厚的零件,连接时将螺栓穿入被连接件的通孔内,在螺栓上端套上垫圈,用螺母拧紧。

图 2.1-16 为螺栓连接的比例画法。螺栓的公称长度可依据以下公式计算并查表得出:

$$L = \delta_1 + \delta_2 + h + m + 0.3d$$

根据计算的结果,从附录 C-1 的螺栓公称长度值中查找,最终选取最接近的标准长度值。

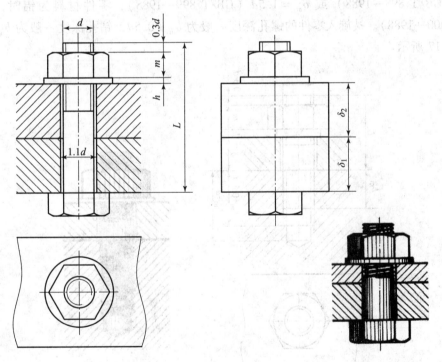

图 2.1-16 螺栓连接的比例画法

在画图时应注意:被连接件上的通孔直径约为螺纹大径的 1.1 倍,安装时孔内壁与螺栓杆部不接触,应分别画出各自的轮廓线;螺栓的螺纹终止线应低于被连接件顶面轮廓,以便拧紧螺母时有足够的螺纹长度。

【任务解析二】 双头螺柱连接的装配画法

双头螺柱常用于两个被连接零件中一个较厚,不能或不适于钻成通孔的连接。较厚的零件上加工有螺纹孔,较薄零件上加工成光孔,孔径约为螺纹大径的1.1倍。

用双头螺柱连接时,先将螺柱的旋入端 b_m 全部旋入螺孔内,再套入较薄的零件,加入垫圈后用螺母拧紧。

图2.1-17所示为双头螺柱连接的比例画法。螺柱的公称长度可依据以下公式计算并查表得出:

$$L = \delta + h + m + 0.3d$$

根据计算结果,从附录C-2的螺柱公称长度中选择与计算结果相近的长度值。

画图时应注意:

(1) 双头螺柱的旋入端 b_m 应全部旋入螺孔内,即画图时保证螺纹终止线与两个被连接件的接触面平齐,上半部分的画法与螺栓连接情况相同。

(2) 双头螺柱旋入端 b_m 的长度与被旋入零件的材料有关,根据国家标准规定,有四种长度规格:零件材料为钢和青铜时,$b_m = d$(GB/T 897—1988);零件材料为铸铁时 $b_m = 1.25d$(GB/T 898—1988)或 $b_m = 1.5d$(GB/T 899—1988);零件材料为铝时,$b_m = 2d$(GB/T 900—1988)。被旋入零件的螺孔深度一般为 $b_m + 0.5d$,钻孔深度一般为 $b_m + d$,如图2.1-17所示。

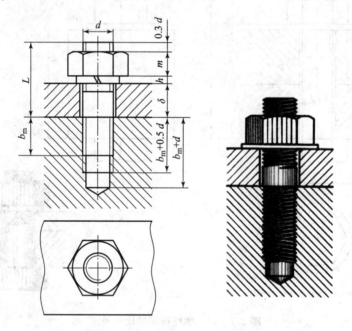

图2.1-17 螺柱连接的比例画法

【任务解析三】 螺钉连接的装配画法

螺钉连接多用于受力不大、不经常拆卸的情况。螺钉连接不用螺母和垫圈,直接将螺钉拧入较厚零件的螺纹孔中,靠螺钉头部压紧被连接件。

图 2.1-18 和图 2.1-19 是几种常用螺钉连接的比例画法。螺钉的公称长度可依据以下公式计算并查表得出：

$$L = \delta + b_m$$

b_m 值需根据零件的材料而定（国家标准规定同双头螺柱连接）。根据计算的结果，从附录 C 的螺钉公称长度中选择与其相近的标准长度值。

画图时应注意：

（1）较厚零件上加工有螺纹孔，为了使螺钉头部能压紧被连接件，螺钉的螺纹终止线应高于零件螺孔的端面，如图 2.1-18（a）所示。

（2）在投影为圆的视图上，按习惯将螺钉头部的一字槽或十字槽画成与中心线成 45°方向，如图 2.1-18（b）和（c）所示。

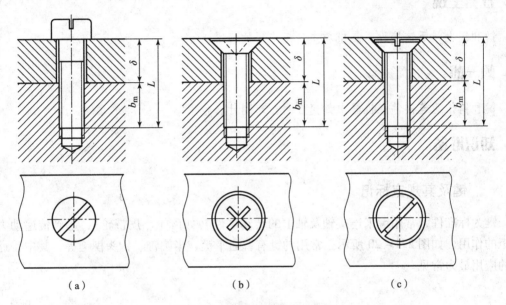

图 2.1-18　螺钉连接比例画法
（a）开槽盘头螺钉；（b）十字槽沉头螺钉；（c）开槽沉头螺钉

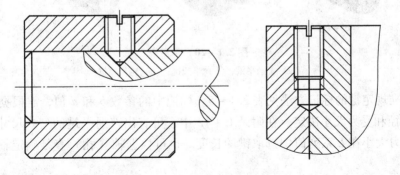

图 2.1-19　紧定螺钉连接的画法

任务3 键和销

🔧 任务目标

- 了解键和销的结构与功能,掌握其规定标记。
- 熟练掌握键和销的规定画法。
- 熟练掌握查阅国家标准的方法。

🔧 任务呈现

键和销也属于连接件,是机器中广泛应用的标准件。

🔧 想一想

键和销作为连接件在机器中如何应用?起到什么作用?

🔧 知识准备

一、键及其规定标记

键为标准件,常用键来连接轴及轴上的转动零件(如齿轮、皮带轮),起到传递动力和扭矩的作用,如图 2.1－20 所示。常用的键有普通平键、半圆键、钩头楔键等,其中普通平键的应用最为常见。

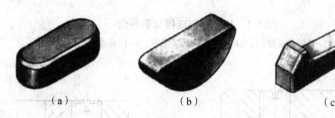

图 2.1－20 常用键
(a) 普通平键; (b) 半圆键; (c) 钩头楔键

国家标准规定键的标记方法见表 2.1－5。标记中的参数 b 和 d 值,需根据相应轴(或轴孔)的直径和受力大小决定。在附录 C－12 中,可查出普通平键的型式尺寸,应根据轮毂长度和受力大小在 L 系列值中选取键的长度。也可根据轴(孔)直径确定轴和轮毂上键槽的尺寸。

表 2.1-5 常用键的规定标记

名称及图例	标记示例	标记说明
普通平键	键 16×100　GB/T 1096—2003	普通平键，A 型 $b=16$ mm、$L=100$ mm、$h=10$ mm。 注：普通平键有 A 型（圆头）、B 型（方头）和 C 型（单圆头），标记中 A 型键的"A"字省略不注
半圆键	键 6×25　GB/T 1099.1—2003	半圆键，$b=6$ mm、$d=25$ mm、$h=10$ mm
钩头楔键	键 18×100　GB/T 1565—2003	钩头楔键，$b=18$ mm、$L=100$ mm、$h=11$ mm

二、销及其规定标记

机器中常用销实现零件间的连接或定位，有时也作为安全装置的零件。销的型式和规定标记见表 2.1-6。

表 2.1-6 常用销的规定标记

名称及图例	标记示例	说明
圆柱销	销 GB/T 119.1 8 m6×30	不淬硬钢和奥氏体不锈钢圆柱销，公称直径 $d=8$ mm、公差为 m6（公差有 m6 和 h8 两种）、长度 $L=30$ mm，材料为钢、不淬火、不做表面处理
圆锥销	销 GB/T 117 A10×60	A 型圆锥销，公称直径 $d=10$ mm、公称长度 $L=60$ mm、材料为 35 钢、热处理硬度 28~38 HRC、表面氧化处理。圆锥销有 A、B 两种型式，A 型为磨削加工，B 型为车削或冷镦加工

任务实施

工作任务

（1）通过学习或查阅资料，认识键和销及其应用场合。

(2) 通过查阅国家标准,学习键和销连接的规定画法。

【任务解析一】 键连接的画法

普通平键和半圆键的连接原理相同,安装时,键的两侧面与键槽侧面接触,键的两侧面作为工作表面,实现传递扭矩的功能。绘制装配图时,键与键槽的侧面之间无间隙,画一条线;键的顶面是非工作表面,与轮毂键槽的顶面不接触,应画出间隙,如图 2.1-21 (a) 和图 2.1-21 (b) 所示。

钩头楔键的顶面有 1:100 的斜度,顶面作为钩头楔键的工作表面。安装时将键打入键槽,靠键与键槽顶面间的压紧力固定轴上的零件。绘制装配图时,键与键槽顶面之间无间隙,画一条线;键的两侧面是非工作表面,与键槽的侧面不接触,应画出间隙,如图 2.1-21 (c) 所示。

与普通平键连接的轴和轮毂上键槽的画法和尺寸标注方法如图 2.1-22 所示。

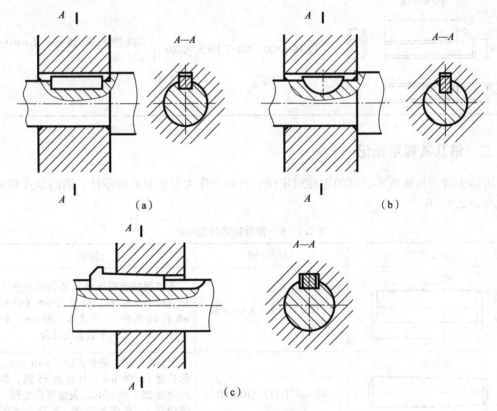

图 2.1-21 连接的画法
(a) 普通平键连接;(b) 半圆键连接;(c) 钩头楔键连接

【任务解析二】 销连接的画法

圆柱销和圆锥销装配图的画法及销孔的标注方法如图 2.1-23 所示。

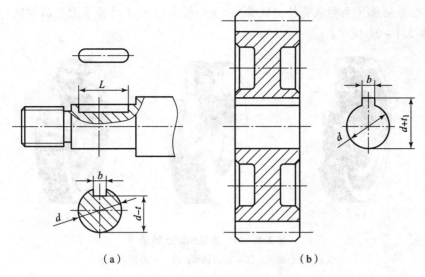

图 2.1-22 键槽的画法和尺寸标注
(a) 轴上的键槽；(b) 轮毂上的键槽

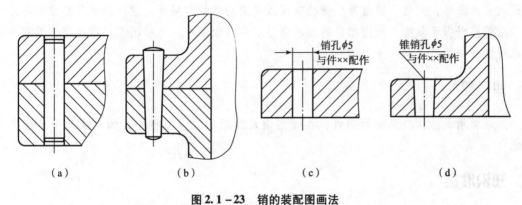

图 2.1-23 销的装配图画法
(a) 圆柱销装配图；(b) 圆锥销装配图；(c) 圆柱销孔；(d) 圆锥销孔

任务 4　滚 动 轴 承

任务目标

- 了解滚动轴承的结构、功能与标记方法。
- 掌握滚动轴承的规定画法。

任务呈现

　　滚动轴承是用来支撑轴并承受轴上载荷的部件，其结构紧凑、摩擦阻力小，在机器中被广泛使用。滚动轴承的类型很多，按结构和承载情况不同，可分为向心轴承（主要承受径向载荷）、推力轴承（主要承受轴向载荷）、向心推力轴承（同时承受径向和轴向载荷）三大类。如图 2.1-24 所示。

(a)   (b)   (c)

图 2.1-24 常见的滚动轴承
(a) 向心轴承；(b) 推力轴承；(c) 向心推力轴承

滚动轴承一般由内圈、外圈、滚动体和保持架四个元件组成，安装时外圈固定在机座的孔内，内圈套在轴上，与轴产生过盈配合，随轴转动。滚动体装在内、外圈之间的轨道中，其形状可为圆球、圆柱、圆锥等。保持架用以将滚动体均匀隔开。滚动轴承是标准部件，实际应用时应根据承载情况选用相应的轴承类型；在装配图中，可按国家标准规定，用简化画法或规定画法绘制滚动轴承。

想一想

滚动轴承是结构较复杂的组件，在使用滚动轴承的机器图样中，如何表达并标注滚动轴承？

知识准备

一、滚动轴承的标记和代号

轴承的结构及尺寸已标准化，常用规定代号表示。轴承的标记由名称、代号和标准编号组成，而轴承的代号是由基本代号、前置代号和后置代号三部分组成，其排列顺序如下：

前置代号　基本代号　后置代号

1. 基本代号

滚动轴承的基本代号表示轴承的基本结构、尺寸、公差等级、技术性能等特征。基本代号包括轴承类型代号、尺寸系列代号和内径代号。轴承类型代号由数字或字母表示；尺寸系列代号由轴承宽（高）度系列代号和直径系列代号组成，用两位数字表示，其中左边的一位数字表示轴承宽（高）度系列代号（凡标在括号中的数值，在注写时省略），右边的一位数字表示轴承直径系列代号。表 2.1-7 摘录了部分滚动轴承的类型代号和尺寸系列代号。内径代号的意义及注写示例见表 2.1-8。

例如，轴承代号 6208 的含义为：

6—类型代号，表示深沟球轴承；2—尺寸系列代号，表示轻窄系列；08—内径代号，表示内径为 40 mm。

表 2.1-7 部分滚动轴承的类型代号及尺寸系列代号

轴承类型名称	类型代号	尺寸系列代号	标准编号
双列角接触球轴承	0	32 33	GB/T 296—2013
调心球轴承	1	(0) 2 (0) 3	GB/T 281—2013
调心滚子轴承 推力调心滚子轴承	2	13 92	GB/T 288—2013 GB/T 5859—2008
圆锥滚子轴承	3	02 03	GB/T 297—2015
双列深沟球轴承	4	(2) 2	
推力球轴承 双向推力球轴承	5	11 22	GB/T 301—2015
深沟球轴承	6	18 (0) 2	GB/T 276—2013
角接触球轴承	7	(0) 2	GB/T 292—2007
推力圆柱滚子轴承	8	11	GB/T 4663—2017
外边无挡圈圆柱滚子轴承 双列圆柱滚子轴承	N NN	10 30	GB/T 283—2007 GB/T 285—2013
圆锥孔外球面球轴承	UK	2	GB/T 3882—2017
四点接触球轴承	QJ	(0) 2	GB/T 294—2015

表 2.1-8 轴承内径代号及标记说明

轴承公称内径/mm	内径代号	标记示例及说明
0.6~10（非整数）	用公称内径（mm 为单位）直接表示，在其与尺寸系列代号之间用"/"分开	滚动轴承 618/2.5 GB/T 276—2016： 类型代号 6，尺寸系列代号 18，内径 $d=2.5$ mm
1~9（整数）	用公称内径（mm 为单位）直接表示，对深沟及角接触球轴承 7、8、9 直径系列，内径与尺寸系列代号之间用"/"分开	滚动轴承 618/5 GB/T 276—2016： 类型代号 6，尺寸系列代号 18，内径 $d=5$ mm
10~17	10　　00 12　　01 15　　02 17　　03	滚动轴承 6201 GB/T 276—2016： 类型代号 6，尺寸系列代号 (0) 2，内径 $d=12$ mm
20~480 （22、28、32）除外	公称内径除以 5 的商数，商数只有一位数时，需在商数前加 "0"	滚动轴承 23208 GB/T 288—2013： 类型代号 2，尺寸系列代号 32，内径代号 08，则内径 $d=5\times8=40$ mm

续表

轴承公称内径/mm	内径代号	标记示例及说明
≥500 以及 22、28、32	用公称内径（mm 为单位）直接表示，在其与尺寸系列代号之间用"/"分开	滚动轴承 230/500 GB/T 288—2013：类型代号 2，尺寸系列代号 30，内径 $d=500$ mm

2. 前置、后置代号

前置和后置代号说明滚动轴承的结构形状、尺寸、公差、技术要求等有变化时，在基本代号前、后添加的补充代号，可查阅国家标准（GB/T 272—2017）。

任务实施

工作任务

通过查阅资料或调查实践，了解滚动轴承及其结构特点，掌握滚动轴承的规定画法。

【任务解析】 滚动轴承的画法

因滚动轴承是标准部件，一般不需绘制其零件图，只需在装配图中按规定画法或简化画法画出，常用轴承的画法示例见表 2.1 - 9。绘图时需根据给定的轴承代号，从轴承的标准中查出其外径 D、内径 d、宽度 $B(T)$ 等主要尺寸。

1. 规定画法

规定画法能够较清晰地表达轴承的主要结构形状。在装配图的剖视图中采用规定画法绘制滚动轴承时，一般只在轴的一侧用规定画法表达轴承的主要结构，在轴的另一侧按通用画法绘制。轴承的滚动体不画剖面线，各套圈的剖面线方向可画成方向一致、间隔相同；轴承的保持架及倒角等均省略不画。在不致引起误解时，剖面线可省略不画。在装配图的明细表中，必须按规定标注滚动轴承的代号。

表 2.1 - 9 常用滚动轴承的画法

轴承名称及代号	深沟球轴承 GB/T 276—2016	圆锥滚子轴承 GB/T 297—2015	单向推力球轴承 GB/T 301—2015
规定画法	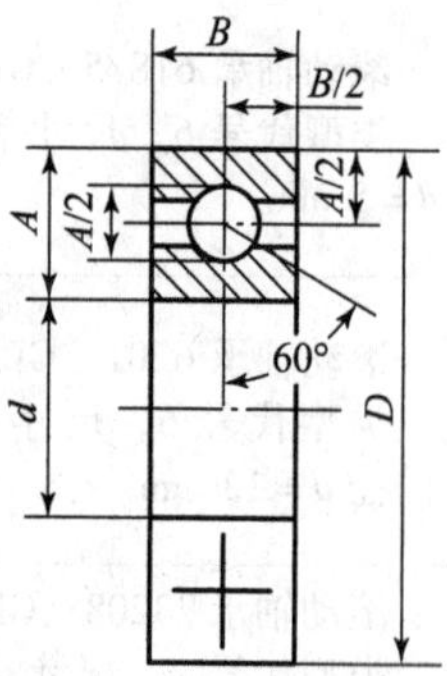	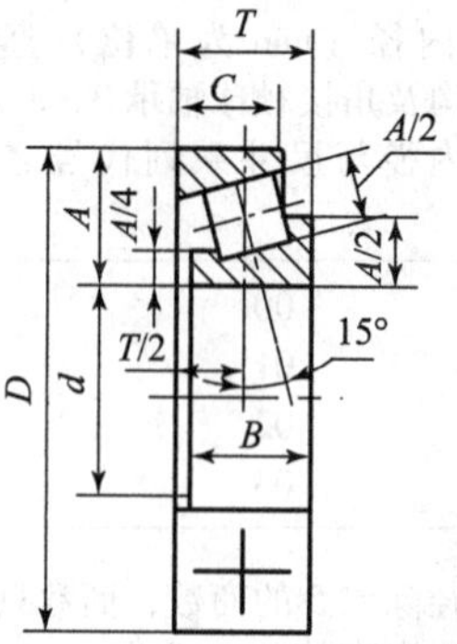	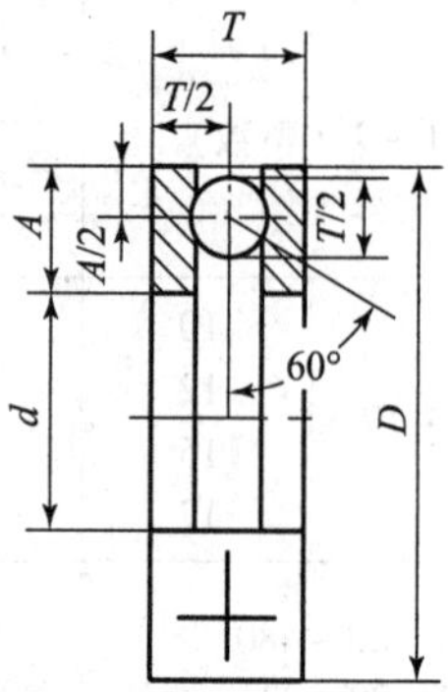

轴承名称及代号	深沟球轴承 GB/T 276—2016	圆锥滚子轴承 GB/T 297—2015	单向推力球轴承 GB/T 301—2015
特征画法	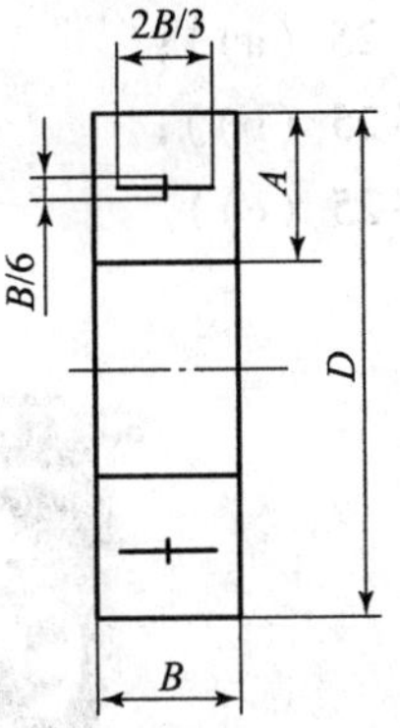	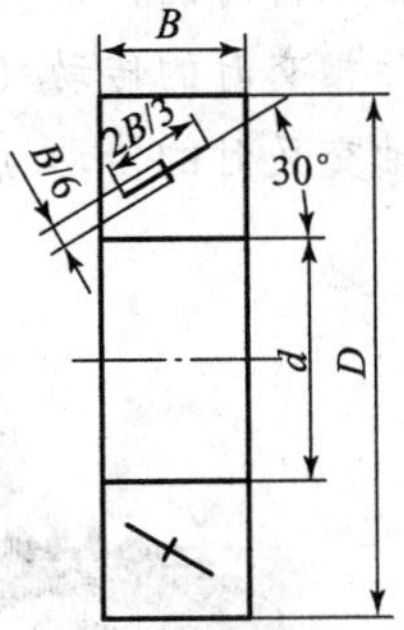	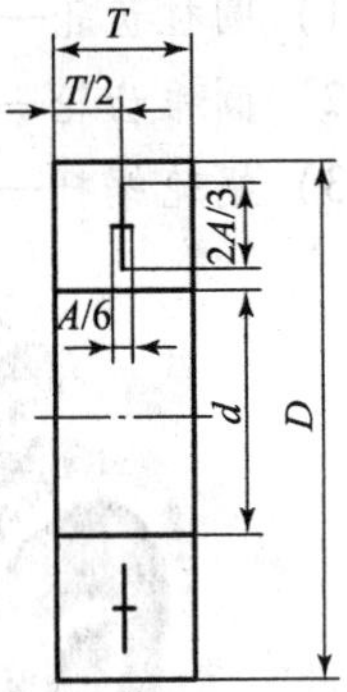
通用画法	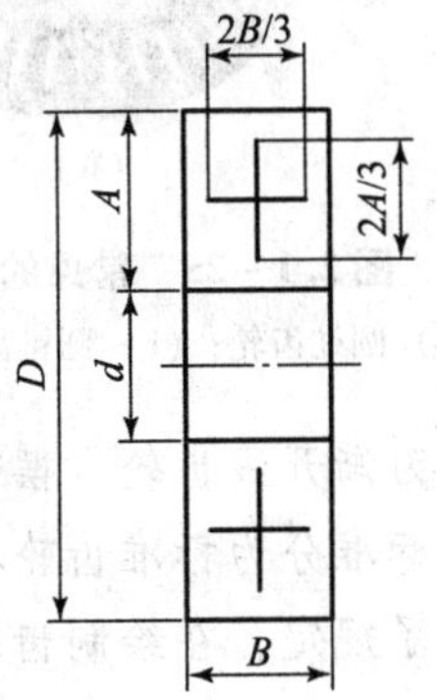		

2. 简化画法

在装配图的剖视图中，若不需确切地表达滚动轴承的外形轮廓、载荷特性和结构特征时，也可采用简化画法。简化画法分为特征画法和通用画法，在同一张图样上，一般只采用一种画法。特征画法是指在剖视图中，采用矩形框并在线框内画出滚动轴承结构要素的画法。通用画法是在剖视图中，采用矩形线框及位于线框中央正立的十字形符号表示。

任务 5 齿 轮

任务目标

- 认识齿轮并了解其种类和功能。
- 了解圆柱齿轮的几何要素。
- 掌握圆柱齿轮及齿轮啮合的规定画法。

任务呈现

齿轮是机械传动中最常见的零件，主要用来传递运动和动力。通常由一个齿轮的轴输入动力，通过两个齿轮齿部啮合的形式，传入到另一个齿轮的轴，再输出动力，实现减速或增速的作用，还可改变轴的旋转方向。

根据传动情况，齿轮的常见类型有：

（1）圆柱齿轮——用于两轴平行时的传动（图 2.1-25（a））；
（2）圆锥齿轮——用于两轴相交时的传动（图 2.1-25（b））；
（3）蜗轮蜗杆——用于两轴交叉时的传动（图 2.1-25（c））。

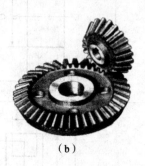

(a)　　　　　　　　　(b)　　　　　　　　　(c)

图 2.1-25　常见的齿轮传动形式

(a) 圆柱齿轮；(b) 圆锥齿轮；(c) 蜗轮蜗杆

根据轮齿的齿廓曲线可分为渐开线齿轮、摆线齿轮、圆弧齿轮等，其中渐开线齿轮应用最为广泛。根据轮齿是否符合标准分为标准齿轮和非标准齿轮，齿轮的结构较复杂，国家标准对齿轮的部分结构参数进行了规定，在绘制齿轮的工程图时必须了解其规定画法。

想一想

齿轮作为常用件，其结构如何？在工程图样中如何表达？

知识准备

一、标准直齿圆柱齿轮结构

圆柱齿轮的轮齿分布在圆柱面上，按照轮齿方向可分为直齿、斜齿和人字齿三种情况。渐开线标准直齿圆柱齿轮的结构形式如图 2.1-26 所示，其各部分参数代号及含义见表 2.1-10。

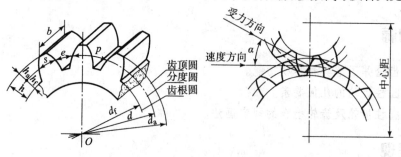

图 2.1-26　直齿圆柱齿轮结构形式

表 2.1-10　标准直齿圆柱齿轮轮齿各部分参数代号及含义

名　称	代号	含　义
节圆直径	d'	两齿轮啮合时，啮合点的轨迹圆的直径
分度圆直径	d	加工齿轮时，作为齿轮轮齿分度（分齿）的圆的直径，对于标准齿轮，$d=d'$
齿顶圆直径	d_a	通过齿轮顶部的圆的直径
齿根圆直径	d_f	通过齿轮根部，即齿槽底的圆的直径
齿高	h	齿顶圆与齿根圆之间的径向距离
齿顶高	h_a	齿顶圆与分度圆之间的径向距离
齿根高	h_f	分度圆与齿根圆之间的径向距离
齿厚	s	轮齿在分度圆上的弧长
槽宽	e	分度圆上齿槽与齿廓间的弧长，在标准齿轮中 $e=s$
齿距	p	分度圆上相邻两齿对应点之间的弧长，在标准齿轮中 $p=e+s$

二、标准直齿圆柱齿轮的基本参数

1. 齿数 z

在进行机构设计时，根据传动比计算确定。

2. 模数 m

齿轮的模数为齿距 p 与圆周率之比。若齿数 z 已知，则有分度圆周长 $=\pi d=pz$，由此可得：

$$d=\frac{p}{\pi}z$$

因 $m=\frac{p}{\pi}$，则 $d=mz$。

由上述公式可见，在齿数一定的情况下，模数越大，分度圆直径越大，齿轮的齿厚也增大，齿轮的承载能力也随之增大。

加工不同模数的齿轮要用不同的刀具，为了减少加工齿轮刀具的数量，国家标准对齿轮模数作了统一规定，见表 2.1-11，在选用模数时，应优先选用第一系列，括号内的模数尽可能不用。

表 2.1-11　齿轮的标准模数（GB/T 1357—1987）

第一系列	0.5, 0.6, 0.8, 1, 1.25, 1.5, 2, 2.5, 3, 4, 5, 6, 8, 10, 12, 16, 20, 25, 32, 40, 50
第二系列	0.9, 1.75, 2.25, 2.75, (3.25), 3.5, (3.75), 4.5, 5.5, (6.5), 7, 9, (11), 14, 18, 22, 28, (30), 36, 45

3. 压力角 α

两啮合齿轮齿廓在啮合点（节点）处的公法线与两分度圆公切线之间的夹角，称为压力角。标准直齿圆柱齿轮的压力角为 20°。互相啮合的两个齿轮的模数和压力角必须相等。凡模数符合标准规定的齿轮称为标准齿轮。

设计齿轮时，先确定模数和齿数，再计算出其它各部分尺寸，计算公式见表 2.1-12。

表 2.1–12　标准直齿圆柱齿轮参数的计算公式

名　称	公　式
分度圆直径	$d = mz$
齿顶圆直径	$d_a = m(z + 2)$
齿根圆直径	$d_f = m(z - 2.5)$
齿顶高	$h_a = m$
齿根高	$h_f = 1.25m$
齿高	$h = h_a + h_f = 2.25m$
齿距	$p = \pi m$
齿厚	$s = p/2$
中心距	$a = (d_1 + d_2)/2 = m(z_1 + z_2)/2$

三、单个圆柱齿轮的规定画法

国家标准对单个齿轮的画法规定如下：

（1）齿轮轮齿部分齿顶圆和齿顶线用粗实线绘制；分度圆和分度线用点画线绘制，如图 2.1–27 所示。在外形图中，齿根圆和齿根线用细实线绘制或省略不画（图 2.1–27（a））；在剖视图中，轮齿部分按不剖处理，不画剖面线，齿根线用粗实线绘制（图 2.1–27（b）和（c））。

（2）对于斜齿和人字齿，需在非圆外形图上画三条与齿形线方向一致的细实线，表示齿向和倾角（图 2.1–27（c））。

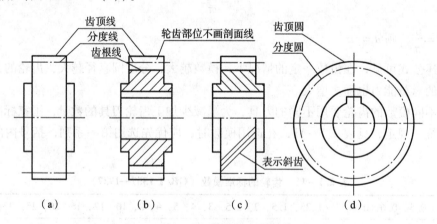

图 2.1–27　单个圆柱齿轮的规定画法
（a）主视图；（b）全剖主视图；（c）斜齿轮剖视图；（d）左视图

任务实施

工作任务

（1）通过实践和查阅资料，了解齿轮结构及功能。

(2) 通过查阅国家标准手册，熟练掌握两齿轮啮合的规定画法。

【任务解析】 圆柱齿轮啮合的规定画法

两个齿轮啮合的规定画法如下：

（1）在投影为圆的视图中，两齿轮的分度圆相切，齿顶圆和齿根圆的画法有两种：

①啮合区的齿顶圆画粗实线，齿根圆画细实线（也可省略不画），如图2.1-28（a）的左视图所示。

②啮合区的齿顶圆省略不画，齿根圆亦可省略不画，如图2.1-28（b）的左视图所示。

（2）在非圆投影的外形图中，啮合区的齿顶线和齿根线不必画出，分度线用粗实线画出，如图2.1-28（b）的主视图所示。

（3）在非圆投影的剖视图中，两齿轮分度线重合，用细点画线绘制；齿根线用粗实线绘制；两齿轮齿顶线其中一条画成粗实线，另一条画虚线或省略不画，如图2.1-28（a）的主视图所示。

图2.1-29利用放大图表示了两圆柱齿轮啮合区的规定画法。

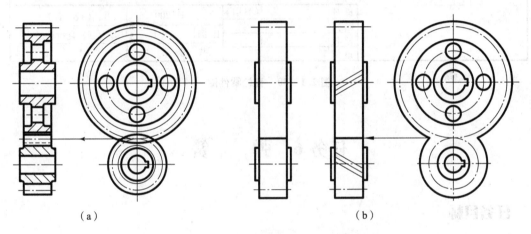

(a) （b）

图2.1-28 圆柱齿轮啮合的规定画法
(a) 齿轮啮合的剖视表达；(b) 齿轮啮合视图表达（直齿和斜齿）

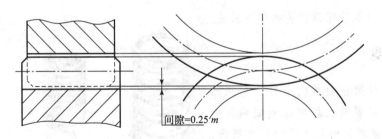

图2.1-29 齿轮啮合区的规定画法

齿轮是常用件，需要绘制其零件图，在齿轮的零件图中，除图形、尺寸和技术要求外，还需在图纸的右上角表格内给出齿轮的基本参数，如图2.1-30所示。

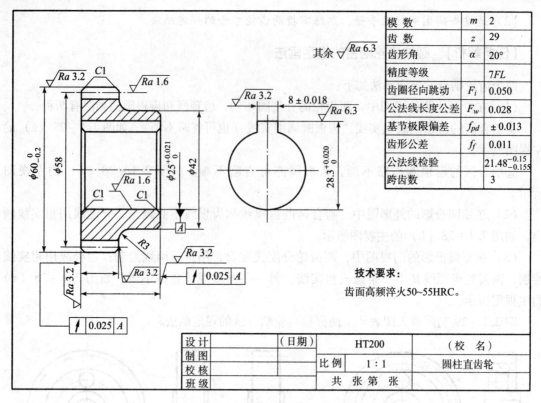

模 数	m	2
齿 数	z	29
齿形角	α	20°
精度等级		7FL
齿圈径向跳动	F_i	0.050
公法线长度公差	F_w	0.028
基节极限偏差	f_{pd}	± 0.013
齿形公差	f_f	0.011
公法线检验		$21.48_{-0.155}^{-0.15}$
跨齿数		3

图 2.1-30 齿轮零件图

任务 6 　弹　　簧

任务目标

- 了解弹簧的种类及其功能。
- 了解圆柱螺旋压缩弹簧的结构与规定标记。
- 掌握圆柱螺旋压缩弹簧的规定画法。

任务呈现

弹簧是一种储存能量的零件，不同结构的弹簧可在机器或仪器中起到减振、夹紧、测力、储能等作用。弹簧的种类很多，主要包括螺旋弹簧、涡卷弹簧、碟形弹簧等。根据弹簧的受力情况，可将螺旋弹簧分为压缩弹簧、拉伸弹簧和扭转弹簧，如图 2.1-31 所示。鉴于弹簧的特殊结构，

（a）　　　　　（b）　　　　　（c）

图 2.1-31　圆柱螺旋弹簧

（a）压缩弹簧；（b）拉伸弹簧；（c）扭转弹簧

国家标准对弹簧的部分结构参数和画法进行了规定。

想一想

圆柱螺旋压缩弹簧在工程上最为常用，国家标准对其结构参数和画法做了哪些规定？

知识准备

一、圆柱螺旋压缩弹簧各部分参数名称及代号

国家标准对圆柱螺旋弹簧的各部分参数名称及代号进行了规定，其规定画法如图2.1-32所示。

（1）簧丝直径 d：弹簧钢丝的直径。

（2）弹簧内径 D_1：弹簧的内圈直径。

（3）弹簧外径 D_2：弹簧的外圈直径。

（4）弹簧中径 D：弹簧内径与外径的平均值，即 $D = (D_1 + D_2)/2$。

（5）弹簧的节距 t：除两端的支承圈外，相邻两圈的轴向距离。

（6）支承圈数 n_0：为了使螺旋压缩弹簧工作平稳，受力均匀，弹簧两端应并紧磨平（或锻平），工作时仅起支承作用。弹簧支承圈有1.5圈、2圈、2.5圈三种。

（7）有效圈数 n：除支承圈外，其余保持相等节距的圈数，它是计算弹簧受力的主要依据。

（8）总圈数 n_1：有效圈数与支承圈数之和，即 $n_1 = n + n_0$。

（9）自由高度 H_0：弹簧在不受外力作用时的高度（或长度）。

$$H_0 = nt + d(n_0 - 0.5)$$

（10）弹簧展开长度 L：用于制造弹簧时的钢丝长度。

$$L \approx n_1 \sqrt{(\pi D_2)^2 + t^2}$$

（11）旋向：圆柱螺旋压缩弹簧分为左旋（LH）弹簧和右旋（RH）弹簧两种，其旋向的判别方法与螺纹相同。

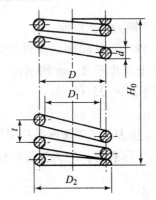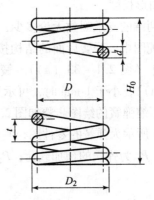

图2.1-32 圆柱螺旋弹簧各部分参数的名称及代号

二、圆柱螺旋压缩弹簧的规定标记

国家标准规定：圆柱螺旋压缩弹簧的名称代号为 Y，弹簧的端圈型式分为 A 型（两端圈并紧磨平）和 B 型（两端圈并紧锻平）两种，弹簧的制造精度分为 2、3 级。由于 3 级精度的右旋弹簧最为常用，因此 3 级精度和右旋代号可省略不标注，左旋弹簧标注代号"LH"。在制造弹簧时，线径≤10 mm 时采用冷卷工艺，一般使用 C 级碳素弹簧钢丝作为弹簧的材料；线径>10 mm 时采用热卷工艺，一般使用 60Si2MnA 为弹簧材料。使用该材料时可不标注，表面处理一般也不标注。

圆柱螺旋压缩弹簧的规定标记如下：

| 名称代号 | 型式代号 | $-d \times D \times H_0-$ | 精度代号 | 旋向代号 | 标准代号 | 材料代号 | $-$ | 表面处理 |

例如，Y B 30×150×300　GB/T 2089—1994：

B 型（两端圈并紧锻平）圆柱螺旋压缩弹簧，簧丝直径 30 mm、中径 150 mm、自由高度 300 mm、制造精度 3 级、右旋、弹簧材料为 60Si2MnA、表面涂漆处理。

例如，Y A 1.2×8×40—2 LH GB/T 2089—1994　B 级：

A 型（两端圈并紧磨平）圆柱螺旋压缩弹簧，簧丝直径 1.2 mm、中径 8 mm、自由高度 40 mm、制造精度 2 级、左旋、弹簧材料为 B 级碳素弹簧钢丝、表面镀锌处理。

任务实施

工作任务

（1）通过实践或查阅资料，认识各种类型的弹簧，了解其使用场合。

（2）通过查阅国家标准手册，熟练掌握圆柱螺旋压缩弹簧的规定画法。

【任务解析】 圆柱螺旋压缩弹簧的规定画法

（1）在平行于弹簧轴线的视图中，以直线代替各圈的螺旋线轮廓。

（2）无论是左旋还是右旋，均可按右旋弹簧绘制，但左旋弹簧必须加注"LH"。

（3）有效圈数大于 4 圈的弹簧，中间各圈可省略不画，用通过中径的点画线连接，且允许适当缩短图形长度。

（4）弹簧两端的支承圈数无论多少，均可按 2.5 圈的形式绘制。

（5）在装配图中，弹簧后面的结构按不可见处理，可见轮廓只画到弹簧钢丝的剖面轮廓或中心线为止（图 2.1 – 33（a））。簧丝直径等于或小于 2 mm 的剖面，可用涂黑表示（图 2.1 – 33（a））；小于 1 mm 时，可示意画出（图 2.1 – 33（b））。

圆柱螺旋压缩弹簧的绘图步骤如图 2.1 – 34 所示。

图 2.1 – 35 所示为弹簧的零件图，其中用图解方法表示出弹簧所受载荷与自由高度之间的关系，其中，P_1 为弹簧的预加载荷；P_2 为弹簧的工作载荷；P_j 为弹簧的允许极限载荷。

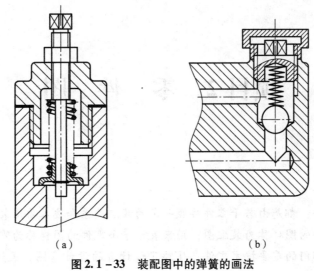

(a)   (b)

图 2.1–33 装配图中的弹簧的画法

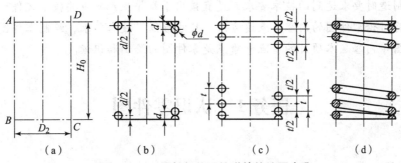

(a)   (b)   (c)   (d)

图 2.1–34 圆柱螺旋压缩弹簧的绘图步骤

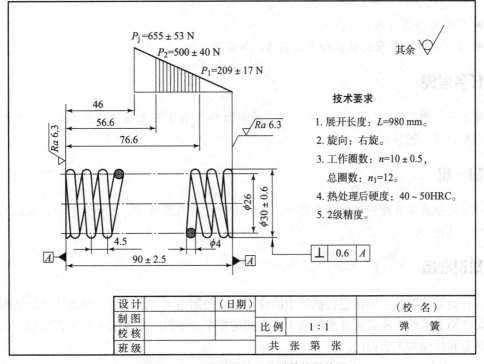

图 2.1–35 圆柱螺旋压缩弹簧的零件图

项目 2　零　件　图

📖 项目描述

任何机器或部件,都是由若干零件按照一定的装配关系和技术要求装配而成的。生产上用来表示机器或部件的图样称为装配图;用来表示单个零件的图样称为零件图。零件图是设计部门提供给生产部门的重要技术文件,反映了设计者的设计意图,表达零件的结构形状、尺寸大小和制造时要求达到的技术要求,是直接用于指导生产的重要技术文件。

本项目将讨论零件图的内容、表达方法、尺寸标注、技术要求,绘制零件图、读零件图及测绘零件图等内容。本项目的重点和难点是零件图的绘制和识读。

任务 1　认识零件图

✏️ 任务目标

- 明确零件图的内容和作用。
- 了解零件上常见的机械加工工艺结构和铸造结构。

✏️ 任务呈现

通过认识图 2.2-1 所示的轴零件图,明确零件图的作用及所包含的内容,并了解零件上常见的制造工艺结构。

✏️ 想一想

一张完整的零件图应该有哪几部分内容?零件上的典型结构,是经过怎样的制造工艺得到的?

✏️ 知识准备

零件的结构形状主要由它在机器中的作用及它的制造工艺所决定。因此零件的结构除了要满足使用要求外,还必须考虑制造工艺方面的要求。零件上常见的一些工艺结构,多数是通过铸造和机械加工获得的。

一、零件图的内容

如图 2.1-1 所示,一张零件图应该包括如下四部分内容:

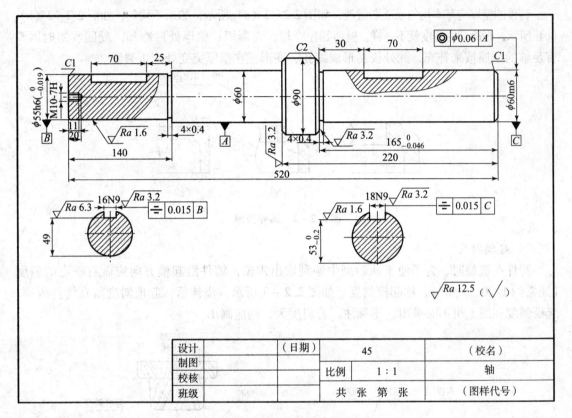

图 2.2-1 轴零件图

1. 一组视图

用视图、剖视图、断面图及其他规定画法,正确、完整、清晰地表达出零件的结构形状。

2. 完整的尺寸

正确、完整、清晰、合理地标出零件制造所需要的全部尺寸,反映零件及其结构的大小。

3. 技术要求

用规定的代号、符号、数字或文字注明零件在制造和检验时应达到的各项技术指标,如表面粗糙度、尺寸公差、形位公差、热处理及其它要求。

4. 标题栏

图纸右下角的标题栏中注写零件的名称、材料、数量、图号、比例以及设计人员的签名等。

二、零件上的工艺结构

零件的结构形状主要由它在机器中的作用及它的制造工艺所决定。因此零件的结构除了要满足使用要求外,还必须考虑制造工艺方面的要求。零件上常见的一些工艺结构,多数是通过铸造和机械加工获得的。

1. 铸造工艺结构

1）铸件壁厚

铸件的壁厚应基本均匀或逐渐过渡，如图2.2-2（a）所示；如果不均匀，如图2.2-2（b）、（c）所示，则冷却的速度就不一样。壁薄处先冷却、先凝固；壁厚处后冷却，凝固收缩时因没有足够的金属液来补充，此处极易形成缩孔、变形或在壁厚突变处产生裂纹。

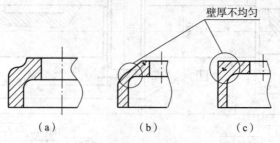

图 2.2-2　铸件壁厚

2）起模斜度

铸件在造型时，为了便于从砂型中顺利取出木模，铸件沿起模方向应做有一定的斜度（通常约1:20，约3°），称起模斜度，如图2.2-3所示。浇铸后，起模斜度留在铸件表面，起模斜度在图上可不必画出，不标注。若斜度大，则应画出。

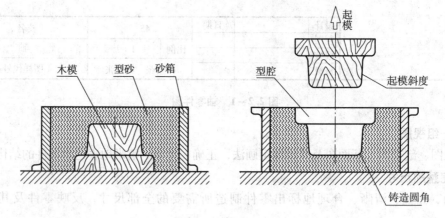

图 2.2-3　起模斜度

3）铸造圆角

起模时为了避免砂型尖角落砂及铸件相邻表面出现裂纹和缩孔，应将转角做成圆角，这种圆角称为铸造圆角，如图2.2-4所示。铸造圆角尺寸通常较小，一般为R2~R5，当圆角半径相同（或多数相同）时，也可将其半径尺寸在技术要求中统一注写，或写出"未注圆角R4等"，不必逐一注出。

图 2.2-4　铸造圆角

4) 过渡线

由于铸件两表面相交处存在铸造圆角，使得交线就变得不够明显，这样的交线称为过渡线。为了读图时便于区分不同的表面，画图时两表面交线仍按原位置画出，注意过渡线用细实线绘制，且交线的两端应留有间隙，表示两表面逐渐过渡。常见的过渡线画法如图 2.2-5 所示。

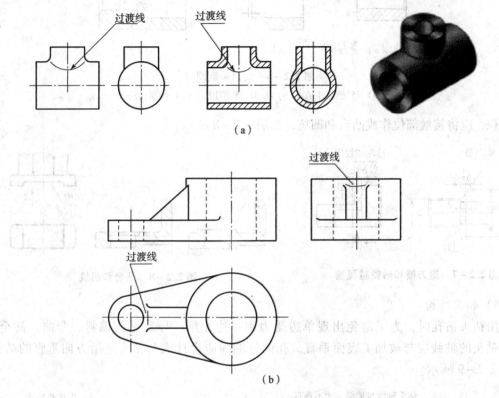

图 2.2-5 过渡线的画法

2. 机械加工工艺结构

1) 倒角和倒圆

为了便于装配和操作安全，常在零件端部或孔口加工出倒角。常见的倒角是 45°倒角（缩写字母 "C"），也有 30°和 60°。为了在同轴不等径的轴与孔的轴肩处、孔肩处，避免应力集中，应以圆角过渡，称为倒圆。如图 2.2-6 所示。倒角和倒圆是标准结构，其结构要素可通过查阅国家标准确定。

2) 退刀槽和砂轮越程槽

在车削螺纹和磨削轴表面时，为了便于退出刀具或砂轮，或使被加工表面完全加工，常在零件的待加工面的末端预先车出退刀槽或砂轮越程槽，如图 2.2-7 所示。其尺寸可按"槽宽×槽深"或"槽宽×直径"的形式注出。退刀槽和砂轮越程槽的结构和尺寸，可根据轴或孔的直径查阅国家标准确定。

3) 凸台和凹坑

零件上与其他零件的接触面，一般均需要加工。为了保证两零件表面接触良好且减少加

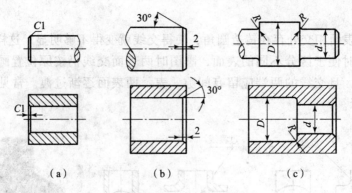

图 2.2-6 倒角和倒圆

(a) 45°倒角注法；(b) 非45°倒角注法；(c) 倒圆注法

工面积，应将接触部位作成凸台和凹坑，如图 2.2-8 所示。

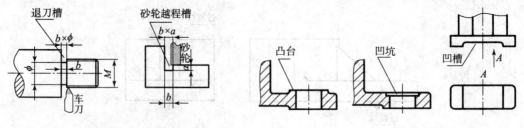

图 2.2-7 退刀槽和砂轮越程槽　　　　图 2.2-8 凸台和凹坑

4) 钻孔结构

用钻头钻孔时，为了避免出现单边受力和单边车削，导致钻头偏斜、弯曲，甚至折断，钻头的轴线应与被加工表面垂直。孔的外端面应设计成与钻头进给方向垂直的结构，如图 2.2-9 所示。

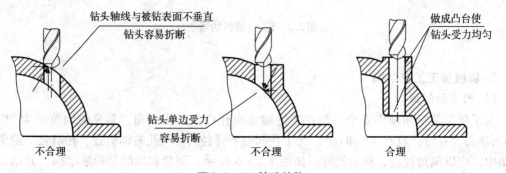

图 2.2-9 钻孔结构

任务实施

工作任务

通过学习和查阅资料，明确零件图的作用和所包含的内容，了解零件上的常见工艺结构，认识零件图。

【任务解析】 零件图的内容及零件上的工艺结构

从图 2.1-1 所示的轴零件图可知，该零件图的内容包：用三个图形表示的一组视图；完整的尺寸；标注的一系列符号表示的技术要求；显示出图名（轴）、材料（45）、比例（1∶1）等信息的标题栏，四部分内容缺一不可。

分析轴零件图，可知轴上的工艺结构都属于机械加工工艺结构，其中包括两处砂轮越程槽，两端有倒角，中间轴肩处有两处倒角结构，左端螺孔的底部有120°锥顶角。

任务 2　零件图的技术要求

任务目标

- 认识和了解表面粗糙度的概念及其评定参数；
- 掌握表面结构在零件图中的标注；
- 理解极限与配合概念；
- 掌握公差在零件图中的标注；
- 理解常见几何公差的特征及符号的意义。

任务呈现

零件图除了有表达零件形状、大小的图形和尺寸外，还必须有制造和检验时应达到的各项技术要求。零件图上的技术要求主要有：表面结构、尺寸公差、几何公差等；零件的材料、热处理和表面修饰说明等。

想一想

(1) 表面粗糙度与表面结构是什么关系？
(2) 怎么正确标注表面结构？
(3) 什么是尺寸公差、标准公差、基本偏差？三者有什么联系？
(4) 配合的种类有哪些？怎么选择配合？
(5) 几何公差的种类有哪些及怎么标注？

知识准备

一、表面结构的表示法

在零件图上，为保证零件装配后的使用要求，除了对零件各部分的尺寸、形状和位置给出公差要求外，还要根据零件的功能需要，对零件的表面质量——表面结构提出要求。

表面结构是指零件表面的几何形貌。它是表面粗糙度、表面纹理、表面缺陷和表面几何形状的总称。

1. 表面粗糙度

1) 表面粗糙度的基本概念

由于刀具与工件表面的摩擦、机床的振动及材料硬度不均匀等因素的影响，零件加工后，表面总是留有加工痕迹，如图 2.2-10 所示。表面上具有的较小间距和峰谷所组成的微观几何形状特征称为表面粗糙度。表面粗糙度是衡量零件表面质量的重要标志之一，它对零件的配合、耐磨性、抗腐蚀性、接触刚度、抗疲劳强度、密封性及外观等都有影响。

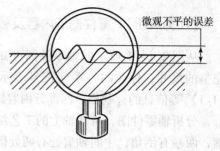

图 2.2-10 表面粗糙度示意图

2）表面粗糙度的常用术语

（1）实际表面：物体与周围介质分离的表面，如图 2.2-11（a）所示。

（2）表面轮廓：平面与实际表面相交所得的轮廓，如图 2.2-11（b）所示。

（3）原始轮廓：通过 λ_s 轮廓滤波器后的总轮廓。

（4）粗糙度轮廓：粗糙度轮廓是对原始轮廓采用 λ_c 轮廓滤波器抑制长波成分后形成的轮廓。粗糙度轮廓计算的参数为 R 参数，是评定粗糙度轮廓参数的基础。

（5）中线：具有几何轮廓形状并划分轮廓的基准线，如图 2.2-11（b）所示。

（6）取样长度：用于判别被评定轮廓的不规则特征的 x 轴向上的长度，如图 2.2-11（b）所示。

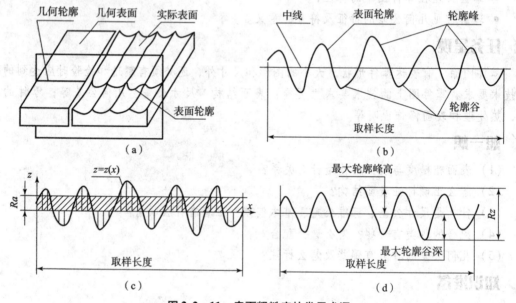

图 2.2-11 表面粗糙度的常用术语

3）表面粗糙度的评定参数

国家标准 GB/T 3505—2009 规定了评定零件表面粗糙度的各种参数及其数值系列等。评定零件表面粗糙度的参数主要有：轮廓的算术平均偏差（Ra）、轮廓的最大高度（Rz），使用时宜优先选用 Ra。

（1）轮廓的算术平均偏差 Ra：Ra 是指在零件表面的一段取样长度 l 内，轮廓上的点到 x 轴（中线）的纵坐标值 $z(x)$ 绝对值的算术平均值，如图 2.2-11（c）所示，其公式为：

$$Ra = \frac{1}{l}\int_0^l |z(x)\,\mathrm{d}x| \approx \frac{1}{n}\sum_{i=1}^n |z_i|$$

(2) 轮廓最大高度 Rz：如图 2.2-11 (d) 所示，Rz 是指在取样长度内，轮廓最大峰高和轮廓最大谷深之间的距离，它在评定某些不允许出现较大的加工痕迹的零件表面时有实用意义。

Ra、Rz 的常用参数值为 $0.4~\mu m$、$0.8~\mu m$、$1.6~\mu m$、$3.2~\mu m$、$6.3~\mu m$、$12.5~\mu m$、$25~\mu m$。数值越小、表面越光滑；数值越大，表面越粗糙。

4) 极限值判断规则

完工零件的表面按检验规范测得轮廓参数值后，需与图样上给定的极限比较，以判定其是否合格。极限值判断规则有两种：

(1) 16% 规则：运用本规则时，当被检表面测得的全部参数值中，超过极限值的个数不多于总个数的 16% 时，该表面是合格的。

(2) 最大规则：运用本规则时，被检的整个表面上测得的参数值一个也不应超过给定的极限值。

16% 规则是所有表面结构要求标注的默认规则。即当参数代号后未注写"max"字样时，均默认为应用 16% 规则（如 $Ra0.8$）。反之，则应用最大规则（如 Ramax 0.8）。

5) 表面粗糙度的选用

零件表面粗糙度参数值的选用，既要满足零件表面的功用要求，又要考虑产品的生产成本。在保证机器性能的前提下，应根据零件的作用，选用恰当的加工方法，尽量降低生产成本。具体选用时，可参照生产中的实例，用类比法确定，同时注意下列问题：

(1) 在满足功用的前提下，尽量选用较大的表面粗糙度参数值，以降低生产成本。

(2) 在同一零件上，工作表面的粗糙度参数值应小于非工作表面的粗糙度参数值。

(3) 配合性质相同时，零件尺寸小的比尺寸大的表面粗糙度参数值要小；同一公差等级，小尺寸比大尺寸、轴比孔的表面粗糙度参数值要小。

(4) 一般地说，尺寸和表面形状要求精确程度高的面，表面粗糙度参数值小。

2. 表面结构的图形符号

表面结构的符号画法如图 2.2-12 所示，符号的各部分尺寸与字体大小有关，并有多种规格。对于 3.5 号字，有 $H_1 = 5$ mm，$H_2 = 10.5$ mm，符号线宽 $d = 0.35$ mm；对于 2.2 号字，有 $H_1 = 3.5$ mm，$H_2 = 7.5$ mm，符号线宽 $d = 0.25$ mm。

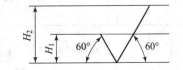

图 2.2-12 表面结构符号的画法

国家标准（GB/T 1031—2009）规定的表面结构符号及其意义见表 2.2-1。

表 2.2-1 国家标准（GB/T 1031—2009）规定的表面结构符号及其意义

序号	符号	含义
1	✓	基本图形符号，未指定工艺方法的表面，当通过一份注释时可单独使用
2	✓	扩展图形符号，用去除材料方法获得的表面；仅当其含义是"被加工表面"时可单独使用
3	✓	扩展图形符号，不去除材料方法获得的表面，也可用于表示保持上道工序形成的表面，不管这种状况是通过去除材料或不去除材料形成的
4	✓ ✓ ✓	完整图形符号，在以上各种符号的长边上加一横线，以便注写对表面结构的各种要求

在完整符号中，对表面结构的单一要求和补充要求应注写在如图 2.2-13（a）所示的指定位置，相关含义如下：

位置 a 和 b——a 处注写第一表面结构要求，b 注写第二表面结构。

位置 c——注写加工方法、表面处理、涂层等工艺要求，如车、磨、铣等。

位置 d——注写要求的表面纹理和纹理方向，如"＝""X""M"。

位置 e——注写加工余量，加工余量以毫米为单位。

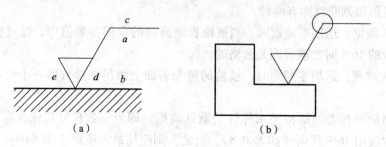

图 2.2-13　补充要求的注写位置

当在图样某个视图上构成封闭轮廓的各表面具有相同的表面结构要求时，应在完整图形符号上加一个圆圈，并应标注在图样中工件的封闭轮廓上，如图 2.2-13（b）所示，构成工件封闭轮廓的六个表面（不含前、后面）具有相同的表面结构要求。表面粗糙度代号及含义的示例见表 2.2-2。

表 2.2-2　表面粗糙度代号及含义的示例

序号	符号	含　义
1	$Ra\ 1.6$	表示去除材料方法获得的表面粗糙度，Ra 的上限值为 $1.6\ \mu m$
2	$Rz\ max\ 3.2$	表示去除材料方法获得的表面粗糙度，Rz 的最大值为 $3.2\ \mu m$
3	$U\ Ra\ max\ 3.2$ $L\ Ra\ 0.8$	表示不允许去除材料，双向极限值，Ra 的上限值为 $3.2\ \mu m$，最大规则；Ra 的下限值为 $0.8\ \mu m$

3. 表面结构在图样中的注法

（1）表面结构要求对每个表面一般只标注一次，并尽可能标注在相应的尺寸及其公差的同一试图上。

（2）表面结构要求的注写和读取方向与尺寸标注一致，如图 2.2-14（a）所示。注意：表面结构注写在水平方向时，符号、代号的尖端向下。注写在竖直线上时，符号、代号的尖端向右。

（3）表面结构要求可标注在轮廓线上，符号的尖角必须从材料外指向标注表面，必要时表面结构要求也可用带箭头或黑点的指引线引出标注，如图 2.2-14（b）所示。

（4）在不引起误解时，表面结构要求可标注在给出的尺寸线上，如图 2.2-14（c）所示。

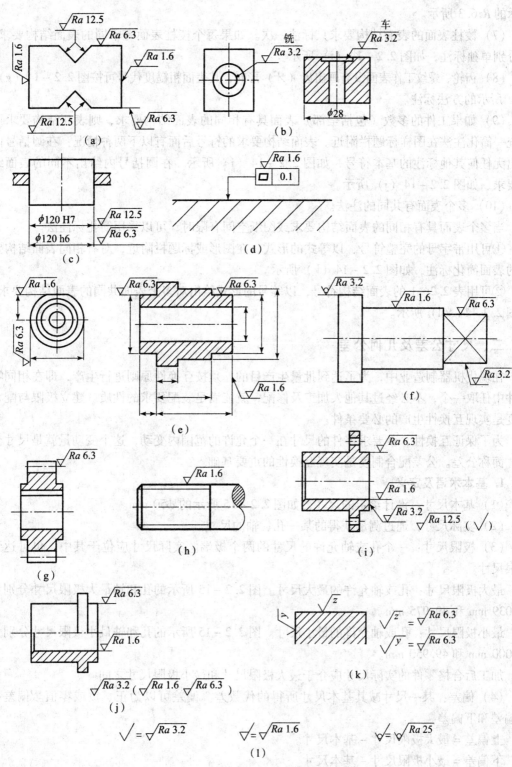

图 2.2-14　表面粗糙度标注示例

（5）表面结构要求标注在几何公差的框格上，如图2.2-14（d）所示。

（6）圆柱表面结构要求只标注一次，可以标注在圆柱特征的延长线上，如图2.2-14（e）所示的 $Rz6.3$ 所示。

（7）棱柱表面的表面结构要求只标注一次。如果每个棱柱表面有不同的表面结构要求，则分别单独标注，如图2.2-14（f）所示。

（8）齿轮、螺纹工作表面没有画出齿（牙）形时，其表面粗糙度代号可按图2.2-14（g）、（h）所示的方法标注。

（9）如果工件的多数（包括全部）表面具有相同的表面结构要求，则表面结构要求可以统一简化注法在图样标题栏附近。表面结构要求的符号后面有以下两种情况：在圆括号内给出无任何其他标注的基本符号，如图2.2-14（i）所示。在圆括号内给出不同的表面结构要求，如图2.2-14（j）所示。

（10）多个表面有共同的注法。

当多个表面具有相同的表面结构要求或图纸空间有限时，可以采用简化标注法。

①可用带字母的完整符号，以等式的形式，在图形或标题栏附近，对有相同表面结构要求的表面简化标注，如图2.2-14（k）所示。

②可用表2.2-1的表面结构符号，以等号的形式给出对多个表面共同的表面结构要求，如图2.2-14（l）所示。

二、尺寸公差及几何公差

在现代机器制造业中，为了达到批量生产目的，须按互换性原则进行生产，即在相同零部件中任取一个，不必经过其他人加工及修配，就能满足装配要求的性质。建立极限与配合制度是实现互换性生产的必要条件。

为了保证互换性，就要求零件的尺寸在一个允许的范围内变动，这个变动量就是尺寸公差，简称公差。公差配合制度是实现互换性的重要基础。

1. 基本术语及定义

（1）基本尺寸：设计给定的尺寸，如图2.2-15所示的 $\phi50$ mm。

（2）实际尺寸：通过测量获得的某一孔、轴的尺寸。

（3）极限尺寸：一个孔或轴允许的尺寸的两个极端。实际尺寸应位于其中，也可达到极限尺寸。

最大极限尺寸：孔或轴允许的最大尺寸。图2.2-15所示的孔和轴最大极限尺寸分别为50.039 mm 和 49.975 mm。

最小极限尺寸：孔或轴允许的最小尺寸。图2.2-15所示的孔和轴最小极限尺寸分别为50.000 mm 和 49.950 mm。

加工后合格零件的实际尺寸应介于最大极限尺寸和最小极限尺寸之间。

（4）偏差：某一尺寸减其基本尺寸所得的代数差。偏差可以为正、负或零值。偏差有上偏差和下偏差。

上偏差 = 最大极限尺寸 - 基本尺寸。

下偏差 = 最小极限尺寸 - 基本尺寸。

上、下偏差统称极限偏差。孔的上、下偏差代号用大写字母 ES、EI 表示；轴的上、下偏差代号用小写字母 es、ei 表示。

实际尺寸减其基本尺寸所得的代数差称为实际偏差。

如图中孔、轴的极限偏差可分别计算如下：

孔　上偏差（ES）= 50.039 - 50 = +0.039，下偏差（EI）= 50.000 - 50.000 = 0。

轴　上偏差（es）= 49.975 - 50 = -0.025，下偏差（ei）= 49.950 - 50 = -0.050。

（5）尺寸公差（简称公差）：尺寸允许的变动量。

公差 = 最大极限尺寸 - 最小极限尺寸 = 上偏差 - 下偏差。公差恒为正值。

图 2.2-16（a）所示的孔、轴的公差可分别计算如下：

孔　公差 = 50.039 - 50.000 = 0.039，或公差 =（+0.039）- 0 = 0.039。

轴　公差 = 49.975 - 49.950 = 0.025，或公差 =（-0.025）-（-0.050）= 0.025。

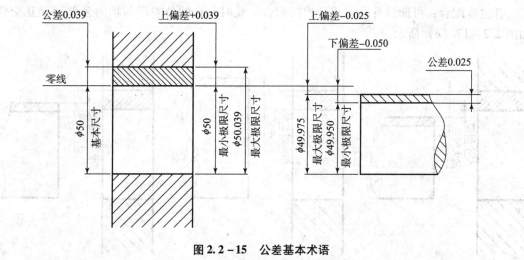

图 2.2-15　公差基本术语

（6）零线：在极限与配合图解中，表示基本尺寸的一条直线，以其为基准确定偏差和公差的位置。通常，零线沿水平方向绘制，正偏差位于其上，负偏差位于其下，如图 2.2-16（b）所示。

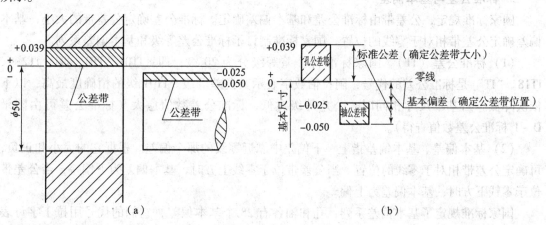

图 2.2-16　公差带图

（7）公差带。在公差带图解中，公差带是由代表上偏差和下偏差或最大极限尺寸和最小极限尺寸的两条直线所限定的一个区域，如图 2.2-16（a）所示。它是由公差大小和其相对零线的位置（基本偏差）来确定。公差带既确定了公差的大小，又确定了与零线的相对位置，前者由标准公差确定，后者由基本偏差确定，如图 2.2-16（b）所示。

（8）配合。基本尺寸相同的、相互结合的孔和轴公差带之间的关系，称为配合。由于孔和轴的实际尺寸不同，装配后可能产生"间隙"或"过盈"。孔的尺寸减去相配合轴的尺寸所得的代数差，此差值为正时是间隙（即孔大于轴），为负时是过盈（即轴大于孔）。

根据相配合的孔、轴公差带关系，可将配合分为三类：

①间隙配合：具有间隙（包括最小间隙等于零）的配合。此时，孔的公差带在轴的公差带之上，如图 2.2-17（a）所示。

②过盈配合：具有过盈（包括最小过盈等于零）的配合。此时，孔的公差带在轴的公差带之下，如图 2.2-17（b）所示。

③过渡配合：可能具有间隙或过盈的配合。此时，孔的公差带与轴的公差带相互交叠，如图 2.2-17（c）所示。

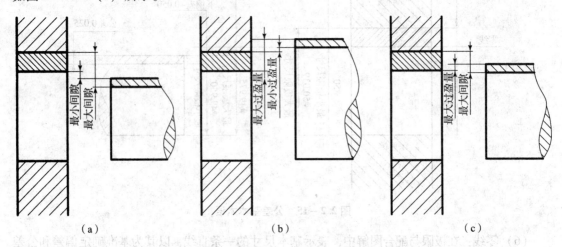

图 2.2-17　间隙配合、过盈配合和过渡配合

2. 标准公差与基本偏差

国家标准规定，公差带由标准公差和基本偏差确定。标准公差确定公差带的大小，基本偏差确定公差带相对于零线的位置。国家标准制订了标准公差等级和基本偏差系列。

（1）标准公差（IT）。国家标准将公差等级分为 20 级，即：IT01、IT0、IT1、IT2…、IT18。"IT"是标准公差的代号，阿拉伯数字表示其公差等级。IT01 级的精确度最高，以下依次降低。当基本尺寸相同时，公差等级愈低，标准公差数值愈大（标准公差可由附录 D-1 标准公差数值查得）。

（2）基本偏差。基本偏差指上、下偏差中靠近零线的那个偏差。根据它的大小和正负，可确定公差带相对于零线的位置。当公差带位于零线上方时，基本偏差为下偏差；当公差带位于零钱下方时，基本偏差为上偏差。

国家标准规定了基本偏差系列，孔和轴各有 28 个基本偏差，它们的代号用拉丁字母表示，大写为孔，小写为轴，如图 2.2-18 所示。基本偏差系列示意图只表示公差带的各种位置，不表示公差带的大小。因此，图中公差带的一端是开口的，即只画出靠近零线的那个偏差。

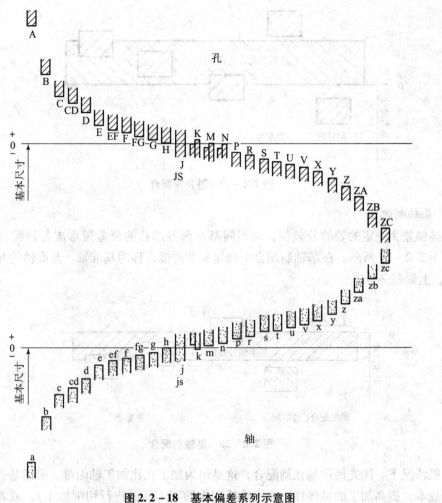

图 2.2 – 18　基本偏差系列示意图

根据图 2.2 – 18 可得出孔和轴基本偏差位置分布规律：

①对于孔，A～H 的基本偏差为下偏差（EI），J～ZC 的基本偏差为上偏差（ES）；对于轴，a～h 的基本偏差为上偏差（es），j～zc 的基本偏差为下偏差（ei）。

②孔与轴各个相应的基本偏差对称地分布于零线。

③孔 JS 和轴 js 的公差带一般对称地分布于零线两边，故其基本偏差为上偏差（+IT/2）或下偏差（-IT/2）都可以。

④孔 H 的基本偏差为下偏差，轴 h 的基本偏差为上偏差，且它们的基本偏差都为零。

3. 配合制度

按照配合的定义，把基本尺寸相同的孔、轴组合起来，就可形成各种不同的配合，但为了便于设计制造，实现配合标准化，国家标准规定有基孔制和基轴制两种配合制度。

1）基孔制配合

基本偏差为一定的孔的公差带，与不同基本偏差的轴的公差带形成各种配合的一种制度，如图 2.2 – 19 所示。在基孔制配合中选作基准的孔，称为基准孔。基准孔的基本偏差代号为 H，下偏差 EI = 0。

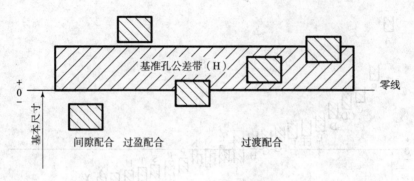

图 2.2-19 基孔制配合

2) 基轴制配合

基准偏差为一定的轴的公差带,与不同基本偏差的孔的公差带形成各种配合的一种制度,如图 2.2-20 所示。在基轴制配合中选作基准的轴,称为基准轴。基准轴的基本偏差代号为 h,上偏差 $es=0$。

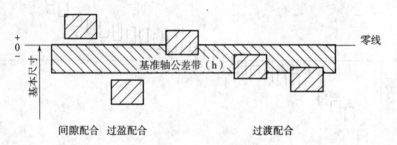

图 2.2-20 基轴制配合

一般情况下,优先使用基孔制配合,这是因为加工孔比加工轴困难。采用基孔制可以降低生产成本,提高加工的经济性。当用冷拔钢作轴(不需要进行切削加工),或者是在同一基本尺寸的轴上要求不同配合时,或与标准件如滚动轴承外圈配合等情况下,才采用基轴制配合。

4. 极限与配合在图样上的标注

1) 在零件图中的标注

(1) 在孔或轴的基本尺寸后面,如图 2.2-21 (b) 所示。注出公差带代号。公差带代号用基本偏差的字母和公差等级数字表示(它们的字高相同)。

(2) 在孔或轴的基本尺寸后面,标注上、下偏差的数值,如图 2.2-21 (c) 所示。上偏差应注在基本尺寸的右上方;下偏差应与基本尺寸注在同一条底线上。偏差数字比基本尺寸数字小一号。上、下偏差数值前必须标出正、负号。必须注意,偏差数值表中所列的单位为微米,标注时应换算成毫米;上、下偏差的小数点必须对齐,小数点后的位数也必须相同。但当上偏差或下偏差为"零"时,可用数字"0"标出,并与另一偏差的个位数字对齐。

(3) 在基本尺寸后面,同时注出公差带代号和上、下偏差,这时上、下偏差数值必须加上括号,如图 2.2-21 (d) 所示。

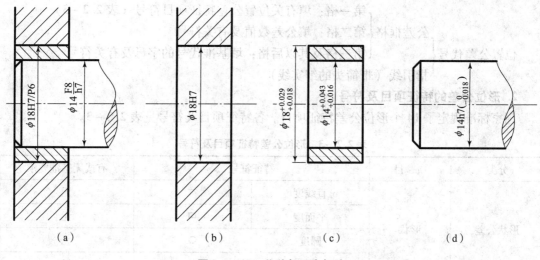

图 2.2-21 公差与配合标注

2) 在装配图中的标注

在装配图上标注线性尺寸的配合时,必须在基本尺寸的右边,用分数形式注出,分子为孔的公差带代号,分母为轴的公差带代号如图 2.2-21(a) 所示。配合代号的含义 $\phi18H7/p6$——基本尺寸为 $\phi18$,7 级基准孔与 6 级 p 轴的过盈配合。

三、形状和位置公差

在生产中,不仅零件的尺寸不可能做得绝对准确,而且零件的形状和位置也会产生误差。形状误差是指加工后实际表面形状对理想表面形状的误差。如图 2.2-22 所示的一理想形状的销轴,而加工后的实际形状则是轴线变弯了,因而产生了直线度误差。位置误差是指零件的各表面之间、轴线之间或表面与轴线之间的实际相对位置对理想相对位置的误差。图 2.2-23 所示为一要求严格的平板,加工后的实际位置却是上表面倾斜了,因而产生了平行度误差。

为了提高产品精度,使其具有良好的性能,除了对零件提出恰当的表面粗糙度和尺寸公差外,还需对零件要素的形状和位置误差的最大允许值作出规定,即形状和位置公差,简称形位公差。

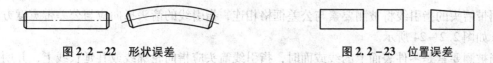

图 2.2-22 形状误差　　　　　图 2.2-23 位置误差

1. 形位公差的代号及含义

在图样中,形位公差采用代号标注(图 2.2-24)。具体内容组成如下:
(1) 形状公差代号。

形状公差代号 $\begin{cases} 公差框格 \begin{cases} 第一格:填有关公差特征项目符号(表 2.2-3)\\ 第二格:填公差数值及有关符号 \end{cases} \\ 指引线(带箭头的细实线) \end{cases}$

(2) 位置公差代号。

位置公差代号 { 公差框格 { 第一格：填有关位置公差特征项目符号（表2.2-3）
第二格：填公差数值及有关符号
第三格及其以后格：填基准代号的字母及有关符号
指引线（带箭头的细实线）

2. 形位公差的特征项目及符号

国家标准规定了14个形位公差特征项目。各特征项目及符号见表2.2-3。

表2.2-3 形位公差特征项目及符号

分类	项目		特征符号	有或无基准要求
形状公差	形状	直线度	—	无
		平面度	▱	无
		圆度	○	无
		圆柱度	⌭	无
形状或位置	轮廓	线轮廓度	⌒	有或无
		面轮廓度	⌒	有或无
位置公差	定向	平行度	∥	有
		垂直度	⊥	有
		倾斜度	∠	有
	定位	位置度	⌖	有或无
		同轴度（同心度）	◎	有
		对称度	≡	有
	跳动	圆跳动	↗	有
		全跳动	↗↗	有

3. 形位公差的标注

形位公差代号框格中的字高与图中尺寸数字相同，框格高为字高的两倍，框格中第一格长度与高相等，其他格的长度视需要而定，框格线宽与字符的笔画宽相同。

1）形状公差的标注

用带箭头的指引线将被测要素与公差框格相连，指引线的箭头指向应与公差带宽度方向一致，如图2.2-24所示。

当被测要素是零件表面上的线或面时，指引线箭头应指向轮廓线或其延长线上，并明显地与该要素的尺寸线错开，如图2.2-24（a）所示。

当被测要素是零件的轴线、中心平面时，指引线箭头应指向轮廓线或其延长线上，并明显地与该要素的尺寸线对齐，如图2.2-24（b）、（c）、（d）所示。

2）位置公差的标注

（1）被测要素的标注。与形状公差被测要素的标注完全相同。用带箭头的指引线将被测要素与公差框格相连，指引线箭头的指向与公差带宽度方向一致。

（2）基准要素的标注。位置公差还必须表示出基准要素，通常在框格的第三格标出基

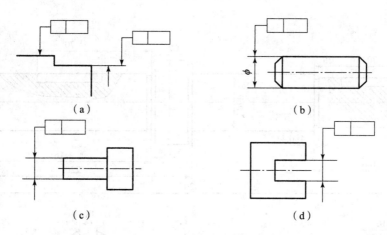

图 2.2-24 形位公差的标注

准要素,其代号的字母要用大写字母,并在基准要素处画出基准代号与之对应。基准代号由三角形、方框、连线和字母组成。当基准要素是轴线或中心面时,基准要素与该要素的尺寸线对齐,如图 2.2-25(a)所示;当基准要素是轮廓线或表面时,基准符号应画在轮廓线外侧或其延长线上,如图 2.2-25(b)所示,并与尺寸线明显错开。

代表基准符号的三角形可以用连线与几何公差的另一端相连,如图 2.2-25(c)所示。

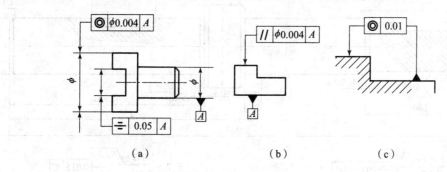

图 2.2-25 基准符号

任务实施

工作任务

标注零件轴的技术要求,如图 2.2-26 所示。

【任务解析】 标注轴零件的技术要求

以图 2.2-27 为例,介绍标注轴零件的技术要求。

1. 标注表面结构要求

(1)尺寸 $\phi55$ 圆柱表面的表面结构要求为去除材料方法得到的表面粗糙度为 $Ra1.6\ \mu m$,用箭头指引线引出标注。

(2)两处键槽的工作侧面的表面结构要求为用去除材料方法得到表面粗糙度为 $Ra3.2\ \mu m$,

标注在尺寸线上。

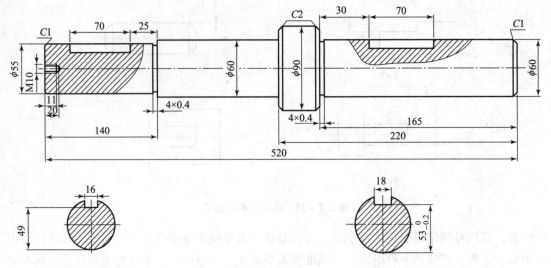

图 2.2-26 轴

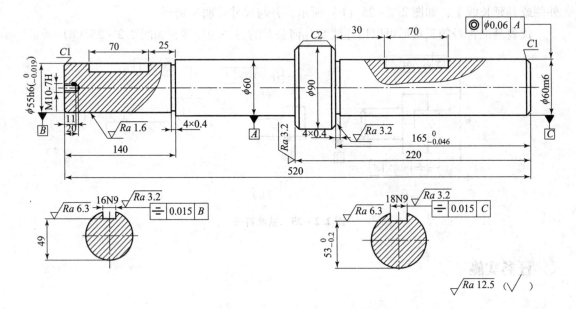

图 2.2-27 标注轴的表面结构要求、尺寸公差与几何公差

(3) 槽底的表面结构要求为用去除材料方法得到表面粗糙度为 $Ra6.3~\mu m$，标注在延长线上。

(4) 尺寸 $\phi 90$ 圆柱轴肩端面的表面结构要求为去除材料方法得到的表面粗糙度为 $Ra3.2~\mu m$，用箭头指引线引出标注。

(5) 其余工作表面结构要求为用去除材料方法的表面结构要求为 $Ra12.5~\mu m$，标注在标题栏上方。

2. 标注尺寸公差

(1) 尺寸 $\phi 55$ 的基本偏差代号为 h，公差等级为 6 级，查标准表确定其上、下极限偏差值分别为 0 和 -0.019。

(2) 右端尺寸 φ60 的基本偏差代号为 m，公差等级为 6 级。

(3) 尺寸 165 的上极限偏差值为 0、下极限偏差值为 -0.046。

(4) 螺孔 M10 的中经、顶径公差代号相同，其基本偏差代号为 H，公差等级为 7 级。

(5) 键槽宽度尺寸 16，基本偏差代号为 N，公差等级为 9 级。

(6) 键槽宽度尺寸 18，基本偏差代号为 N，公差等级为 9 级。

3. 标注几何公差

(1) 右端 φ60 圆柱轴线相对于轴中部 φ60 圆柱轴线的同轴度要求为 φ0.06。

(2) 左端键槽工作侧面相对于左端 φ55 圆柱轴线的对称度要求为 0.015。

(3) 右端键槽工作侧面相对于右端 φ60 圆柱轴线的对称度要求为 0.015。

任务 3 绘制轴承座的零件图

任务目标

- 视图选择与配置恰当。
- 尺寸标注要完整、清晰、符合标准。
- 能够正确绘制中等难度的零件图。

任务呈现

如图 2.2-28 所示，根据给定的轴承座模型及相关要求，绘制轴承座的零件图。

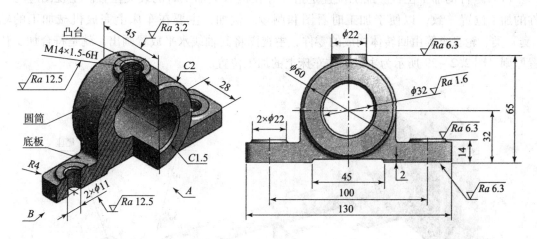

图 2.2-28 轴承座

(1) 尺寸 φ32 的基本偏差为 H，公差等级为 7 级，注出其公差代号及上、下极限偏差值。

(2) 尺寸 φ32 的轴线相对轴承座 φ60 圆柱端面的垂直度公差为 φ0.05。

(3) 未注铸造圆角为 R2~3；未注倒角 C1；去锐边、毛刺。

(4) 其余表面的表面结构要求为不去除材料的方法获得。

想一想

该零件由哪几部分结构组成？主视图的投射方向应如何选择？采用几个视图能够表达清楚该零件的内外结构？

知识准备

一、零件图表达方案的选择

由于不同零件有着不同的结构形状，所以需对零件进行结构形状分析，针对零件的结构形状、加工方法，以及它在机器中所处位置等因素综合分析来选择主视图及其他视图，以确定最佳的表达方案。零件图视图的选择原则是：根据零件的工作位置或加工位置，选择最能反映零件形体特征的视图作为主视图，然后选取其他视图。总之，在完整、清晰地表达零件内外结构，并且便于绘图、读图和尺寸标注的前提下，应尽量减少图形数量。

1. 主视图的选择

主视图是一组图形的核心，主视图选择是否恰当，将直接影响到其他视图的选择和是否便于读图，甚至影响到画图时图幅的合理利用。所以，主视图的选择至关重要。

主视图的选择应从零件的安放位置和投射方向两个方面考虑。

1) 零件的安放位置

零件的安放位置一般有两种。

(1) 零件的加工位置。加工位置是指零件在机床上加工时的装夹位置。主视图应与零件的加工位置一致，以便于加工时看图和测量。例如，主要在车床上完成机械加工的轴（套）类、轮盘类等由回转体构成的零件，主视图将其轴线水平放置画出，就是符合加工位置原则，图 2.2-29 所示为主动轴在车床上的加工位置。

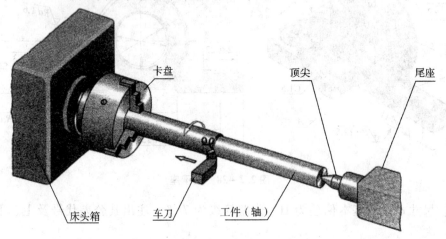

图 2.2-29　轴类零件的加工位置

(2) 零件的工作位置。工作位置是指零件在机器或部件中工作时的位置。主视图应尽量符合零件的工作位置。主视图与工作位置一致，便于想象出零件的工作情况，了解零件在机器或部件中的位置和作用。如图2.2-30所示的吊钩和脱钩，其主视图就是根据它们的工作位置并尽量多地反映其形状特征而选定，符合工作位置原则。

对于箱（壳）体类、叉架（座）类零件，由于它们的加工工艺较复杂，加工位置各不相同，因此按零件在机器或部件中的工作位置来选择主视图。

2) 主视图的投射方向

零件的主视图应尽量多地反映结构的形状特征，即选择最能反映零件主要的结构形状和各部分之间的相对位置的方向作为主视图的投射方向。

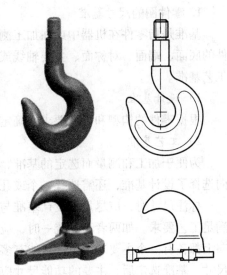

图2.2-30　零件的工作位置

总之，零件主视图的选择应符合该零件在机器或部件中的工作位置或在机床上的主要加工位置，并反映零件的形状特征，还要考虑绘图方便，合理布局图纸等因素。

2. 其他视图的选择

为了将零件各部分的结构形状和相对位置表达清楚，除主视图外，往往还需要选择一定数量的其他视图，包括视图、剖视图、断面图、局部放大图和简化画法等各种表达方法。确定其他视图时应注意以下几个方面：

（1）尽量减少视图的数量，其他视图的选择应优先考虑基本视图，并在基本视图上作剖视、断面等表达方法以表达内部结构。

（2）每个视图都有明确的表达重点。各视图互相配合、互相补充，表达的主要内容不重复。

（3）根据零件的内部结构选择恰当的剖视图和断面图，对未表达清楚的局部形状和细小结构选用合理的局部视图、局部放大视图。且尽可能按投影关系配置在相关视图附近。

总之，选择表达方案的能力，应通过看图、画图的实践，并在积累生产实践经验的基础上逐步提高。初学者选择视图时，应首先致力于表达得完整，在便于绘图、读图和尺寸标注的前提下，图形数目应尽可能少。

二、零件图的尺寸标注

零件图中的尺寸标注，要求除了正确、完整、清晰外，还必须合理，符合生产实际。

零件图标注的合理性是指：标注的尺寸既要满足设计要求，以保证机器的工作性能；又要满足工艺要求，以便于加工制造、测量和检测。

为了做到合理，在标注尺寸时，必须对零件进行结构分析和工艺分析，了解零件的作用，在机器中的装配位置及采用的加工方法等，从而选择恰当的尺寸基准，结合具体情况合理地标注尺寸。

1. 零件图的尺寸基准

基准是指零件在机器中或在加工测量时,用以确定其位置的一些面、线或点。例如,零件的底面、端面、对称面、主要轴线或中心线等。由于用途不同,基准可以分为设计基准和工艺基准。

1) 设计基准

根据零件的构型和设计要求而确定的基准,称为设计基准。

2) 工艺基准

为便于加工和测量而选定的基准,称为工艺基准。根据加工、测量要求,有时在一个方向选择了设计基准,还需选择一个或几个工艺基准。

标注尺寸时,应尽量把设计基准与工艺基准统一起来。这样,既能满足设计要求,又能满足工艺要求。如两者不能统一时,应以保证设计要求为主。一般零件在长、宽、高三个方向上都各有一个主要基准,还可能有多个辅助基准,辅助基准与主要基准之间必须注出联系尺寸。基准选定后,主要的功能尺寸应从主要基准出发直接标注。如图 2.2-31 所示。

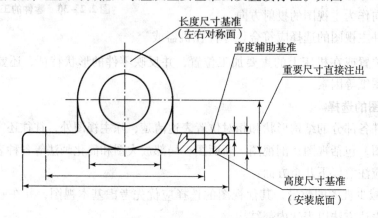

图 2.2-31 零件的尺寸基准

2. 标注尺寸的基本原则

1) 功能尺寸必须直接注出

功能尺寸是指零件上有配合要求、影响零件精度、保证机器(或部件)性能的尺寸。这种尺寸一般有较高的加工要求,直接标注出来,便于在加工时得到保证。如图 2.2-32(a)中两零件的配合尺寸 $40\frac{H8}{f7}$,表明了零件凸块与凹槽之间的配合要求。图 2.2-32(b) 零件图中的尺寸 11、12 也属于功能尺寸,用来保证满足两零件的配合要求。

2) 尺寸标注应符合工艺要求

(1) 按加工方法和顺序标注尺寸。

为使不同工种的工人看图方便,应将零件上加工面与非加工面的尺寸,尽量分别注在图形的两边,如图 2.2-33(a)所示;对同一工种加工的尺寸,要尽量集中标注,便于加工时查找,如图 2.2-33(b)所示。

(2) 按测量要求标注尺寸。

对所注尺寸,要考虑零件在加工过程中测量的方便。如图 2.2-34、图 2.2-35 所示。

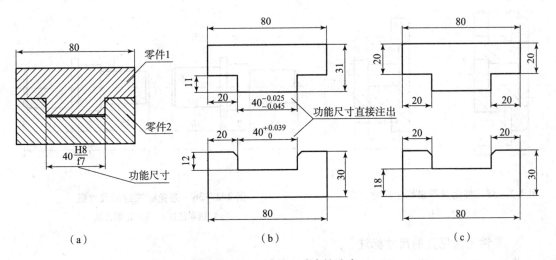

图 2.2-32　功能尺寸直接注出
(a) 两零件配合；(b) 正确注法；(c) 错误注法

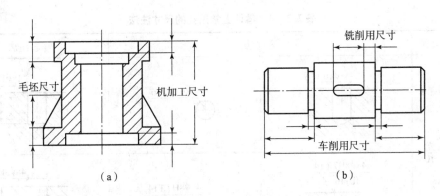

图 2.2-33　考虑加工方法标注尺寸

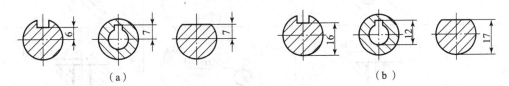

图 2.2-34　按测量要求标注尺寸（一）
(a) 不便于测量；(b) 便于测量

3) 避免标注封闭尺寸链

图 2.2-36 所示的轴，将其总长和各轴段的长度尺寸都进行了标注，这样就形成一环接一环且首尾相接的尺寸标注形式，称为封闭尺寸链。尺寸注成尺寸链形式，很难同时保证各段尺寸的精度。如保证了各轴段尺寸，则总长尺寸可能得不到保证，因为加工时，各轴段尺寸的误差积累起来，都集中反映到总长尺寸上。为此，零件图上的尺寸，不允许注成封闭尺寸链形式，而是将其中最不重要的一段尺寸空出不注。如图 2.2-36 (b) 所示，将最不重要的轴段尺寸空出不标（称开口环）。这样，其他轴段的加工误差都积累到这个不要求检查的尺寸上，而总长和主要轴段的长度尺寸可得到保证。

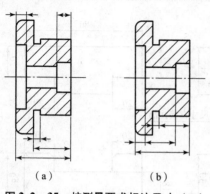

图 2.2-35 按测量要求标注尺寸（二）
(a) 好；(b) 不好

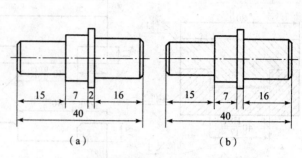

图 2.2-36 避免标注封闭尺寸链
(a) 错误注法；(b) 正确注法

3. 零件上常见孔的尺寸标注

光孔、锪孔、沉孔和螺孔是零件上常见的结构，它们的尺寸标注分为普通注法和旁注法，见表2.2-4。

表 2.2-4 零件上常见孔的尺寸注法

序号	类型	旁注法		普通注法
1	光孔	4×φ10↧16	4×φ10↧16	4×φ10
2	光孔	4×φ8H7↧14 孔↧16	4×φ8H7↧14	4×φ8H7
3	螺孔	3×M10-7H	3×M10-7H	3×M10-7H
4	螺孔	3×M10-7H↧14	3×M10-7H↧14	3×M10-7H
5	螺孔	3×M10-7H↧12 孔↧16	3×M10-7H↧12 孔↧16	3×M10-7H

续表

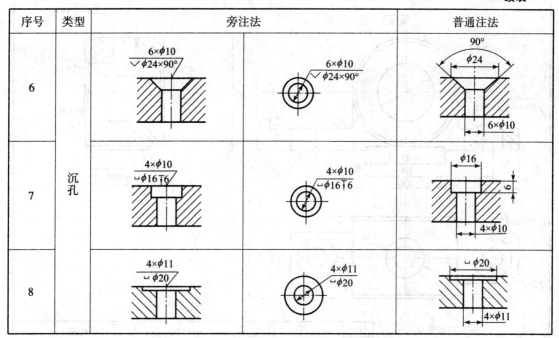

任务实施

工作任务

通过学习零件图的视图选择及尺寸标注方法,在了解常见零件的结构特征的基础上,绘制零件图,并对其进行合理的尺寸标注。

【任务解析】 绘制轴承座的零件图

1. 选择主视图的投射方向,绘制视图

如图 2.2-28 所示的轴承座,应当按工作位置进行安放,主视图的投射方向有从 A、B 两个方向选择,经比较,A 向更能反映轴承座的形状特征,且圆筒和底板连接情况明显,确定 A 向作为主视图的投射方向,并且主视图采用局部剖来表达底板上的圆柱孔结构。

主视图确定后,还需绘制其他视图表达清楚零件的内外结构。增加半剖的左视图来表达圆筒和螺纹孔的结构形状及内部的相贯线;增加俯视图来表达底板和凸台的形状特征,并可以确定安装孔的位置,表达方案如图 2.2-37 所示。

2. 标注尺寸

首先确定尺寸基准,轴承座的左右对称面作为长度方向的尺寸基准,底板的底面作为高度方向的尺寸基准,轴承座的前后对称面作为宽度方向的尺寸基准。按照形体分析法,依次标注圆筒的定形尺寸 $\phi 60$、45,底板的定形尺寸 130、28,定位尺寸 32、100,再查表确定 $\phi 32H7$ 的上下偏差,标注 $\phi 32H7\left(^{+0.025}_{\ 0}\right)$,根据结构分析补全各细部结构的定形、定位尺寸,最后标注总体尺寸 130、65、45。

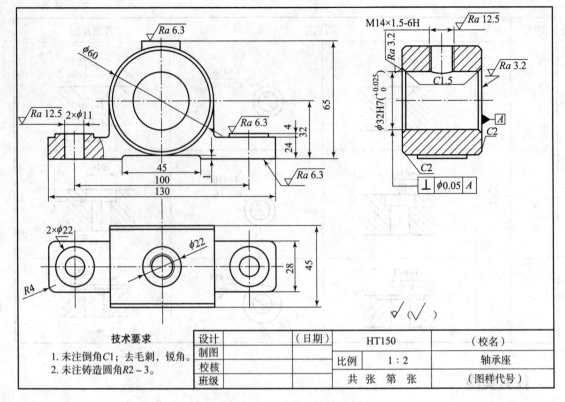

图 2.2-37 轴承座零件图

3. 标注技术要求

根据要求,轴承座的表面结构要求标注结果如图 2.2-37 所示。

未注铸造圆角 $R2 \sim 3$、未注倒角 $C1$ 等在技术要求中书写。

尺寸 $\phi32$ 的轴线相对轴承座 $\phi60$ 圆柱端面的垂直度公差框格指引线应与 $\phi32$ 的尺寸线对齐,基准三角形放置在 $\phi60$ 圆柱的前端面轮廓线上。

4. 填写标题栏

在标题栏中相应位置填写图名"轴承座",比例"1∶2",材料"HT150",制图人等信息,完成轴承座零件图的绘制,如图 2.2-37 所示。

任务 4　测绘零件图

任务目标

- 明确零件图的测绘方法和步骤。
- 了解零件常见测量工具的使用方法。

📝 任务呈现

根据给定的滑动轴承的轴承座模型,如图 2.2-38 所示,完成轴承座零件的测绘。

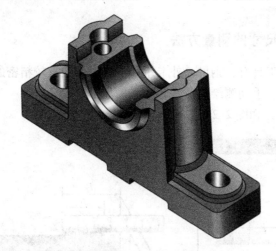

图 2.2-38 轴承座立体图

📝 想一想

零件图测绘的步骤有哪些?零件上的典型结构尺寸,应使用何种测量工具测量?

📝 知识准备

一、零件的测绘步骤

1. 徒手绘制零件草图

1)零件草图的绘制要求

(1)内容完整。零件草图必须要有零件图的全部内容:一组视图、完整的尺寸、技术要求和标题栏。

(2)比例适当。由于零件草图是徒手画的,一般采用铅笔,不借助其他绘图工具,零件的形状大小是通过目测大致比例画出来的,目测的线段长短不要求精确,但线段之间的大致比例要适当,必要时,零件草图可画在方格纸上。

(3)绘图方法。将所有视图画好,在需要标注尺寸的地方,画好尺寸界限、尺寸线和剪头,然后,根据草图中需要标出的尺寸部位,集中测量,依次标出尺寸数字,最后填写技术要求。切记,不要边画图边测量。

2)画零件草图的准备工作

(1)了解零件用途,确定零件材料。

(2)对零件进行结构分析。分析零件上各处结构的功用特性,对于零件制造过程中产生的缺陷(如铸造时产生的缩孔、裂纹,以及该对称的不对称等)和使用过程中造成的磨损、变形等,画草图时应予以纠正。

(3) 零件上的工艺结构，如倒角、圆角、退刀槽等，虽小也应完整表达，不可忽略。

(4) 拟定零件的表达方案。通过以上分析，根据零件的结构特征、工作位置或加工位置确定主视图，再补充选择其他视图、剖视图、断面图等，完整清晰地表达零件各部分内外结构。

二、零件上各种尺寸的测量方法

测量尺寸用的简单工具有：钢尺、外卡钳和内卡钳；测量较精密的零件时，要用游标卡尺、千分尺、螺纹规等，手动测绘的测量方法举例如下：

(1) 测量线性尺寸，如图 2.2-39 所示。

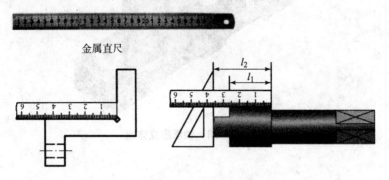

图 2.2-39 线性尺寸的测量工具及测量方法

(2) 测量壁厚，如图 2.2-40 所示。

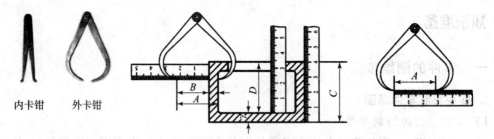

图 2.2-40 壁厚的测量工具及测量方法

(3) 测量内、外直径，如图 2.2-41、图 2.2-42 所示。

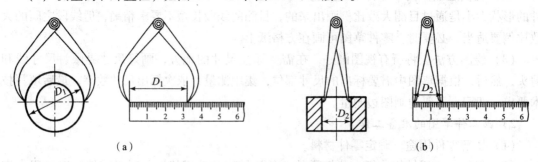

(a)　　　　　　　　　　　　　　　(b)

图 2.2-41 内外卡钳测量内、外径

(a) 用外卡钳配合金属直尺测量外径；(b) 用内卡钳配合金属直尺测量内径

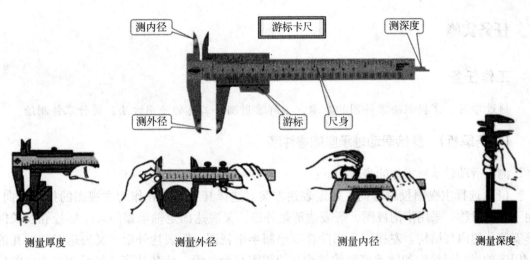

图 2.2-42　游标卡尺的测量方法

（4）测量中心距，如图 2.2-43 所示。

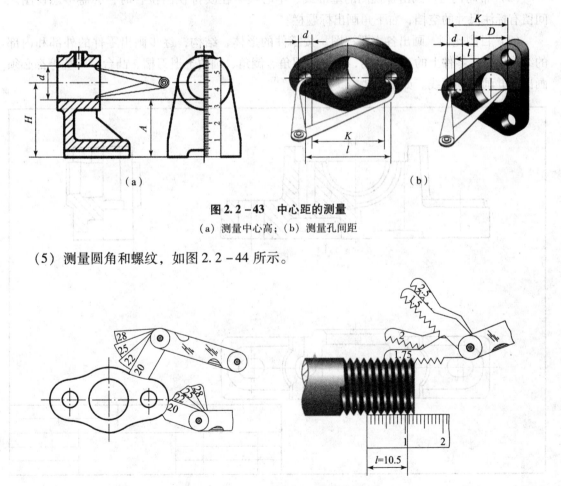

图 2.2-43　中心距的测量

(a) 测量中心高；(b) 测量孔间距

（5）测量圆角和螺纹，如图 2.2-44 所示。

图 2.2-44　圆角和螺纹的测量

任务实施

工作任务

通过学习，掌握测绘零件图的步骤，了解常用测绘工具的使用方法，进行零件测绘。

【**任务解析**】 测绘滑动轴承座的零件图

测绘滑动轴承座零件的步骤如下：

（1）选择主视图投射方向，确定表达方案。选择其工作位置作为主视图的投射方向，由于左右对称，采用半剖视图，既表达清楚外形，又表达固定轴承盖的 $\phi11$ 螺栓孔及长圆形安装孔的内部结构。左视图采用阶梯剖绘制半剖视图，既表达外形，又表达安装轴瓦的 $\phi40H8$ 的半圆形结构和轴承底面的结构。俯视图只画外形，清楚地表达轴承座左右、前后的对称结构。

（2）布局视图。画出各视图的基准线、中心线。在安排视图位置时，必需考虑视图之间留有标注尺寸的空档，右下角画出标题栏。

（3）目测比例，画出各主要视图。按零件的形体、结构，逐步画出零件的外部和内部的结构形状。零件上的工艺结构，如铸造圆角、倒角、圆角、退刀槽、凸台、凹坑等都必须画出，并画出剖面线。如图 2.2-45 所示。

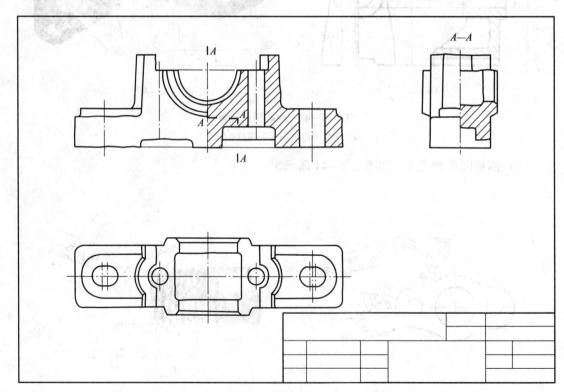

图 2.2-45 绘制草图（一）

(4）选择基准画出所有尺寸的尺寸界线、尺寸线及箭头，并画出表面粗糙度符号。对全图仔细校核后，描深。

（5）测量尺寸，并将尺寸数字逐一填入图中。应将零件上全部尺寸集中一起测量，以提高效率，且避免遗漏尺寸。标注表面粗糙度和注写其他技术要求，应根据零件的作用和装配关系来确定。

（6）全面检查草图，填写标题栏。完成后的零件草图如图 2.2-46 所示。

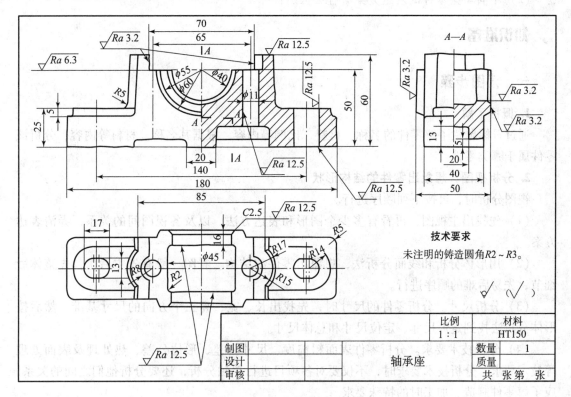

图 2.2-46　绘制草图（二）

任务5　识读典型零件图

任务目标

- 看视图，想象零件的结构形状。
- 分析尺寸和技术要求。

任务呈现

在设计和制造零件时，常需要看零件图，看零件图就是要求根据视图想象出该零件的结构形状，弄清全部尺寸及各项技术要求。

零件的形状虽然多种多样，但根据它们在机器（或部件）中的作用和形状特征，通过归纳，大体上可将其分为四类：轴套类零件、轮盘类零件、叉架类零件和箱体类零件。

想一想

（1）读图有几个步骤？
（2）不同类型零件的表达方案有什么区别？

知识准备

一、读图步骤

1. 概括了解

通过看标题栏了解零件的名称、材料、比例等内容。根据其名称、材料等内容，分析该零件属于哪类零件。

2. 分析视图，想象出零件的结构形状

视图分析时，可按下列顺序进行。

（1）先找出主视图，再看有多少个图形和表达方法，以及各视图间的关系，弄清表达方案。

（2）用形体分析和线面分析法，想象出零件的结构。看图一般有先主后次，先整体后细节，先易后难的顺序进行。

（3）分析尺寸。分析零件的尺寸时，先找出长、宽、高三个方向的尺寸基准，然后按形体分析法找到定形尺寸、定位尺寸和总体尺寸。

（4）分析技术要求。分析零件表面粗糙度、尺寸公差、形位公差、热处理及表面处理等技术要求。分析技术要求时，不仅要对各项目进行单独分析，还要分析他们之间的关系，应了解零件制造、加工时的特殊要求。

二、国家机械制图标准中对零件图的图线的要求

（1）可见轮廓线和转向轮廓线是粗实线。
（2）尺寸线、尺寸界限及剖面线是细实线。
（3）不可见轮廓线和转向轮廓线是虚线。
（4）轴线及对称中心线是细点画线。
（5）断裂处的边界线及局部剖视的分界线的是波浪线。

任务实施

工作任务

识读四大典型零件图。

【任务解析一】 识读轴套类零件图

识读轴套类零件图,如图 2.2 – 47 轴零件图所示。

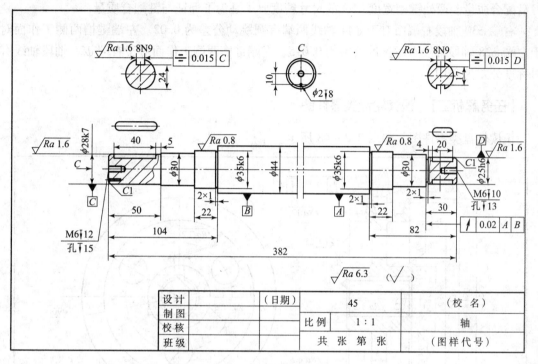

图 2.2 – 47 轴零件图

(1) 用途和主要结构。

轴一般是用来支承传动零件(如齿轮、带轮等)和传递动力;套一般是装在轴上或机体孔中,起着轴向定位、支承、导向、保护传动零件或连接等作用。

轴上常加工出键槽、螺纹、挡圈槽、倒角、倒圆、中心孔等结构。

(2) 概括了解,看标题栏。

从图 2.2 – 47 可知,零件的名称是轴,材料 45,比例 1∶1,它属于轴套类零件。

(3) 分析视图。

零件图 2.2 – 47 采用一个主视图、两个断面图、三个局部视图来表达轴的结构。按其形体特征和加工位置,选择主视图轴线水平放置。主视图采用两个局部剖视图表达键槽和小孔的结构。移出断面图来表示键槽的深度。用 C 向局部视图表示轴左端孔的位置。键槽局部视图表达键槽的形状。对形状简单且较长的轴段,常采用折断的方法表达。

(4) 分析尺寸。

根据设计要求,轴的轴线为径向尺寸(即宽度方向和高度方向)的主要基准。在长度方向,将 $\phi44$ 的左端面(或右端面)作为长度方向的主要基准,轴的左端面(或右端)面作为长度方向的辅助基准。

(5) 分析技术要求。

从图 2.2 – 47 可知,轴表面有三种表面粗糙度要求,其中表面粗糙度为 Ra0.8、Ra1.6、

Ra6.3。其中要求最高的是 ϕ35 的轴段。

图中有六处注有公差带代号。两处 ϕ35k6 的尺寸精度要求是为了保证与轴承配合质量。ϕ28k7 的尺寸精度要求是为了保证与带轮配合质量。ϕ25h6 的尺寸精度要求是为了保证与铣刀盘配合质量。两处键槽宽度 8N9 的尺寸精度要求是为了保证与键配合质量。

右端 ϕ30 轴段右端面对于 ϕ44 轴线两端有圆跳动公差为 0.02。左端键槽两侧工作面对于左端 ϕ28 轴段轴线有对称度公差为 0.015。右端键槽两侧工作面对于右端 ϕ25 轴段轴线有对称度公差为 0.015。

【任务解析二】 识读轮盘类零件图

识读轮盘类零件图,如图 2.2 - 48 所示。

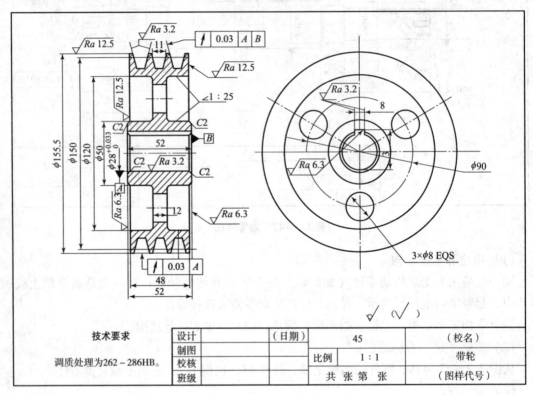

图 2.2 - 48 带轮零件图

(1) 用途和主要结构。

轮盘类零件一般包括法兰盘、端盖、盘座等等。轮一般用键或销与轴连接,用以传递动力和扭矩;盘类零件主要起支承、轴向定位及密封等作用。

轮盘类零件的基本形状是扁平的盘状,由几个回转体组成,其轴向尺寸往往比其他两个方向的尺寸小,零件上常见的结构有凸台、凹坑、螺孔、销孔和肋条等。

(2) 概括了解,看标题栏。

从图 2.2 - 48 可知,零件的名称是带轮,材料 45,比例 1:1,它属于轮盘类零件。

(3) 分析视图。

零件图 2.2 - 48 采用了两个视图。按其形体特征和加工位置,选择主视图轴线水平放置。主视图采用全剖视,表达了带轮的主要内形结构。左视图采用视图表达,表示带轮的外形特征及和盘上孔的分布情况。

(4) 分析尺寸。

轮盘类零件宽度和高度方向的主要基准是回转轴线,所有的径向尺寸都以此为基准注出。长度方向的主要基准是经过加工的大端面,选择轮毂的右端面。

定形尺寸和定位尺寸都比较明显,用形体分析法能找出,尤其是在圆周上分布的小孔的定位圆直径是这类零件的典型定位尺寸。

(5) 分析技术要求。

从图 2.2-48 可知,带轮表面有四种表面粗糙度要求,其中加工表面分别为 $Ra3.2$、$Ra6.3$、$Ra12.5$。其中要求最高的是 $\phi 28$ 圆柱孔。

零件图有一处注有极限位置偏差。$\phi 28^{+0.033}_{\ 0}$ 是基准孔,它的尺寸精度要求是为了保证与轴的配合质量。与运动零件相接触轮齿表面对于轮毂的右端面、$\phi 28$ 圆柱孔轴线有圆跳动公差为 0.03。

【任务解析三】 识读叉架类零件图

识读叉架类零件图,如图 2.2-49 所示。

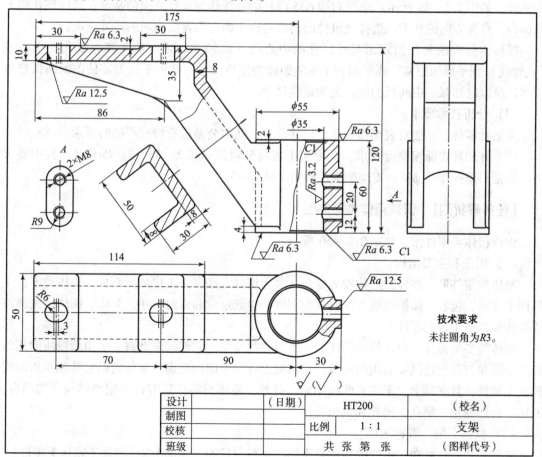

图 2.2-49 支架零件图

(1) 用途和主要结构。

叉架类零件形式多样，结构较为复杂，多为铸件，经多道工序加工而成。拨叉主要用在机床、内燃机等各种机器的操纵机构上，用来操纵机器、调节速度；支架主要起支承和连接的作用。

叉架类零件一般由三部分构成，即支承部分、工作部分和连接部分。连接部分多为肋板结构，且形状弯曲、扭斜的较多。支承部分和工作部分的细部结构也较多，如圆孔、螺孔、油槽、油孔、凸台、凹坑等。

(2) 概括了解，看标题栏。

从图 2.2-49 可知，零件的名称是支架，材料 HT200，比例 1:1，它属于叉架类零件。

(3) 分析视图。

零件图 2.2-49 采用主、俯、左三个基本视图，一个局部视图和一个移出断面图。主视图主要反映安装板孔的内形和工作圆筒内部结构，俯视图局部剖主要反映圆筒凸台内部形状，这三个视图以表达外形为主。用移出断面来表示肋的断面形状。用 A 向局部视图表示圆筒凸台两个孔的位置。

(4) 分析尺寸。

零件的长度方向、宽度方向、高度方向的尺寸基准一般为孔的轴线、对称面和较大的加工平面。如图 2.2-49 所示，选择右端 $\phi55$ 圆柱的轴线作为长度方向的基准；选择该孔的下端面作为高度方向的基准；选择该机件的前后对称平面作为宽度方向的尺寸基准。

按形体分析法先找出定形尺寸。孔的中心线（或轴线）之间的距离，或孔的中心线（或轴线）到平面的距离，或平面到平面的距离为定位尺寸。又由于这类零件图的圆弧连接较多，所以已知弧、中间弧的圆心也为定位尺寸。

(5) 分析技术要求。

叉架类零件，一般对表面粗糙度、尺寸公差、几何公差没有特别严格的要求。

图中有四种表面粗糙度要求，其中加工表面分别为 $Ra3.2$、$Ra6.3$、$Ra12.5$。其中要求最高的是圆筒孔尺寸 $\phi35$。支架的未注圆角半径为 $R3$。

【任务解析四】 识读箱体类零件图

识读箱体类零件图，如图 2.2-50 所示。

(1) 用途和主要结构。

箱体类零件形式多样，结构较为复杂，多为铸件，经多道工序加工而成。箱体类零件主要用来支承、包容、保护运动零件或其他零件，也起定位和密封作用。泵体、阀体、减速器的箱体等都属于这类零件。

箱体类多为铸件，内、外结构比前三类零件都复杂。它们通常都有一个由薄壁所围成的较大空腔和与其相连供安装用的底板；在箱壁上有多个向内或向外延伸的供安装轴承用的圆筒或半圆筒，且在其上、下常有肋板加固。此外，箱体类零件还有许多细小结构，如凸台、凹坑、铸造圆角、螺孔、销孔和倒角等。

(2) 概括了解，看标题栏。

从图 2.2-50 可知，零件的名称是座体，材料 HT200，比例 1:2，它属于箱体类零件。

(3) 分析视图。

零件图2.2-50采用主、左两个基本视图,一个局部视图。主视图采用了全剖,反映出座体内部结构的关系。从主视图方向看去,座体外形简单,内腔复杂。左视图采用了局部剖,重点表达肋板及安装板上阶梯孔的形状。局部视图作为补充表达,反映安装板安装孔的距离。

(4) 分析尺寸。

座体的结构比较复杂,尺寸较多,这里主要分析它的尺寸基准,如图2.2-50所示。用轴孔的中心线作为高度方向的主要基准,以左端面作为长度方向的主要基准,再以右端面为长度方向的辅助基准,宽度方向以该座体的前后对称平面作为主要尺寸基准。

(5) 分析技术要求。

图中有五种表面粗糙度要求,其中加工表面分别为 $Ra1.6$、$Ra3.2$、$Ra6.3$、$Ra12.5$。其中要求最高的是 $\phi 80$ 圆。

零件图有一处注有极限位置偏差。$\phi 80^{+0.009}_{-0.021}$ 的尺寸精度要求,是为了保证与轴承配合质量。座体未注圆角半径为 $R2$。

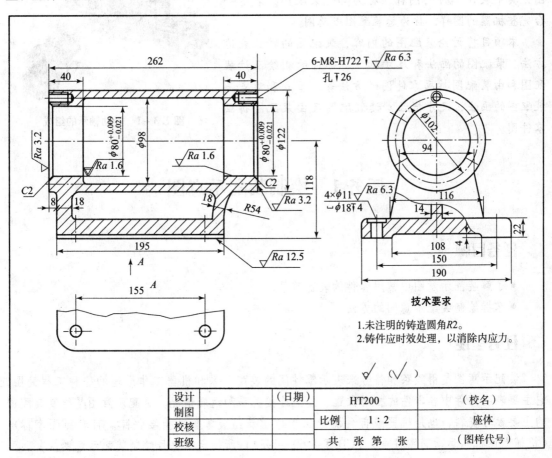

图2.2-50 座体零件图

项目3 装配图

📎 项目描述

机器或部件都是由若干个零件按一定的装配关系和技术要求组装而成的，图2.3-1为滑动轴承的分解轴测图。表达机器或部件装配关系的图样，称为装配图，其中表示部件的图样，称为部件装配图，表达一台完整机器的图样，称为总装配图或总图。

本项目将讨论装配图的内容、装配图的特殊表达方法、装配图的画法和尺寸标注、部件的测绘及读装配图和由装配图拆画零件图的方法等。重点和难点是装配图的画法、尺寸标注、读装配图及由装配图拆画零件图。

图2.3-1 滑动轴承的组成

任务1　绘制装配示意图

📎 任务目标

- 了解装配示意图中常用零件的表达符号。
- 掌握绘制装配示意图的方法。

📎 任务呈现

装配示意图是用线条和符号来表示零件间的装配关系和机器工作原理的一种工程简图，它主要表明部件中各零件的相对位置、装配连接关系和运转情况。装配示意图是绘制装配图的主要参考资料，也是机器或部件测绘工作中重新组装零件的重要保障。可参照国家标准《机械制图机构运动简图符号》（GB/T 4460—1984）所规定的符号绘制装配示意图。

📎 想一想

如何绘制机器或部件的装配示意图？绘制装配示意图时，如何表达各种类型的零件？

知识准备

一、装配示意图的常用符号

在装配示意图中，表达零部件的符号没有统一规定，但在工程实践中，形成了一些常用零件的表达符号，目前已被广泛采用，见表2.3-1。

表2.3-1 装配示意图中常用零件的表达符号

序号	名称	立体图	符号
1	螺栓、螺钉、螺母、垫片等连接组件	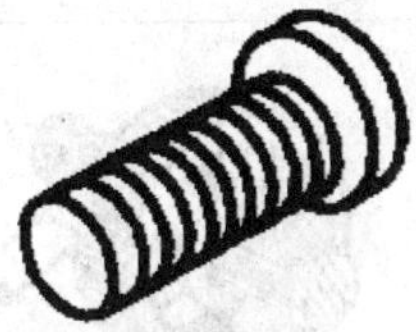	
2	传动螺杆		
3	在传动螺杆上的螺母		
4	对开螺母		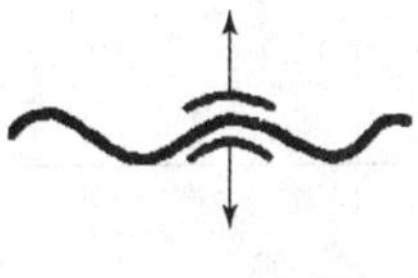
5	手轮		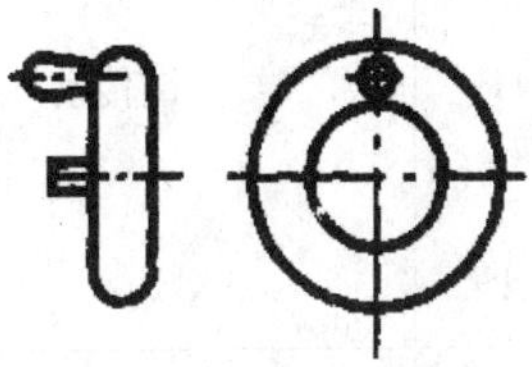
6	压缩弹簧		
7	顶尖		

续表

序号	名称	立体图	符号
8	皮带传动		
9	开口式平皮带		
10	圆皮带及绳索传动		
11	链传动		
12	圆柱齿轮传动		

续表

序号	名称	立体图	符号
13	圆锥齿轮传动		
14	涡轮蜗杆传动		
15	齿轮-齿条啮合		
16	向心滑动轴承		
17	向心滚动轴承		
18	向心推力轴承		

续表

序号	名称	立体图	符号
19	单向推力轴承		
20	轴杆、联杆等		
21	零件与轴的活动连接		
22	零件与轴的固定连接		
23	花键连接		
24	轴与轴的固定连接		
25	万向联轴器连接		
26	单向离合器		

续表

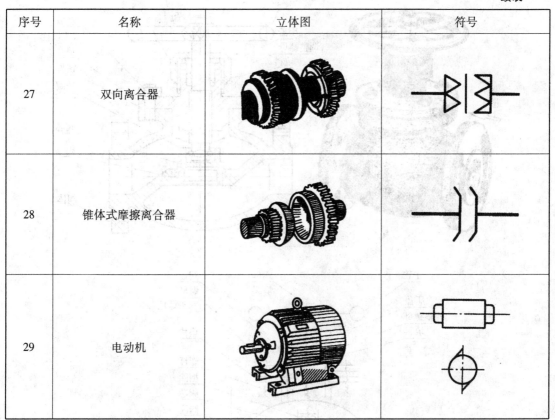

二、装配示意图的画法

在装配示意图中，通常可用较少的线条形象地表示各零件的结构形状和装配关系。装配示意图的画法一般有"单线+符号"和"轮廓+符号"两种画法。

1. 用"单线+符号"的方法绘制装配示意图

"单线+符号"的画法是用线条来表示结构件，用符号来表示标准件和常用件的一种装配示意图画法。用这种画法绘制装配示意图时，两零件间的接触面应按非接触面的画法来绘制。

图2.3-2所示为球阀的轴测图、装配图及装配示意图。图2.3-2（c）中压盖和调整螺母，螺母、垫圈和手轮之间都是接触表面，在图中要用两条线来表示。在该装配图中所有的非标准件都是用单线表示的。

2. 用"轮廓+符号"的方法绘制装配示意图

"轮廓+符号"画法是画出部件中一些较大零件的轮廓，其他较小的零件用单线或符号来表示。

图2.3-3所示为螺旋千斤顶的轴测图、装配图和装配示意图。在图2.3-3（c）中，千斤顶外壳、顶盖的画法采用了轮廓画法。

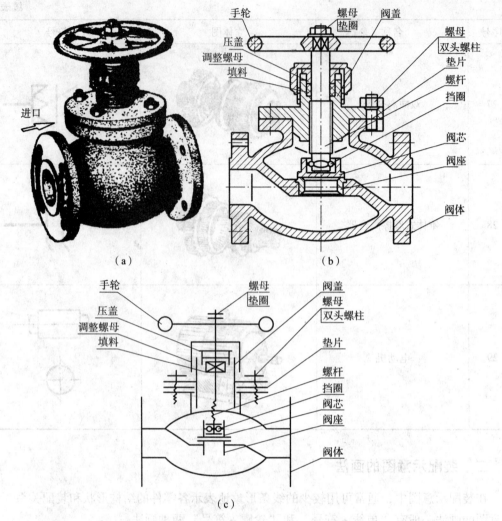

图 2.3-2 "单线+符号"法绘制的装配示意图
(a) 轴测图；(b) 装配图；(c) 装配示意图

任务实施

工作任务

通过查阅资料学习，在熟练掌握装配示意图表达符号和画法的基础上，绘制滑动轴承的装配示意图。

【任务解析】 绘制滑动轴承的装配示意图

根据图 2.3-1 的滑动轴承组成，查阅资料，绘制滑动轴承的装配示意图，如图 2.3-4 所示。

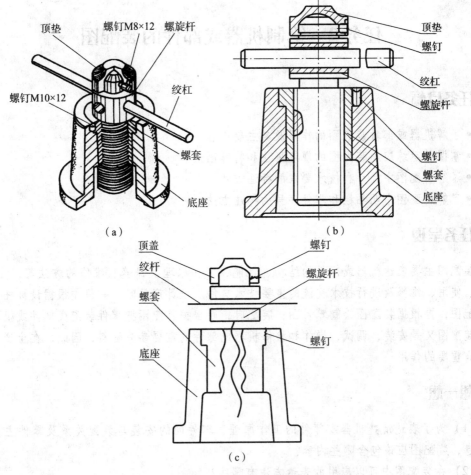

图 2.3-3　"轮廓+符号"法绘制的装配示意图
(a) 轴测图；(b) 装配图；(c) 装配示意图

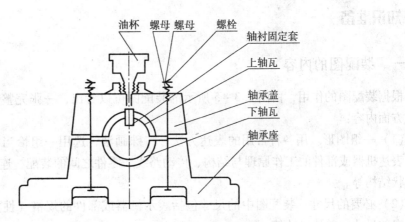

图 2.3-4　滑动轴承的装配示意图

任务 2　绘制机器或部件的装配图

📋 任务目标

- 了解机器或部件装配图的作用及其主要内容。
- 掌握并熟练应用装配图的规定画法和特殊画法。
- 了解装配图中尺寸和技术要求的标注方法。
- 了解装配图中明细栏和零件序号的标注方法。

📋 任务呈现

装配图主要表达机器或部件的结构、性能、工作原理及保养、维修的方法等，是设计、制造、使用、维修及进行技术交流的重要技术文件。设计产品时，一般先根据设计任务书画出装配图，再根据装配图绘制零件图；装配时，则根据装配图把零件装配成部件或机器；同时，装配图又是安装、调试、操作和检修机器或部件的重要参考资料，因此，在生产中装配图具有重要的作用。

📋 想一想

（1）为了表达清楚机器或部件的工作原理、零件间的安装与装配关系及零件主要结构等信息，装配图应该包含哪些内容？

（2）在装配图中可以应用的表达方法有哪些？

（3）机器或部件装配图的尺寸标注和技术要求有哪些特点？

📋 知识准备

一、装配图的内容

根据装配图的作用，由图 2.3-5 所示的装配图可以看出，一张完整的装配图应包括以下几方面内容：

（1）一组图形。用各种常用的表达方法、特殊画法，选用一组恰当的图形，正确、清晰地表达机器或部件的工作原理与结构、传动路线、零件之间的装配、连接关系和零件的主要形状结构等。

（2）必要的尺寸。装配图中的尺寸包括表示机器或部件的规格（性能）尺寸、装配尺寸、安装尺寸、总体尺寸等。

（3）技术要求。用文字或符号说明机器或部件的性能、装配、调试、检验和使用等方面的要求。

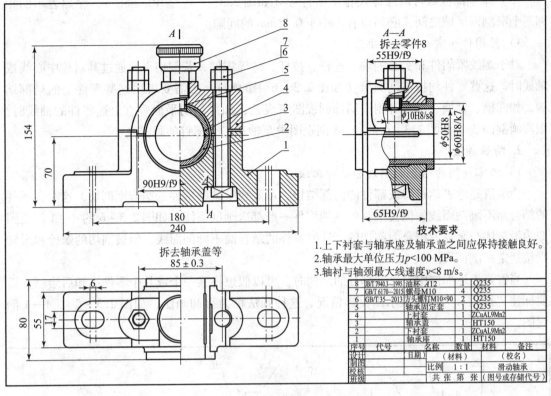

图 2.3-5 滑动轴承的装配图

（4）零件序号、明细栏和标题栏。根据生产组织和管理工作的需要，在装配图中将不同的零部件按一定的格式编号，并在明细栏中依次填写零件的序号、代号、名称、数量、材料等内容。标题栏内容包括机器或部件的名称、代号、比例、主要责任人等。

二、机器（或部件）的表达方法

零件图的表达方法（视图、剖视图、断面图等）及视图选用原则，一般都适用于装配图。但由于零件图与装配图所表达的侧重点及在生产中所使用的范围不同，因而国家标准规定了特殊表达方法和规定画法。

1. 规定画法

1）零件间接触面和配合面的画法

零件间的接触面和两零件的配合表面（如轴与轴承孔的配合面）只画一条线。非接触或非配合表面（如相互不配合的螺栓与通孔等），即使间隙很小，也应画成两条线。如图 2.3-5 主视图中轴承盖与轴承座的接触面画一条直线，而螺栓与轴承盖的光孔是非接触表面，画两条直线。

2）剖面符号的画法

（1）为了区别不同零件，相邻两零件的剖面线倾斜方向应相反；当三个零件相邻时，其中有两个零件的剖面线倾斜方向一致，但间隔不应相等；

（2）在装配图的不同视图中，同一零件的剖面线倾斜方向和间隔必须一致；

(3) 窄剖面区域可以涂黑代替剖面符号（如图 2.3-6 中垫片的画法），涂黑表示的相邻两个窄剖面区域之间，必须留有不小于 0.7 mm 的间隙。

3) 紧固件和实心零件的画法

对于螺纹紧固件和实心的轴、连杆、拉杆、球等零件，若剖切平面通过其对称中心线或轴线时，这些零件均按不剖画出（如图 2.3-6 中的轴）；当需要表明这些零件上的局部结构，如凹槽、键槽、销孔等则用局部剖视图来表达；如果剖切平面垂直上述零件的轴线时，则应画剖面线（如图 2.3-6 的 A—A 剖视图中泵轴和三个螺钉的画法）。

2. 特殊画法

1) 沿零件间的结合面剖切和拆卸画法

为了清楚地表达机器或部件的内部结构，可假想沿某些零件的结合面剖切，这时，零件的结合面不画剖面线，但被剖到的其他零件一般都应画剖面线，如图 2.3-6 的 A—A 剖视图即为沿泵体与泵盖的结合面剖切的，这些零件的结合面不画剖面线，但被剖切的螺栓和泵轴则按规定画剖面线。

当需要表达部件中被遮盖部分的结构时，可以假想将某一个或几个零件拆卸后绘制，需要标注"拆去××等"表示出投影情况，这种画法称为拆卸画法，如图 2.3-5 中 A—A 剖视图。

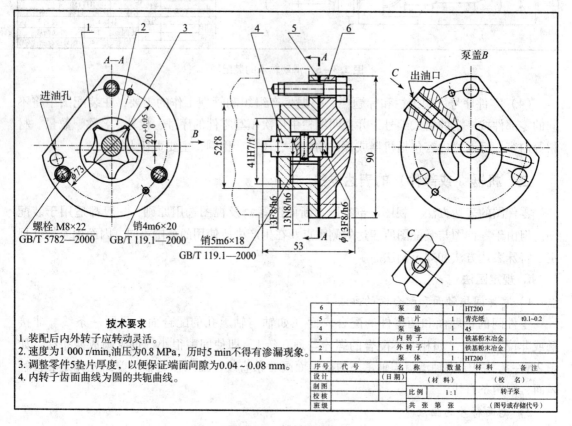

图 2.3-6 转子泵装配图

2) 单独表示某个零件

当某个零件的形状未表示清楚而又对表达工作原理和装配关系有影响时,可以单独画出某一零件的视图,且在所画视图的上方注出该零件的视图名称,在相应视图的附近用箭头指明投射方向,并注上同样的字母。如图 2.3-6 的"泵盖 B"视图。

3) 假想画法

(1) 当需要表达机器或部件中某些运动零件的运动范围或极限位置时,可用双点画线绘制这些零件的极限位置。如图 2.3-7 用粗实线绘制摇柄的一个极限位置,而用双点画线表示摇柄的另一个极限位置。

(2) 当需要表达机器或部件与相邻部件的装配关系时,可用双点画线绘出相邻部件的部分结构,如图 2.3-6 主视图所示。

4) 简化画法

(1) 在装配图中,零件的工艺结构,如铸造圆角、倒角、退刀槽等可以省略不画。

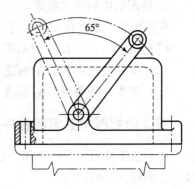

图 2.3-7 假想画法

(2) 装配图中若干相同的螺纹紧固件连接等,可仅详细画出一组或几组,其余只需表示其装配位置,如图 2.3-6 主视图中的螺栓。

5) 夸大画法

在装配图中,若绘制直径或厚度小于 2 mm 的孔或薄片零件、细丝弹簧、微小间隙等,允许将该部分不按比例而夸大画出,如图 2.3-6 中垫片的画法。

三、装配图中的尺寸标注和技术要求

1. 装配图的尺寸标注

装配图与零件图的作用不同,因而不需标注出零件的全部尺寸,只需标注下列几类尺寸:

1) 特性、规格(性能)尺寸

表示机器(或部件)的性能、规格或特性的尺寸,它是设计和用户选用产品的主要依据,如图 2.3-5 中轴瓦的孔径 $\phi 50H8$。

2) 装配尺寸

表示机器或部件上有关零件间装配关系的尺寸,主要包括:

(1) 配合尺寸。表示零件间有配合要求的尺寸,如图 2.3-5 中的 90H9/f9、$\phi 60H8/k7$ 等。

(2) 相对位置尺寸。需要保证的零件间相对位置的尺寸,如图 2.3-6 中的 $\phi 73$。

3) 安装尺寸

将机器或部件安装在地基或其他基础件上所需要的尺寸,如图 2.3-5 中轴承座底板孔的尺寸 180、6 和 17。

4) 外形尺寸

表示机器或部件总长、总宽和总高的尺寸。作为包装、运输和安装时的参考,如图 2.3-5 中的尺寸 240、80 和 154。

5）其他重要尺寸

未包含在上述四种尺寸中，但设计时经过计算或选定的重要尺寸。

对于上述五种类型尺寸，并不是每一张装配图都同时具有，要根据装配图的作用，真正领会标注上述几种尺寸的意义，从而做到合理地标注尺寸。

2. 装配图中的技术要求

有些信息无法在视图中表达，需要用文字在技术要求中注明，主要从以下几方面考虑：

(1) 机器（或部件）的功能、性能、安装、使用和维护的要求。

(2) 机器（或部件）的制造、检验等方面的要求。

(3) 机器（或部件）对润滑及密封等方面的要求。

四、装配图中的零部件序号和明细栏

为了便于读图和图样管理，以及做好生产准备工作，装配图中所有零部件都必须编写序号，并填写在明细栏内。

1. 零件序号的编写方法

(1) 零件序号的常见形式。

完整的零件序号应包括三个部分：指引线、水平线（或圆圈）及序号数字，如图2.3-8（a）所示，也可以不画水平线或圆圈，如图2.3-8（b）所示。指引线用细实线绘制，从零件的可见轮廓内引出。并在可见轮廓内的起始端画一实心圆点，水平线或圆圈用细实线绘制，用以注写数字序号。在水平线上或圆圈内注写序号时，序号的字高应比尺寸数字大一号或两号，当没有水平线或圆圈而直接将序号注写在指引线附近时，序号字号必须比尺寸数字大两号。对很薄的零件或涂黑的剖面，可在指引线末端画出箭头，并指向该部分的轮廓，如图2.3-8（c）所示。

(2) 指引线间不能相交。当通过有剖面线的区域时，指引线不应与剖面线平行；必要时，指引线可以画成折线，但只可曲折一次，如图2.3-8（d）所示。

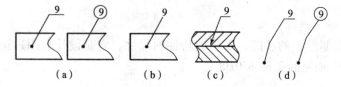

图2.3-8 零件序号的编写形式

(3) 一组紧固件及装配关系清楚的零件组，可采用公共指引线，如图2.3-9所示。

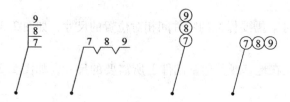

图2.3-9 零件组的编号形式

(4) 装配图中的标准化组件（如油杯、滚动轴承、电动机等）可作为一个整体，只编

写一个序号。

（5）零部件序号应沿水平或垂直方向按顺时针（或逆时针）顺次排列整齐，并尽可能均匀分布，如图2.3-5所示。

（6）装配图中的标准件，可以如图2.3-5所示，与非标准零件一起按顺序编写序号；也可以不编写序号，而将标准件的数量与规格直接用指引线标明在图中，如图2.3-6所示。

2. 明细栏

明细栏是装配图中全部零部件的详细目录，图2.3-10为明细栏的内容、格式和尺寸。

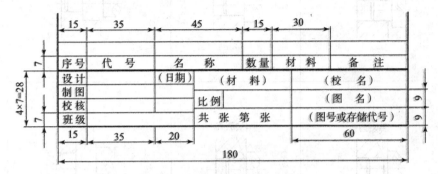

图2.3-10 装配图标题栏、明细栏

明细栏应画在标题栏上方，零部件序号应自下而上填写，以便增加零件时，可以继续向上填写。如果位置不够，可将明细栏分段画在标题栏的左方。在特殊情况下，明细栏也可作为装配图的续页，单独编写在另一张图纸上。

五、常见的装配结构

为保证零件装配成机器（或部件）后能达到规定的性能要求，并利于零件拆装，在设计产品时，必须要考虑到装配结构的合理性。在装配图上，除允许使用简化画法的情况外，都应正确地表达出装配结构，表2.3-2中以正误对比的方式表达了常见的装配结构。

任务实施

工作任务

（1）通过实践和查阅资料，掌握部件的测绘步骤与方法。

（2）通过学习和查阅资料，在充分掌握装配图内容、表达方法和部件测绘方法的基础上，对简单的部件进行测绘，并绘制其装配图。

【任务解析一】 机器或部件的测绘

测绘机器或部件是对现有产品进行测量，并绘制出零件图及装配图。测绘工作对推广先进技术、交流生产经验、改造或维修设备等有重要意义。因此，部件测绘是工程技术人员应掌握的一项基本技能。

表 2.3-2 常见的装配结构

正确图例	错误图例	说明	正确图例	错误图例	说明
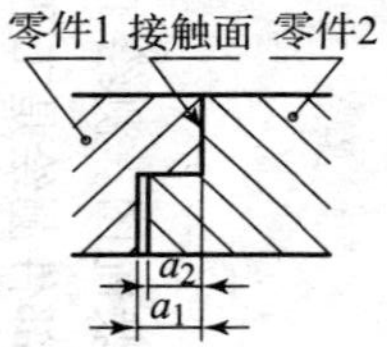 零件1 接触面 零件2	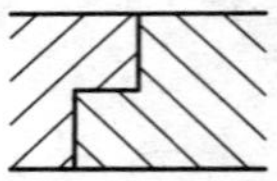	两零件在同一方向只能有一对接触面，这样既保证了接触良好，又降低了加工要求，如图中 $a_1 > a_2$	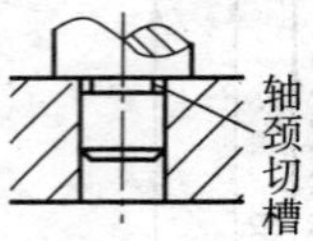 轴颈切槽	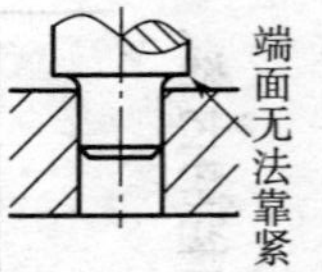 端面无法靠紧	为保证两零件接触良好，在接触面的交角处不应都做成尖角或相同的圆角
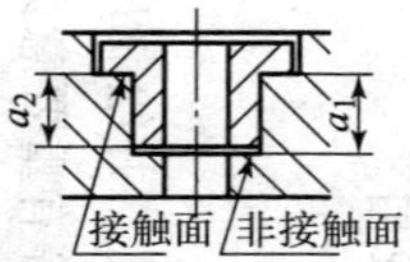 接触面 非接触面	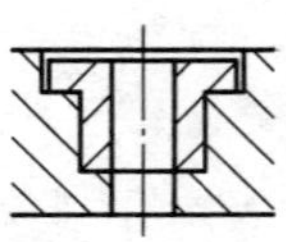		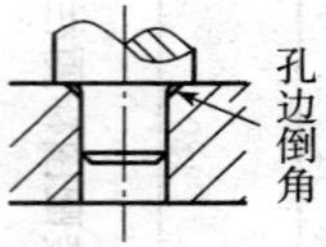 孔边倒角	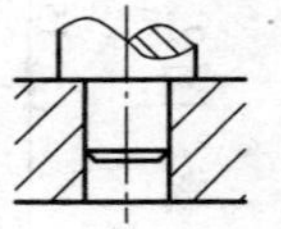	
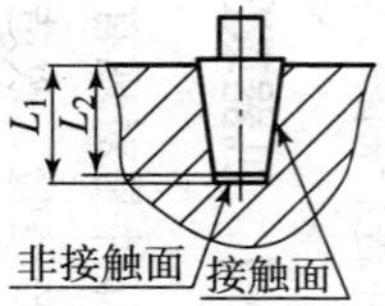 非接触面 接触面 L_1 L_2	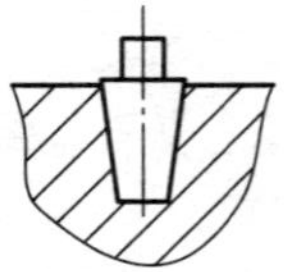	为了保证锥面接触良好，除锥面外不应有其他面接触，如图中 $L_1 > L_2$	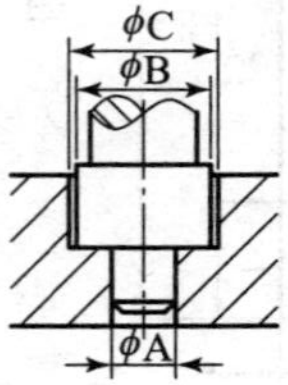 ϕC ϕB ϕA	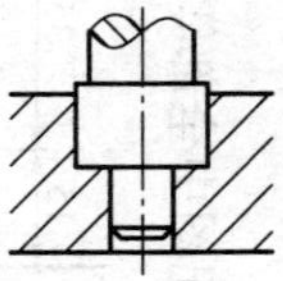	同轴的轴径与孔只能有一对配合，如图中 ϕA 已形成配合，ϕB 和 ϕC 就不应该再形成配合，即 $\phi C > \phi B$

续表

说明	错误图例	正确图例
为防止内部液体外漏,同时防止外部灰尘、杂质入侵,要采取防漏措施。压盖要画在开始压填料的位置,表示填料刚刚填满	填料未加满	阀杆 压盖 螺母 填料 阀体

说明	错误图例	正确图例
为便于拆装和维修,滚动轴承的内外圈应能方便地从轴肩和孔内拆出。对于螺栓则应留出拆装的空间	孔径过小 / 轴肩过高	

1. 测绘准备工作

在测绘部件之前,应根据部件的复杂程度编制测绘计划,准备所需的拆卸工具、量具,如扳手、锤子、钢尺、皮尺、游标卡尺等,并准备标签纸及绘图用具等。

2. 了解测绘对象

首先要明确测绘目的。如为了设计新产品,测绘时可进行修改;如为了补充图样或制作备件,则必须准确无误,不能修改。

其次,通过阅读说明书及有关资料,对部件进行详细的观察和研究,了解部件的用途、结构特点、工作原理、零件间的装配关系等,为拆装和测绘工作奠定基础。

3. 画装配示意图

为了保证部件被拆卸后能顺利装配复原,对于较复杂的部件,在拆卸过程中应尽量做好记录,一般要绘制部件的装配示意图,用以记录各种零件的名称、数量及其在装配体中的相对位置和装配关系,同时也为绘制正规装配图提供参考。图2.3-11为齿轮油泵的装配示意图。

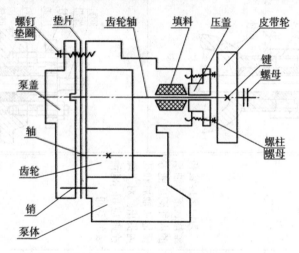

图2.3-11 齿轮油泵装配示意图

4. 拆卸零件

拆卸零件也是进一步了解装配体中各零件的作用、结构和装配关系的过程。在拆卸零件时,要使用适当的工具和正确的方法,按一定顺序依次拆卸。对有配合关系的零件,应弄清其配合性质,对不可拆卸的连接或过盈配合的零件,尽量不拆,以免损坏零件。对于一些重要的装配尺寸、极限位置尺寸、装配间隙等要进行测量,并做好记录。拆卸时应对每一个零部件进行编号、贴标签做好记录并妥善保管。

5. 绘制零件草图

因测绘工作的时间和工作场地有限,所以必须徒手绘制零件草图。零件草图是在目测零件尺寸情况下而徒手绘制的图样,其内容与零件图完全相同,它是画装配图和零件工作图的重要依据。对于非标准零件,必须绘制零件草图;对于标准件只需测量尺寸后查阅国家标准,并按照规定标记做好记录,不画零件草图和工作图。

6. 绘制装配图

根据零件草图和装配示意图拼画出装配图,应保证零件的尺寸准确、各零件间的装配关系正确。

7. 绘制零件工作图

画装配图时，应对零件草图上可能出现的差错予以纠正，最后根据装配图和零件草图绘制零件工作图。

【任务解析二】 部件装配图表达方案的确定

在确定装配图的表达方案时，必须详细了解部件的工作原理和零部件的结构情况，再根据零件草图和装配示意图拼画出装配图。确定表达方案的基本要求是：必须清楚地表达部件的工作原理、各零件的相对位置和装配关系，并表达出零件的主要结构。

齿轮油泵的工作原理如图 2.3 – 12 所示，一对齿轮在泵体内作啮合传动，当主动齿轮按逆时针方向旋转时，啮合区内右边空间的压力降低而产生局部真空，油池内的油在大气压力的作用下，进入油泵低压区内的吸油口，随着齿轮的转动，齿槽内的油不断沿箭头方向被带至左边的压油口，进而将油压出，送至机器中需要润滑的部分。为了防止漏油，在泵体（零件1）和泵盖（零件5）结合面处用垫片（零件8）密封；传动齿轮轴（零件9）伸出端，用填料（零件10）、压盖（零件11）、双头螺柱组件（零件15、16）密封，如图 2.3 – 13（d）所示。

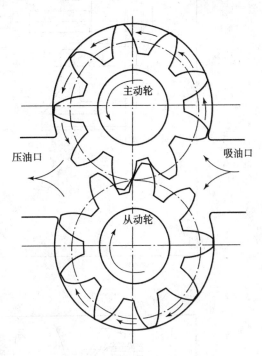

图 2.3 – 12 齿轮油泵的工作原理

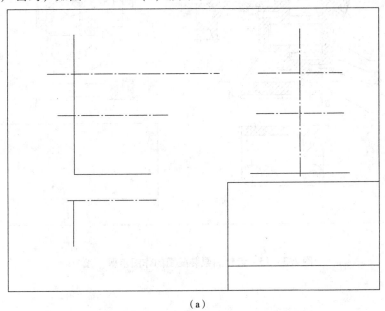

(a)

图 2.3 – 13 齿轮油泵装配图的作图步骤

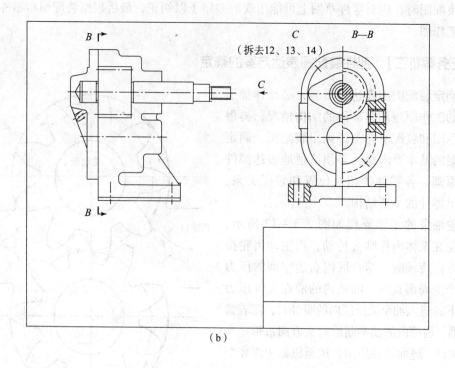

(b)

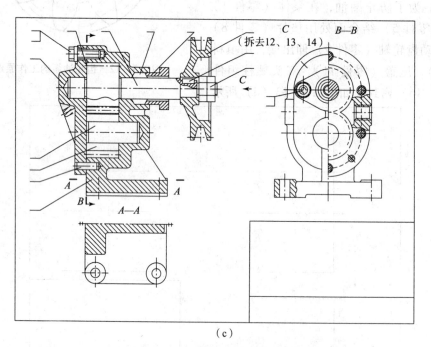

(c)

图 2.3-13 齿轮油泵装配图的作图步骤（续）

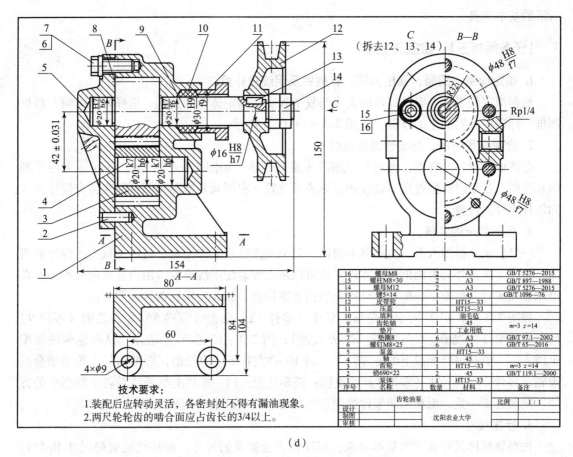

(d)

图 2.3－13　齿轮油泵装配图的作图步骤（续）

1. 主视图及表达方案的确定

主视图的选择及其表达方案的确定一般遵循下列要求：

应按部件的工作位置放置，当工作位置倾斜时，则将其放正。

主视图应能够较多地表达部件的工作原理、装配关系及主要零件的结构形状特征。

一般在机器或部件中，将装配在同一轴线上装配关系密切的一组零件称为装配干线。为了清楚表达部件内部的装配关系，主视图常通过主要装配干线的轴线剖切，如图 2.3－13（d）所示齿轮油泵的主视图，即是沿齿轮轴（零件9）的轴线剖切，清楚地表达了齿轮油泵的主要装配干线上零件间的装配关系。

2. 其他视图及表达方案的确定

主视图确定后，还要根据机器或部件的结构特征，确定其他视图和表达方案，如图 2.3－13（d）所示。

采用了沿结合面剖切的特殊表达方法，利用 B—B 半剖视图表达了齿轮的啮合情况及齿轮油泵的工作原理，同时利用局部剖视表达了吸油口和压油口的结构形式；采用了拆卸画法，利用 C 向视图表达了压盖（零件11）是通过双头螺柱与泵体（零件1）相连接的。为了节省图纸空间，将这两个视图拼在一起画在主视图的右侧。

俯视图采用了单独表示某个零件与剖视结合的画法，采用局部视图表达了安装齿轮油泵所需的基本信息。

【任务解析三】 绘制装配图

1. 确定比例、图幅，画出图框、标题栏及明细栏外框

根据拟定的表达方案及部件的大小与复杂程度，确定适当的比例，选择标准图幅，画好图框、标题栏和明细栏的外框，如图 2.3 – 13（a）所示。

2. 合理布置视图，画出作图基准线

合理地布置各个视图，画出各视图的主要基准线，如图 2.3 – 13（a）所示。为便于画图和读图，各视图的位置应尽量按照投影关系放置。视图间及视图与图框间应留有标注尺寸和零件序号的位置。

3. 绘制装配图底稿

一般先从主视图入手，先画基本视图，几个视图联系起来绘制。可以从机器或部件的机体开始，逐次由外向内画出各个零件；也可以从主要装配干线出发，由内逐次向外扩展。在绘制装配图时，可根据装配体的结构及表达方案特点，综合运用这两种画图方法。

如图 2.3 – 13（b）所示，先画出泵体（零件 1）、泵盖（零件 5）和齿轮轴（零件 9）的三个视图（主视图、C 向视图、B—B 视图）；图 2.3 – 13（c）中表示，从齿轮轴的装配干线入手，绘制该装配线上的各零件（零件 10 ~ 零件 16）的投影，再画出与齿轮轴啮合的齿轮（零件 3）及其轴（零件 4）的投影；需要注意：同一零件的剖面线在各个视图中的方向、间隔必须一致，而相邻两零件的剖面线则必须有所区别（间隔或倾斜方向不同）。

4. 标注尺寸

按照装配体尺寸标注的基本要求，标注出齿轮油泵的尺寸。标注性能规格尺寸 $Rp1/4$；配合尺寸 $\phi20\ H7/f6$、$\phi30\ H9/f6$、$\phi20\ H7/h6$、$\phi20\ G7/h6$、$\phi48\ H8/f7$ 等；相对位置尺寸 42 ± 0.031、102、$R32$；俯视图上标注的安装尺寸 60、84、$4 \times \phi9$，外形尺寸 154、150、104。

5. 编写零件序号、填写明细栏、标题栏和技术要求

6. 检查、描深、完成全图（图 2.3 –13（d））

任务 3　读装配图及由装配图拆画零件图

任务目标

- 了解读装配图的方法和步骤。
- 掌握由装配图读懂零件图结构形状的方法，根据装配图绘制零件图。

任务呈现

在机器的设计、制造、安装、检验、使用、维修和技术交流等过程中，都离不开装配图。因而工程技术人员必须具备识读装配图的能力。

想一想

如何根据装配图读懂各零件的结构形状？

知识准备

一、读装配图要了解的内容

（1）了解机器或部件的名称、用途、性能和工作原理。
（2）了解机器或部件的技术要求和使用方法。
（3）了解各零件间的装配关系。
（4）了解各零件的主要结构和功能。

二、读装配图的方法和步骤

1. 概括了解

了解装配图中采用了哪些表达方法，确定剖视图的剖切位置、视图的投影方向等。

图 2.3-14 所示为铣床顶尖装配图，采用了三个基本视图。主视图采用全剖视图表达了主要装配干线的装配关系；左视图表达了底座 4 和顶尖 3 被螺栓 9 和螺母 10 夹紧的情况；俯视图表达了尾架的外形轮廓。此外，用 D 向视图表达了顶尖体和螺栓可以沿着圆弧形槽变换位置的情况；用 $A—A$ 剖视图表达顶尖套被夹紧的情况；采用连接板件 6 的 C 向视图（单独表示某个零件的特殊表达方法）表达了连接板的形状；用底座 E 向视图表达了底座的底面形状。

2. 分析工作原理和装配关系

按各条装配干线分析部件的工作原理、零件间的装配关系、零件间的相对位置关系、配合要求、连接方式、密封结构等。

铣床顶尖的工作原理：通过转动手轮 8 带动螺杆 5 转动，从而带动顶尖 1 前进或后退，以夹紧或放松被加工零件。若要改变顶尖的轴线方向，可以先松开螺母 10，再将顶尖体沿圆弧形槽转动相应角度即可。

底座 4 与顶尖体 3 的两个侧面要求接触良好，采用了间隙配合（50H7/g6）；顶尖套 2 与顶尖体、螺杆 5 与连接板 6 均为间隙配合（ϕ22H7/h6、ϕ12H7/h6）；而顶尖体的右端与连接板为过盈配合（ϕ18M7/u6）。

销 12 有一部分安装在螺栓的销孔内，另一部分则安装在顶尖体的销孔内，销的作用是防止螺栓转动。

3. 分析并确定零件结构

确定零件的结构形状，应首先从分离零件开始。根据零件编号、各视图间的投影关系、剖面线的方向和间隔等，分离零件的投影轮廓，再结合机器和部件的工作原理，用形体分析、线面分析、结构分析等方法，确定各零件的结构形状。

一般从主要零件开始分离零件轮廓，再逐次分析其他零件。底座的主要轮廓可以通过三个基本视图联系起来确定，重点根据主视图、左视图和俯视图中底座的剖面线方向、间隔一

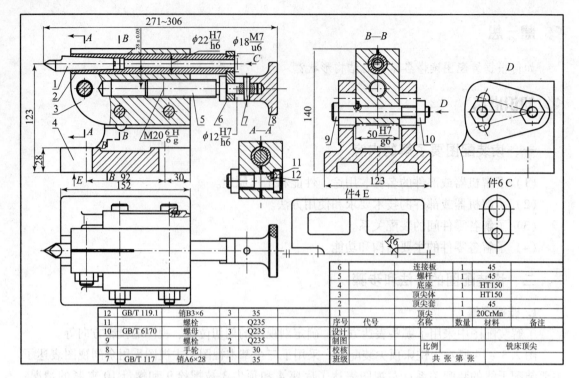

图 2.3-14　铣床顶尖装配图

致的这一信息分离底座轮廓。主视图和俯视图中底座的部分投影被遮挡而未画出，但可以结合 D 向视图综合确定底座上部形状。E 向视图表达清楚了底座上槽的形状。

顶尖体的主要轮廓可以从主视图中分离出来，其左边被铣出两个圆弧槽，水平方向是安装顶尖套的圆孔和安装螺杆的螺孔。此外，顶尖体上还有三个圆孔，用于安装螺栓 9 和螺栓 11。从左视图和俯视图的投影可以分析出顶尖体的轮廓是矩形，最终确定顶尖体的结构形状。

采用与上述相同的分析方法，可以确定其他零件的具体结构。图中标注的外形尺寸有主视图中的尺寸 271～306 和 123、左视图中的尺寸 140，其中尺寸 271～306 表示顶尖轴向移动而引起的长度变化范围。顶尖套和螺杆的运动部分标有很多配合尺寸，再查阅相关资料了解铣床顶尖的技术要求、工作原理等，通过综合分析确定各零件的结构，完全读懂装配图。

4. 综合分析并读懂全图

在前述工作原理、装配关系和零件结构分析的基础上，结合尺寸标注、技术要求等，综合分析并读懂装配图，最终确定各零件的结构。

任务实施

工作任务

在全面读懂铣床顶尖装配图的基础上，拆画底座的零件图。

【任务解析一】 零件形状的构思及表达方案的确定

1. 零件形状的构思

根据装配图拆画零件图是设计工作中的一个重要环节,由于装配图不可能将零件的详细结构表达清楚,因此在拆画零件图时,应在读懂装配图的基础上,再根据零件的功能和工艺结构要求,并参考同类产品或有关资料,综合确定零件的结构。

2. 表达方案的确定

确定表达方案时。可以参照装配图中对零件的表达方法,但应在分析零件结构特点和功能的基础上,确定最合理的表达方法或适当调整。

图 2.3-15 所示为底座的零件图,其主视图仍表达了该零件在铣床顶尖中的工作位置,但采用了局部剖视图的表达方法,以表达底座的外形为主,同时也表达清楚其内部结构。零件的有些局部结构在装配图中不必表达清楚,但在零件图中必须对所有结构表达清晰完整。如 B 向局部视图表达了销孔的形状和位置。

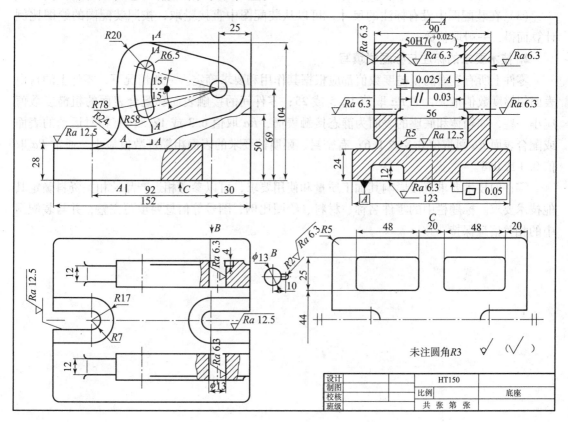

图 2.3-15 底座零件图

【任务解析二】 零件图的绘制

根据从装配图中分离出来的零件投影轮廓及确定的表达方案,按照简洁、清晰而完整地表达零件内、外结构形状的原则,正确地绘制零件图。

尤其需要注意,在装配图上省略不画的零件工艺结构,如倒角、圆角、退刀槽等,在零件图中均应画出，并标注尺寸或在技术要求中加以说明。

【任务解析三】 零件尺寸与技术要求的标注

1. 尺寸的确定与标注

根据机器或部件的工作原理和技术要求，分析各部分尺寸的作用，确定主要尺寸，选择主要尺寸基准，并标注完整的尺寸。

零件尺寸数值可以根据实际情况确定，大体有以下三种方法：

（1）在装配图中已经注明的尺寸，按照所标尺寸数值和公差代号等，结合查表确定尺寸公差后标注在零件图上，如底座零件图中的尺寸 50H7 及上下偏差，就是根据装配图中的配合尺寸 50H7/g6 标注的。需要注意，装配图中表示具有装配关系的各个零件，其基本尺寸必须一致。

（2）与标准件或标准结构有关的尺寸（如螺纹孔、销孔、键槽等），可根据装配图明细栏中标注的信息，并查阅标准手册确定。

（3）在装配图中没有标注的尺寸，可以从装配图中直接量取，按照装配图的绘图比例计算而得，一般取整数。

2. 技术要求的标注与标题栏填写

零件上所有表面的粗糙度数值都应根据其作用和要求确定。一般情况下，零件上的自由表面粗糙度数值最大，如 Ra 取值 12.5 或 25；零件间的接触表面和配合表面的粗糙度数值应小一些，如箱体和底座的表面为静态接触表面，Ra 取值 6.3 或 12.5；有相对运动的表面或配合表面 Ra 可取值 0.8 或 1.6；有密封、耐腐蚀要求的表面粗糙度数值最小，通常 Ra 取值 0.4 或 0.8。

零件的技术要求直接影响其加工质量和使用要求，可以参考相近产品的相关资料确定其他技术要求。标题栏中的零件名称、材料、绘图比例、图号等信息要填写完整，并与装配图中的相关信息保持一致。

项目 4　金属结构图

📖 项目描述

在机械生产实际中，金属结构件广泛应用在机械设备、化工机械设备和建筑结构中，它的图样绘制原理和方法与机械图样是一致的，但由于表达对象与制造方法有较大的差别，因此图样有其自身的特点。与机械零部件相比，金属结构件各组成部分的尺寸相差较大，它通常是由钢板、型钢通过焊接、螺栓连接等连接方式组合而成的。为了理解图样的含义，除了具备识读机械图样的基础外，还应了解型钢及焊接等有关代号和画法，掌握图样绘制特点及有关标准。

任务 1　金属结构件连接图识读

📝 任务目标

- 了解常用型钢的种类及标记。
- 了解孔、螺栓及铆钉在图样表达中的规定符号。
- 掌握金属结构简图及节点图的表达方法。

📝 任务呈现

金属结构件连接图——描述由各种棒料、钢板和型钢零件之间连接关系和连接方式的一种图形表达，一般用简图配合节点图来表示。

📝 想一想

在机械设计中在哪些情况下需要金属结构件连接？采用的连接方式有哪些？我们日常接触到的机械设备中有哪些部件是由金属结构件连接而成的？

📝 知识准备

一、型钢的标记

金属结构件主要由棒料、钢板和各种型钢组成。钢结构的钢材是由轧钢厂按标准规格

（型号）轧制而成，通称型钢。几种常用棒材及型钢的类别及其标注方法见表2.4－1，必要时可在标记后注出切割长度，并用半字线隔开。图上的标记应与棒材或型钢的位置一致，板钢的标记为板厚，其后为矩形的总体尺寸。为了简化表达，可省略标准代号，也可用大写字母代替型材的图形符号。

标记示例：角钢，尺寸为 50 mm×50 mm×4 mm，长度为 1000 mm。

标记为：∠ GB/T 9787—50×50×4－1000 或标记为：L GB/T 9787—50×50×4－1000。

棒料、型材及其断面的标记由以下几部分组成：

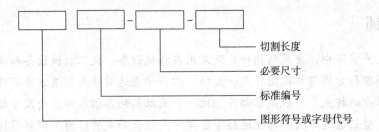

表2.4－1 常用棒材及型钢断面的标记

名称	截面代号	标注方法	立体图	名称	截面代号	标注方法	立体图
等边角钢	∠	∠ b×d / l		圆钢	○	⌀ d	
不等边角钢	∠	∠ B×b×d / l		钢管	◎	⌀ d×t	
工字钢	I	I Q↑N / l （轻型钢材加注Q）		方钢（实心）	□	□ b	
槽钢	⊏	⊏ Q↑N / l （轻型钢材加注Q）		方钢（空心）	▢	▢ b×t	

续表

名称	截面代号	标注方法	立体图	名称	截面代号	标注方法	立体图
扁钢	—	$-b \times t$ / l		六角钢（实心）		s	
钢板	—	$-t$		六角钢（空心）		$s \times t$	
三角钢		b		半圆钢		$b \times h$	

二、钢结构的尺寸标注

钢结构杆件的加工和连接安装要求较高，因此标注尺寸时应达到准确、清楚、完整。标注时应注意：切割的板材，应标明各线段的长度及位置（图2.4-1（a））；两构件的两条很近的重心线，应在交汇处将其各自向外错开（图2.4-1（b））；节点尺寸应注明节点板的尺寸和杆

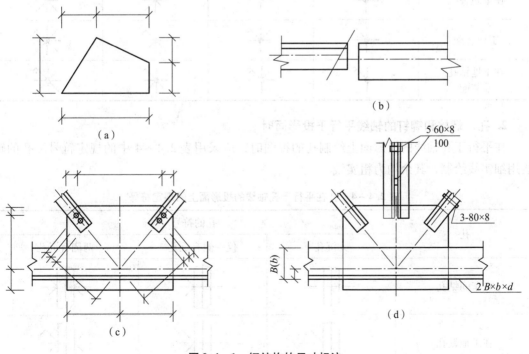

图 2.4-1　钢结构的尺寸标注

件各螺栓孔中心,以及杆件端部至几何中心线交点的距离(图2.4-1(c));双型钢组合断面的杆件应注明连接板的数量及尺寸,不等边角钢构件必须注出角钢—肢的尺寸 B(图2.4-1(d))。

三、孔、螺栓及铆钉的表示法

1. 孔、螺栓和铆钉的轴线垂直于投影面时

在垂直于孔轴线的投影面上绘制孔的视图时,应采用表2.4-2中的规定符号。孔的符号用粗实线绘制,中心没有圆点。

表2.4-2　孔在垂直于孔轴线的投影面上的规定符号

孔	孔的符号			
	无沉孔	近侧有沉孔	远侧有沉孔	两侧有沉孔
在车间钻孔	+	✳	✳	✳
在工地钻孔	+	✳	✳	✳

在垂直于螺栓、铆钉轴线的投影面上绘制螺栓、铆钉的视图时,应采用表2.4-3中的规定符号。符号中心有圆点。

表2.4-3　螺栓及铆钉连接在垂直于孔轴线的投影面上的规定符号

螺栓或铆钉	螺栓或铆钉装配在孔内的符号			铆钉装在两侧有沉孔的符号
	无沉孔	近侧有沉孔	远侧有沉孔	
在车间装配	✦	✳	✳	✳
工地装配	✦	✳	✳	✳
在工地钻孔及装配	✦	✳	✳	✳

2. 孔、螺栓和铆钉的轴线平行于投影面时

在平行于孔轴线的投影面上绘制孔的视图时,应采用表2.4-4中的规定符号。孔的轴线用细实线绘制,其余均为粗实线。

表2.4-4　孔在平行于孔轴线的投影面上的规定符号

孔	孔的符号		
	无沉孔	仅一侧有沉孔	两侧有沉孔
在车间钻孔	‖	‖	‖
在工地钻孔	‖	‖	‖

在平行于螺栓、铆钉轴线的投影面上绘制螺栓、铆钉的视图时，应采用表 2.4 – 5 中的规定符号。螺栓、铆钉的轴线用细实线绘制，其余均为粗实线。

表 2.4 – 5　螺栓及铆钉连接在平行于孔轴线的投影面上的规定符号

螺栓或铆钉	螺栓或铆钉装配在孔内的符号		两侧有沉孔的铆钉链接符号	带有指定螺母位置的螺栓符号
	无沉孔	仅一侧有沉孔		
在车间装配				
在工地装配				
在工地钻孔及装配				

任务实施

工作任务

（1）通过学习或查阅资料，认识什么是金属结构图，以及它的简图和节点图表示法。它与其他机械零部件表达方式相比，有什么特点？

（2）金属结构图中的各型材标记众多，通过学习或查阅资料了解这些标记的含义。

【任务解析一】　金属结构简图

金属结构件可用简图配合节点图表示。画简图时，用粗实线表示杆件的重心线，节点中心至杆件端面的距离直接注写在杆件上，如图 2.4 – 2 所示的屋架简图，又名屋架示意图或屋架杆件几何尺寸图，用以表达屋架的结构形式，各杆件的计算长度作为放样的一种依据。比例常用 1∶100 或 1∶200。图中要注明屋架的跨度（13060）、高度（2600）及节点之间杆件的长度尺寸等。

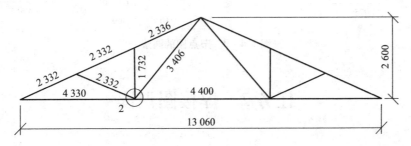

图 2.4 – 2　屋架结构简图

【任务解析二】 节点图的画法

现以图2.4-2中节点2为例,介绍钢屋架节点图的图示内容及方法。如图2.4-3所示,节点2是下弦杆和三根腹杆的连接点。整个下弦杆共分三段,这个节点在左段和中段的连接处。图中详细标注了杆件的编号、规格和大小。从这些标注中可知,下弦杆左段②和右段③都由两根不等边角钢∟75×50×5组成,接口相隔10以便焊接。竖杆⑤由两根不等边角钢∟56×30×5组成。斜杆⑥是两根不等边角钢∟56×30×5。斜杆④是两根不等边角钢∟56×30×5。这些杆件的组合型式都是背靠背,并且同时夹在一块节点板⑧上,然后焊接起来。

这些节点板有矩形的(如⑧号),也有多边形的。它的形状和大小是根据每个节点杆件的位置及焊接长度而决定。无论矩形的或多边形的节点板都按厚、宽、长的顺序标注大小尺寸。其标注法如图中⑧号节点板所示。由于下弦杆是拼接的,除焊接在节点板外,下弦杆两侧面要分别加上一块拼接角钢⑨,把下弦杆左段和中段夹紧,并且焊接起来。

由两角钢组成的杆件,每隔一定距离还要夹上一块连接板⑦,以保证两角钢连成整体,增加其刚性。

图中详细地标注了焊接代号。节点2竖杆⑤中画出 表示指引线所指的地方,即竖杆与节点板相连的地方,要焊双面贴角焊缝,焊缝高6。焊缝代号尾部的字母A是焊缝分类编号。在同一图样上,可将其中具有共同焊缝型式、剖面尺寸和辅助要求的焊缝分别归类,编为A、B、C、D、……等。每类只标注一个焊缝代号,其他与 相同的焊缝,则只需画出指引线,并注一个字母,如A。

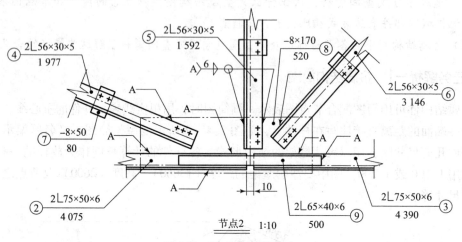

图2.4-3 节点图的画法

任务2 焊接图识读

📋 任务目标

- 了解常用焊接方法焊缝符号表示方法及焊接方法的代号。

- 掌握焊接图样上常用焊缝的标注和绘制。
- 了解焊接图及主要零件的表达方法。

任务呈现

焊接是工业上广泛使用的一种不可拆的连接方式，它是将需要连接的金属零件在连接处局部加热至熔化或用熔化的金属材料填充，或用加压等方法使其熔合连接成一个坚固的整体。焊接具有施工简单、连接可靠等优点。

想一想

在机械设计中在哪些情况下需要焊接？采用焊接连接的好处有哪些？我们日常接触到的机械设备中有哪些部件是焊接而成的？

知识准备

一、焊接方法

焊接主要分为熔焊、接触焊及钎焊三种。

1. 熔焊

熔焊是将零件连接处进行局部加热直到熔化，并填充熔化金属，或用加压等方法将被连接件熔合而连接在一起。常见的气焊、电弧焊即属这类焊接，主要用于焊接厚度较大的板状材料。

2. 接触焊

焊接时，将连接件搭接在一起，利用电流通过焊接接触处，由于材料接触处的电阻作用，使材料局部产生高温，处于半熔或熔化状态，这时再在接触处加压，即可把零件焊接起来，也称为电阻焊。用于电子设备中的接触焊包括点焊、缝焊和对焊三种，主要用于金属薄板零件的连接。

3. 钎焊

钎焊是用易熔金属作焊料（如铅锡合金）利用熔融焊料的粘着力或熔合力把焊件表面粘合的连接。由于钎焊焊接时的温度低，在焊接过程中对零件的性能影响小，故无线电元器件的连接常用这种焊接。

二、焊缝的种类及表示方法

1. 焊缝的种类

两零件焊接的结合处称为焊缝，常见的焊接接头形式分为：对接、T型接、角接、搭接等几种，如图2.4-4所示。焊缝结合型式可分为对接焊缝、角焊缝、点焊缝、塞焊缝等。

2. 焊缝的表示方法

在图样中简易地绘制焊缝时，可用视图、剖视图和断面图表示，也可用轴测图示意地表示，通常还应同时标注焊缝符号。

（1）在视图中，可见焊缝通常用一组与轮廓线垂直的细实线段（允许徒手画）或圆弧线段，不可见焊缝用虚线段表示，焊缝也可采用粗实线（线宽为 $2b\sim 3b$）表示，如图 2.4-5（a）所示。不连续的焊缝画法如图 2.4-5（b）所示，在同一图样中，只允许采用一种画法。

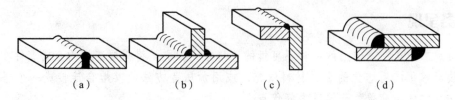

图 2.4-4　常见的焊接接头

（a）对接接头；（b）T 型接头；（c）角接接头；（d）搭接接头

（2）在垂直于焊缝的剖视图或断面图中，画出焊缝的剖面形状并涂黑。

（3）在表示焊缝端面的视图中，通常用粗实线绘出焊缝的轮廓。必要时，可用细实线画出焊接前坡口形状等（图 2.4-5（d））。

（4）焊缝也可用轴测图表示（图 2.4-5（e））。

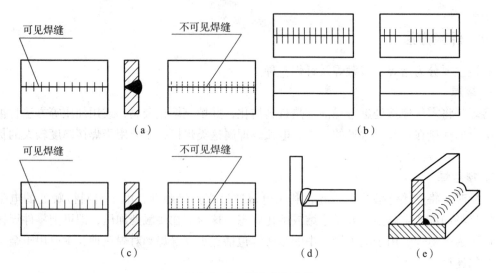

图 2.4-5　焊缝表示方法

（a）连续对称焊缝的视图及断面画法；（b）不连续对称焊缝表示方法；
（c）不对称焊缝的视图及断面画法；（d）焊缝坡口表示；（e）焊缝的轴测图表示

三、焊缝的符号及其标注方法

为了图样简化，一般多用焊缝符号来标注焊缝，有关焊缝符号的规定由 GB/T 12212—1990 和 GB/T 322.4—2008 给出。

焊缝符号一般由基本符号与指引线组成，必要时还可以加上辅助符号、补充符号和焊缝尺寸符号及数据。

1. 焊缝的基本符号

需要在图样中简易地绘制焊缝时，可按 GB/T 4458.1—2002 和 GB/T 4458.3—2002 规定的制图方法表示焊缝。焊缝的基本符号是表示焊缝横截面形状的符号，采用近似于焊缝横剖面形状的符号用粗实线画出。常用符号见表 2.4-6。

表 2.4-6 常用焊缝的基本符号、图示法和标注示例

序号	焊缝名称	示意图	符号	标注方法示例
1	I 形焊缝	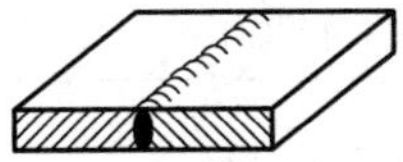	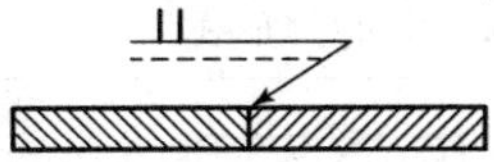 ‖	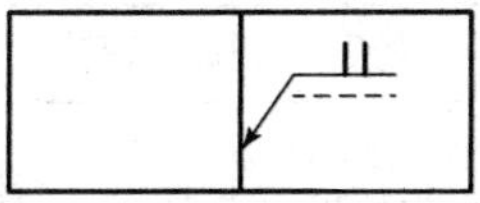
2	V 形焊缝		V 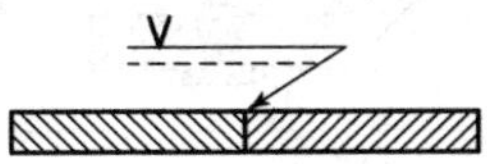 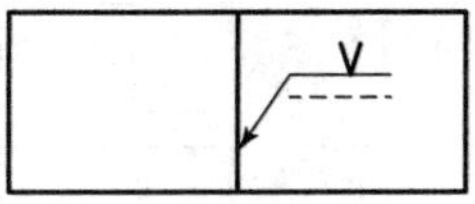	
3	单边 V 形焊缝 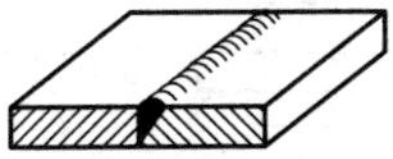 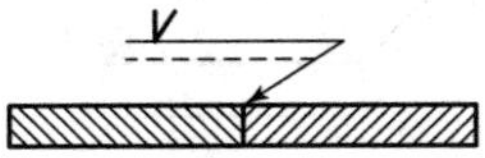 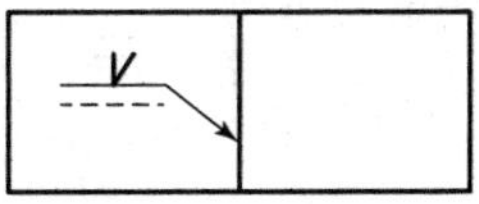		V	
4	角焊缝	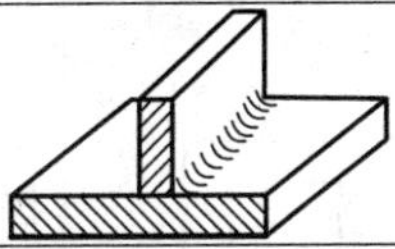	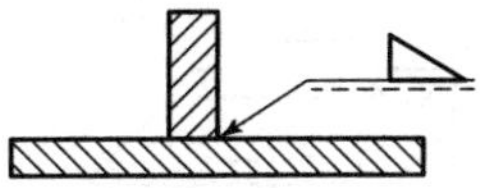 ▷	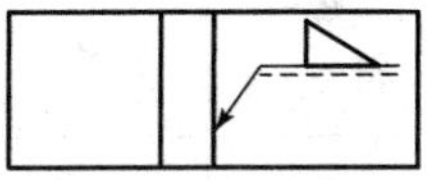
5	点焊缝	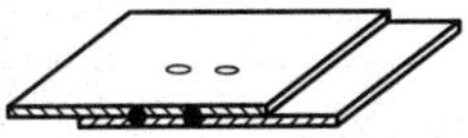	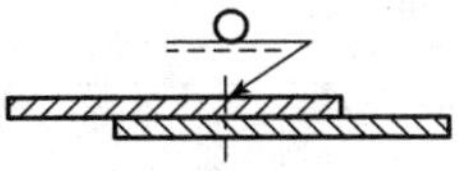 ○	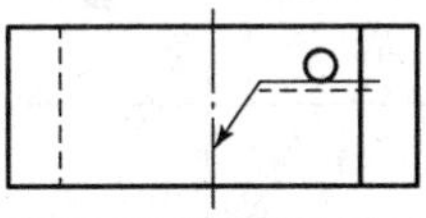
6	U 形焊缝  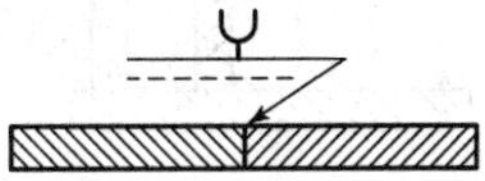 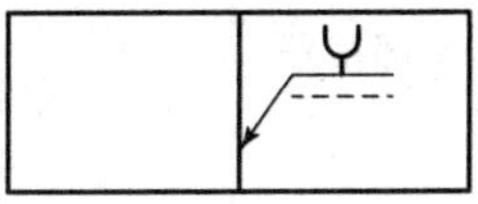		Y	

2. 辅助符号

辅助符号是表示焊缝表面形状特征的符号,随基本符号标注在相应的位置上。见表 2.4-7。线宽同基本符号。

表 2.4-7 焊缝的辅助符号及标注示例

名称	符号	焊缝形式	标注示例	说明
平面符号	—		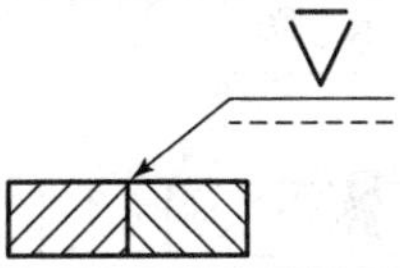	表示 V 形对焊接缝表面平齐(一般通过加工)
凹面符号	⌣	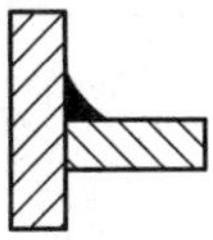	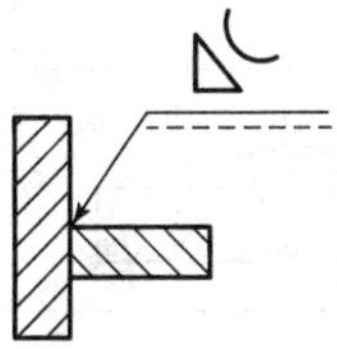	表示角焊缝表面凹陷
凸面符号	⌢		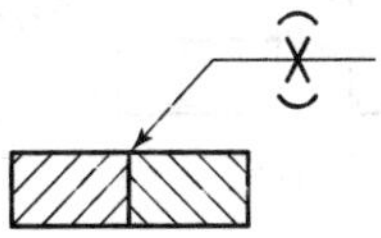	表示双面 V 形对焊接缝表面凸起

3. 补充符号

补充符号是为了补充说明焊缝的某些特征而采用的符号,用粗实线绘制,如果需要可随

基本符号标注在相应的位置上，见表2.4-8。

表2.4-8 焊缝的补充符号及标注示例

名称	符号	焊缝形式	标注示例	说明
带垫板符号	▭	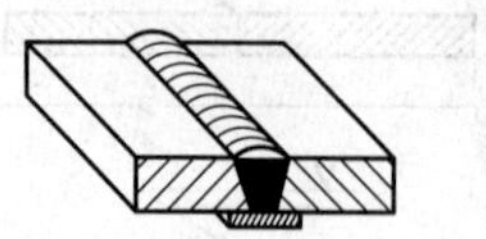	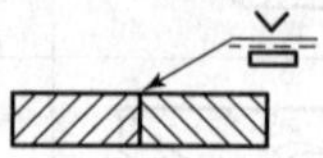	表示V形焊缝的背面底部有垫板
三面焊缝符号	⊐	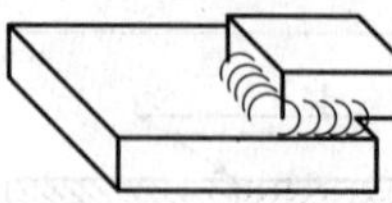	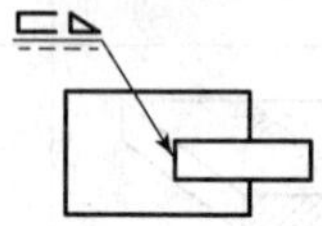	工件三面施焊，为角焊焊缝
周围焊缝符号	○	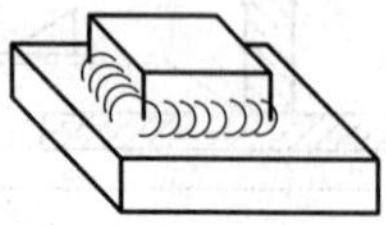	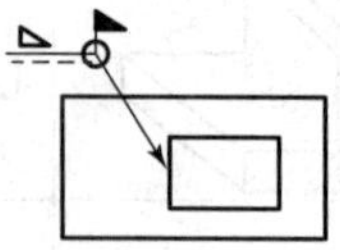	表示在现场沿工件周围施焊，为角焊缝
现场施工符号	▶			
尾部符号	<	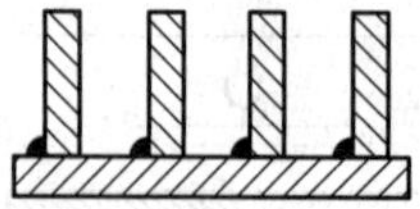	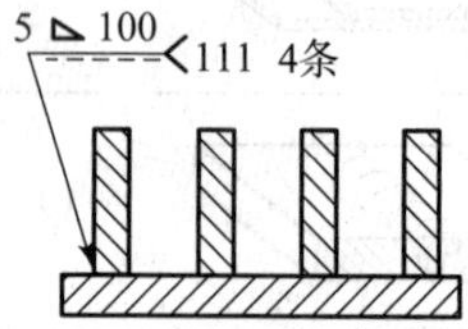	在该符号后可标注焊接工艺及焊缝条数

＊111 表示手工电弧焊。

4. 焊缝尺寸符号

焊缝尺寸指的是工件厚度、坡口角度、根部间隙等参数值，焊缝尺寸一般不标注，仅在需要时才标注，标注时，随基本符号标注在规定的位置上，可根据表2.4-9标注。

表2.4-9 焊缝的尺寸符号

序号	名称	示意图	符号	序号	名称	示意图	符号
1	工件厚度	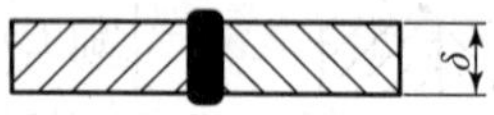	δ	6	焊接尺寸	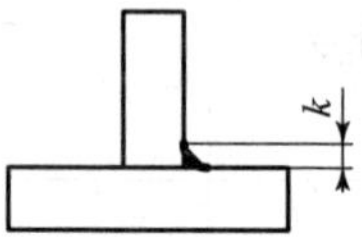	k
2	坡口角度	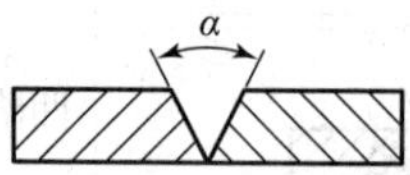	α	7	熔核直径	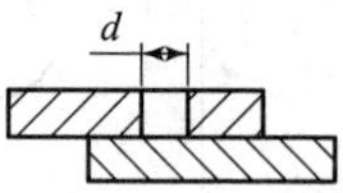	d
3	根部间隙	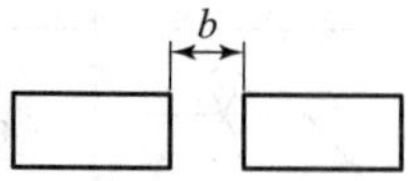	b	8	焊缝有效厚度	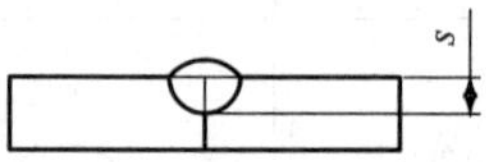	s
4	钝边	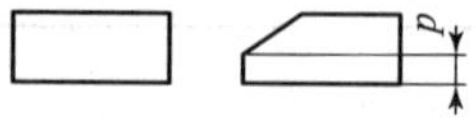	p	9	焊缝长度	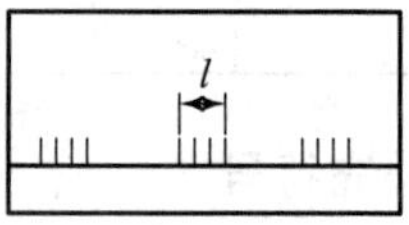	l

续表

序号	名称	示意图	符号	序号	名称	示意图	符号
5	焊缝间隙	（示意图：e）	e	10	焊缝段数	（示意图：$n=3$）	n

四、焊缝的指引线及其在图样上的位置

1. 指引线

指引线是表示指引焊缝位置的符号。由带箭头的指引线和两条基准线（一条为实线，另一条为虚线）组成。指引线指向有关焊缝处，基准线一般应为水平线。焊缝符号及尺寸标注在基准线上，必要时基准线末端加一尾部，作其他说明用（如焊接方法等），如图 2.4-6 所示。

图 2.4-6 焊缝符号标注指引线

基准线上下用来标注有关的焊缝符号，基准线的虚线既可画在基准实线的上侧，也可画在基准实线的下侧。基准线一般应与图样的底边相平行。

2. 焊缝符号相对于基准线的位置

如果箭头指向焊缝的施焊面，则焊缝符号标注在基准线的实线一侧；如果箭头指向焊缝的施焊背面，则将焊缝符号标注在基准线的虚线一侧；标注对称焊缝及双面焊缝时，基准线的虚线可省略不画（图 2.4-7）。

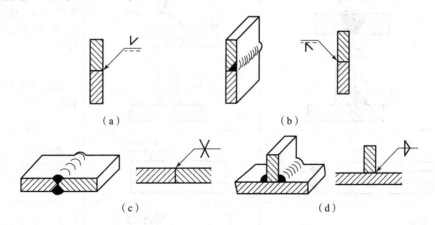

图 2.4-7 焊缝符号标注箭头指向

（a）箭头指向施焊面；（b）箭头指向施焊背面；（c）对称焊缝；（d）双面焊缝

3. 箭头线的位置

箭头线相对焊缝的位置一般没有特殊要求，但是在标注单边V形焊缝、带钝边单V形焊缝和带钝边J形焊缝时，箭头线应指向带有坡口一侧的工件。

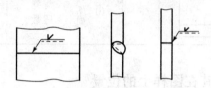

图 2.4-8　单边焊缝符号标注箭头指向

五、焊缝符号的标注

完整的焊缝符号标注包括指引线、箭头、基准线、尾部、基本符号、辅助符号、补充符号、尺寸符号及尺寸数据，如图 2.4-9 所示。

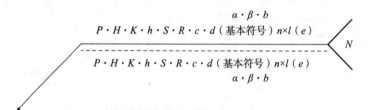

图 2.4-9　焊缝符号的标注

常见焊缝标注方法示例见表 2.4-10。

表 2.4-10　常见焊缝标注方法示例

接头形式	焊缝形式	标注示例	说　明
对接接头			表示V形焊缝的坡口角度为 α，根部间隙为 b，有 n 段长度为 l 的焊缝
T形接头			表示单面角焊缝，焊脚高度为 k
T形接头			表示有 n 段长度为 l 的双面断续角焊缝，间隔为 e，焊角高为 k
T形接头			表示有 n 段长度为 l 的双面交错断续角焊缝，间隔为 e，焊角高为 k

续表

接头形式	焊缝形式	标注示例	说　明
角接接头	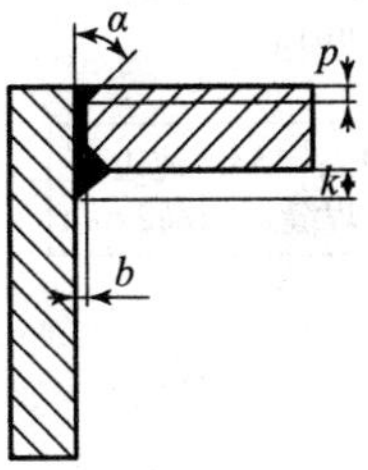	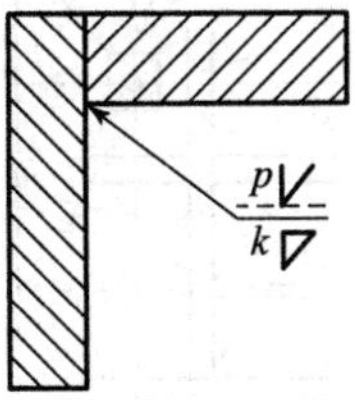	表示为双面焊接，上面为单边 V 形焊接，下面为角焊接
搭接接头	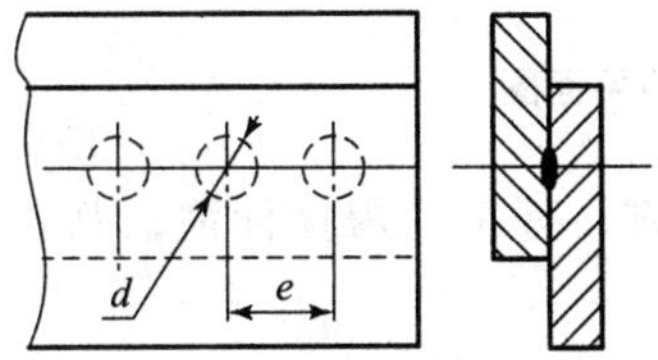	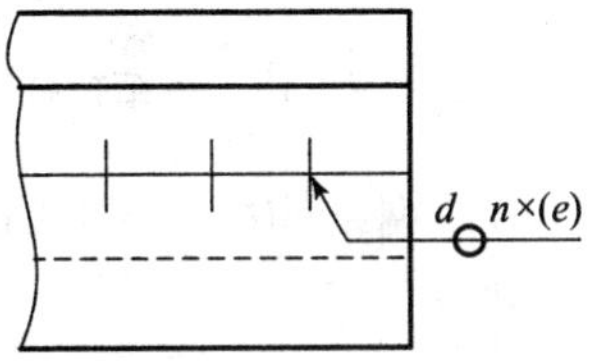	表示有 n 个焊点的点焊，焊核直径为 d，焊点间隔为 e

焊缝标注的基本原则：

（1）焊缝横截面上的尺寸，均标注在基本符号的左侧。

（2）焊缝长度方向上的尺寸，均标注在基本符号的右侧。

（3）相同焊缝的数量标注在尾部符号之后。

（4）坡口尺寸、坡口面角度、根部间隙等尺寸标在基本符号的上侧或下侧。

（5）当在基本符号的左侧无任何标注，并且又无其他说明时，表示是对接焊缝，要完全焊透。

（6）当在基本符号的右侧无任何标注，并且又无其他说明时，表示焊缝在工件的整个长度上是连续的。

（7）当需要标注的尺寸较多，又不易识别时，应在各数据前加注其相应的尺寸符号。

任务实施

工作任务

（1）通过查表，能够理解焊接标注的含义。

（2）通过学习或查阅资料，认识什么是焊接图。它与其他机械零部件表达方式相比，有什么特点？理解焊接图与零件图的不同之处。

【任务解析一】　焊接标注的识读

例 1　图 2.4-10 所示为一个钢结构柱底部的平面图，利用前面所介绍的焊接标注知识，识读出各焊接标注的含义。

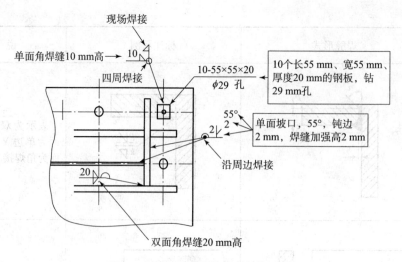

图 2.4-10 钢结构柱底部的平面图

从图 2.4-10 中可以看出，钢结构柱底部的平面图共有 4 处焊接标注，其含义如图中标注。

【任务解析二】 焊接图的识读

焊接件图应包括以下几个方面内容：
(1) 一组用于表达焊接件结构形状的视图。
(2) 一组尺寸确定焊接件的大小，其中应包括焊接件的规格尺寸，各焊件的装配位置尺寸等。
(3) 各焊件连接处的接头形式、焊缝符号及焊缝尺寸。
(4) 对构件的装配、焊接或焊后说明必要的技术要求。
(5) 明细表和标题栏。

当焊接结构的零件较少，结构比较简单时，各组成部分不必单独绘制图样，可以将焊接结构的全部零件绘制在一张图纸上，按装配图的绘制方法绘制图样。当结构比较复杂时，可以将结构的某些部分单独绘制图样，表明其形状、尺寸、技术要求等，而在焊接图上只表达各组成部分的相对位置、焊接符号及没有单独绘制组件的尺寸（图 2.4-11）。

焊接图与零件图的不同之处在于各相邻焊件的剖面线的方向不同，且在焊接图中需对各焊件进行编号，并需要填写零件明细栏。显然，焊接图是以整体形式表示的，它表达的仅仅是一个零件（焊接件）。

图 2.4-11 所示支座的结构比较简单，由底板、支撑板、肋板和轴承四个组件组成，可以将所有组件绘制在一张图样上。在图中，用 2 个视图表达了支座各组成部件之间的连接关系及形状大小和尺寸。主视图采用视图方式表达出了 4 个组件的上下、左右连接关系，左视图采用全剖的形式表达出组件之间连接的前后位置及肋板 3 的形状及大小。

从主视图上看有两条焊缝，一条是底板 1 与肋板 3 之间，一条是支撑板 2 与轴承 4 之间，采用双面角焊接连接，焊角高均为 4 mm。从左视图上看有两条焊缝，一条是底板 1 与支撑板 2 之间，采用焊角高为 4 mm 的角焊接连接，一条是肋板 3 与轴承 4 之间，采用焊角高为 4 mm 的双面角焊接连接。

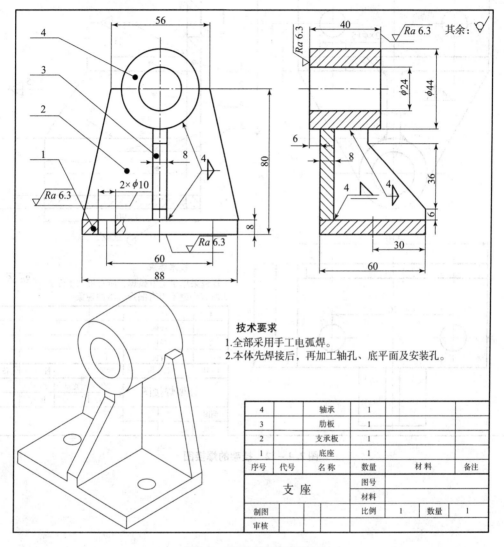

图 2.4 – 11 支座的焊接图

例 2 挂架焊接图识读

图 2.4 – 12 所示为挂架的焊接图，有 4 个组件组成。用 3 个图形表达了整体挂架的结构和大小，在图中共有 4 处焊缝标注。从主视图上看有两条焊缝，是背板 1 与肋板 3 之间，沿肋板 3 两边用角焊接连接，焊角高均为 4 mm。从左视图上看有四条焊缝，一条是背板 1 与水平横板 2 之间，沿横板 2 采用双面角焊接连接，焊角高均为 5 mm。一条是背板 1 与圆筒 4 之间，沿圆筒 4 用单边 V 形周围焊缝连接，焊角高均为 4 mm。另两条焊缝分别是肋板 3 与横版 2 之间，肋板 3 与圆筒 4 之间均采用双面角焊接连接，焊角高均为 5 mm。

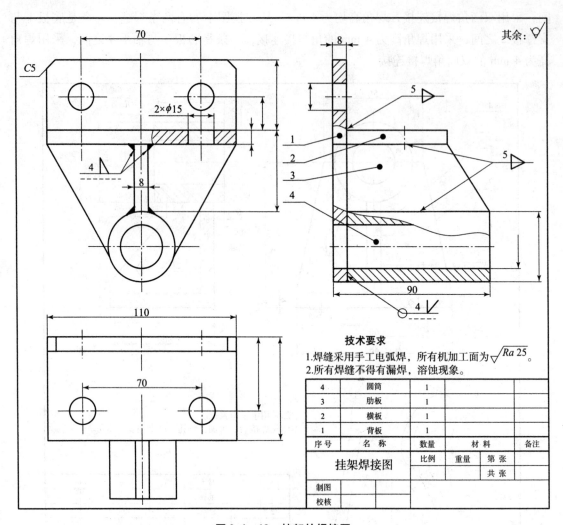

图 2.4-12 挂架的焊接图

第3篇 计算机绘图篇

项目1　AutoCAD 绘制平面图形

项目2　AutoCAD 绘制组合体的三视图

项目3　AutoCAD 绘制工程图样

AutoCAD 是由美国欧特克公司研究开发的通用计算机辅助绘图和设计软件，于20世纪80年代推出，经过多年的发展，现已成为世界上十分流行的计算机辅助设计与绘图工具之一，它广泛应用于机械、建筑、电气等领域，并取得了丰硕的成果和巨大的经济效益。本篇的编写以项目、任务为组织方式，结合高等院校的教学实践，以工作过程为导向，将知识点按项目编排，将命令融入具体任务，通过每一个任务的完成，帮助学生学会利用 AutoCAD 软件绘制工程图样。

项目 1　AutoCAD 绘制平面图形

项目描述

任何工程图样，实际上都是由各种几何图形组合而成的，因此，掌握基本几何图形的画法，可以提高图样绘制的准确度和工作效率，可以保障图样的质量，使用 AutoCAD 可以方便地绘制各种平面图形，包括：由各种直线构成的图形、由直线和圆构成的图形、复杂二维图形、均布及对称结构图形的绘制方法。

任务 1　图形初始化及图线练习

任务目标

◇ 熟悉 AutoCAD 2012 工作界面。
◇ 掌握调用 AutoCAD 2012 命令的方法及基本操作。
◇ 理解图层概念，掌握关于图层的基本操作及图层特性（颜色、线型、线宽）设置。
◇ 能够根据绘图比例的不同正确设置图幅、绘制图框，独立创建模板文件。

任务呈现

工程图样绘制过程中，由于所绘制的对象不同，其形状尺寸不同，使用的比例和图幅也不同，在利用 AutoCAD 软件绘制工程图样的过程中，与手工绘制也存在着诸多不同。如何使绘制的工程图样符合机械制图和计算机绘图国家标准的要求，在对所绘制图形进行分析的基础上，正确设置图幅、绘图比例、图层及图层属性，达到绘制工程图样的要求，同时能够正确绘制图框和标题栏等图形初始化内容，是工程技术人员必须具备的基本技能。

想一想

◇ 基本图幅有几个？怎么表示？AutoCAD 中矩形命令绘制 A3 图框的坐标值是多少？
◇ 随着绘图比例的不同，图样中的线性尺寸与立体中的线性尺寸如何变化？
◇ AutoCAD 中直角坐标系和极坐标系中坐标的输入方法，相对坐标与绝对坐标有何区别？
◇ 虚线和点画线的长短画的长度怎么变化？

📖 知识准备

一、AutoCAD 基本操作

要掌握 AutoCAD 并能绘制工程图样，首先应熟悉软件的窗口界面，了解软件窗口的每一部分功能，其次学会怎样与绘图软件对话，即如何下达命令及产生错误后怎么处理等。

1. AutoCAD 2012 的启动与退出

（1）AutoCAD 2012 的启动方式。

①单击桌面上的"开始"按钮，选择"程序"菜单下 AutoCAD 2012 中的执行程序。

②双击桌面上的 AutoCAD 2012 快捷方式。

AutoCAD 2012 启动后，屏幕显示如图 3.1－1 所示对话窗口，即为启动成功。

（2）退出 AutoCAD 2012。

①单击 AutoCAD 2012 工作界面右上角按钮"✕"。

②选择菜单［文件］－［退出（X）］命令。

③命令：EXIT 或 QUIT。

2. AutoCAD 2012 的用户界面

AutoCAD 2012 的用户界面主要由标题栏、下拉菜单、工具栏、作图窗口、十字光标、坐标系图标、命令提示栏、状态条、滚动条等组成，如图 3.1－1 所示。

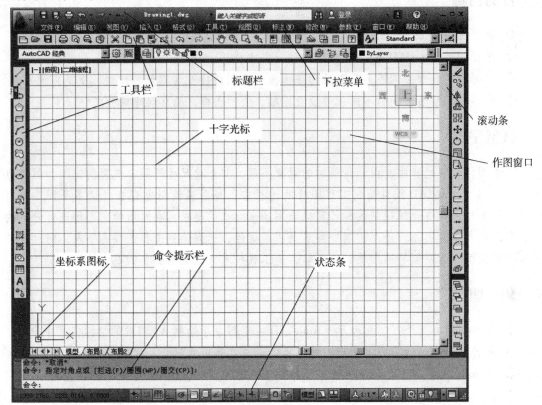

图 3.1－1　AutoCAD 2012 工作界面

3. 命令的输入方式

在图形编辑状态，要进行任何一项操作，都必须选择输入 AutoCAD 的命令。AutoCAD 提供了键盘输入、工具条、下拉菜单、快捷菜单等多种方式输入命令的方法。下面介绍几种常用的输入命令的方式：

（1）工具条输入命令。

工具条是选择某一条命令最方便的方法，也是初学者常用的方式。AutoCAD 的每一条命令都对应一个图标，用户可以直接点取相应的图标输入命令。AutoCAD 2012 中有许多工具条，在默认状态下只打开常用的几个。使用过程中用户可根据需要随时打开或关闭某个工具条。选取"［视图］－［工具栏］"菜单项，用鼠标左键单击某一工具条，选择所需要打开的工具条，即可在屏幕上看到打开的工具条。将箭头光标移动到工具条上的某一工具时，在工具的旁边会出现简短的工具提示。

（2）键盘输入命令。

用户如果对 AutoCAD 命令较熟悉，可以在命令提示符下直接从键盘输入命令，按回车键（Enter）或空格键（Spacebar），命令即被执行。

（3）下拉式菜单输入命令。

AutoCAD 命令的输入还可以用鼠标点取 AutoCAD 的下拉式菜单输入命令。当将光标移入 AutoCAD 屏幕上方下拉式菜单的任一项时，即在该项下弹出一个菜单，称为弹出式菜单，然后可以在上面点取输入命令。

（4）功能键。

Auto CAD2012 将 10 个功能键赋予不同功能，见表 3.1－1。

表 3.1－1　AutoCAD 2012 功能键

控制键	功能	控制键	功能	控制键	功能
F1	获取帮助	F5	等轴测平面切换	F9	栅格捕捉模式切换开关
F2	切换作图窗口、文本窗口	F6	控制状态栏坐标显示方式	F10	极轴模式控制
F3	对象的自动捕捉切换	F7	栅格显示切换开关	F11	对象追踪模式切换开关
F4	数字化仪控制	F8	正交模式切换开关		

（5）几点注意：

①命令的取消：用户可用〈Esc〉键取消正在执行的命令。

②重复上一条命令：按〈Enter〉键或单击鼠标右键来重复执行一条刚执行过的命令。

③用键盘输入命令前，一定要确认在命令提示区出现"命令："提示符。如果没有此提示符，应先按〈Esc〉键进入"命令："状态。

4. AutoCAD 数据的输入

当调用一条命令时，通常还需要提供某些附加信息，指明执行动作的方式、位置和对象等。例如，实体绘制命令需要知道实体出现的位置。某些实体还需要知道它的高度或宽度等。

（1）数值的输入。

许多提示要求输入数值。从键盘上输入这些值时，可以使用下列字符：

　　＋　－　0 1 2 3 4 5 6 7 8 9 E　／

从键盘上输入的数值可以是整数、实数和以科学记数法及分数形式表示的数。下面这些数值都是合法的，表 3.1-2 列出了常见的数值输入方式。

10, 6.002, -35.7, 1.2E+5, 1/2, 1-3/4

表 3.1-2 常见的数值输入方式

数值的含义	系统提示符	输入方式
长度或距离	Height（高度）/Width（宽度）/Radius（半径）/Diameter（直径）/Row Distance（行距）/Column Distance（列距）	(1) 通过键盘直接输入距离的数值 (2) 通过定标器指定的两点来输入距离
角度	Angle（角度）	(1) 通过键盘直接输入角度的数值 (2) 通过定标器指定的两点来输入角度
位移量	Displacement（位移量）/Base point or Displacement（基点或位移）	(1) 用键盘输入数值 (2) 用定标器指定的两点来输入位移量

(2) 点坐标的输入。

点坐标是相对坐标系而言的，AutoCAD 的坐标系统有世界坐标系（WCS）、用户坐标系（UCS）和实体坐标系（OCS），默认的是世界坐标系，坐标原点在屏幕的左下角。当 AutoCAD 中出现提示符 Point：时，表示要求输入某一点的坐标，表 3.1-3 列出了点坐标的输入方式（本节讨论的是 Z 坐标等于零的平面坐标）。

表 3.1-3 点坐标的输入方式

方式	表示方法		输入格式	说明
键盘输入	绝对坐标	直角坐标	x, y	通过键盘输入 x, y 两个数值所指定的点位置，数值之间用","分开
		极坐标	$l < \alpha$	l：表示点距离坐标原点的距离 α：表示该点与坐标原点连线同 X 轴夹角
	相对坐标	直角坐标	$@x, y$	@ 表示相对坐标，相对坐标是指当前点相对于前一个作图点的坐标增量。重复输入上一次的坐标，这时可以输入 @ 符号本身，这相当于输入相对坐标"@0, 0"
		极坐标	$@l < \alpha$	
用定标设备在屏幕上拾取点	一般位置点		直接拾取光标点	常用的定标设备是鼠标，当不需要准确定位时，用鼠标移动光标到所需位置，按下左键就将十字光标作为位置的点的坐标输入到计算机中；用户还可以通过键盘来移动屏幕光标实现定标。当需要精确确定某点的位置时，需要用目标捕捉功能捕捉当前图形中的特征点、直线的端点、中点、圆或弧的圆心
	特殊位置点或具有某种特征的点		利用目标捕捉功能	

(3) 角度。

角度的单位一般为度，但用户也可以选择梯度、弧度、度/分/秒等来规定角度。角度以逆时针方向为正，正东方向为 0°。

二、图形文件管理

(1) 新建图形文件。

新建图形文件可使用下列方法：

命令：NEW/[文件]-[新建]/□。

执行后出现"新建"对话框，用户在该对话框中设置绘图环境后，即进入新的工作界面。

(2) 图形文件的保存。

①快速存盘：当前图形文件已命名，则以原名保存，如尚未命名，提示输入文件名。

命令：SAVE/[文件]-[保存]/■。

②换名存盘：此方式存盘时，用户可以选择文件的保存位置，并且可以提供新的名称。输入命令后 AutoCAD 弹出 Windows 标准存盘对话框。在"文件类型"下拉列表中可以选择其他格式保存；在"工具"下拉菜单中选择"安全选项"，可以对文件进行加密保存。

命令：SAVE/SAVEas/[文件]-[另存为]。

(3) 打开已有图形文件。

命令：OPEN/[文件]-[打开]/■。

输入命令后 AutoCAD 弹出 Windows 标准打开文件对话框。另外 AutoCAD 有"打开""以只读方式打开""局部打开""以只读方式局部打开"等方式打开图形，并允许一次打开多个图形文件。如果以后两种方式打开图形时，AutoCAD 将打开"局部打开"对话框。

三、AutoCAD 命令的执行过程

AutoCAD 的命令往往提供许多选择项（命令参数），用户可以根据不同的需要选择不同的命令操作方式。这些选择项通常是在输入某个命令之后，以显示关键字提示的形式提供给用户，用户可从关键字中选择一个来响应命令提示。显示的关键字提示中常用斜杠"/"把各个有效的关键字隔开，显示在中括号内。在该提示后输入选中的关键字，然后按〈Enter〉键或按空格键，则可以选中该选择项。

有的提示会把某选项的当前值显示在括号中，如果用户想接受该值，则直接按〈Enter〉键，否则应输入一个选项或数值。以 CIRCLE 画圆命令为例说明其执行过程：

命令：CIRCLE 或 C/[绘图]-[圆]/◯。

指定圆的圆心或 [三点 (3P)/两点 (2P)/相切、相切、半径 (T)]：

(1) 输入一个点，则以该点为圆心画圆，其后续提示：

指定圆的半径或 [直径 (D)]：　　{半径值或 D 选项}

(2) 输入"3P"，则以三点方式画圆，其后续提示：

指定圆上的第一个点：{确定圆上第一个点}

指定圆上的第二个点：{确定圆上第二个点}

指定圆上的第三个点：{确定圆上第三个点}

(3) 输入"2P"，则以两点方式画圆，其后续提示：

指定圆直径的第一个端点：{确定圆的直径上第一个端点}

指定圆直径的第二个端点：{确定圆的直径上第二个端点}

(4) 输入"T"，则绘制与两实体相切的圆，其后续提示：

指定对象与圆的第一个切点：{确定第一个相切对象上的一点}

指定对象与圆的第二个切点：{确定第二个相切对象上的一点}

指定圆的半径 <默认值>：{确定圆的半径}

由画圆命令可以看出，AutoCAD 命令的执行过程是：首先启动一条命令，命令依次以提示的形式提供一系列选项或者提示输入数值。根据选取的选项，可以获得另一组选项或者提示输入数值，因此在使用命令过程中一定要按照提示进行操作。

四、AutoCAD 绘图过程

以绘制图 3.1-2 所示图形为例，了解用 AutoCAD 绘图的基本过程。

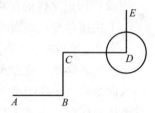

图 3.1-2　绘图过程

（1）启动 AutoCAD2012。

（2）选择"文件"-"新建"，打开选择样板对话框，选择默认样板文件"Acadiso.dwt"，单击"打开"按钮，开始新图形的绘制。

（3）单击绘图工具栏上"直线"命令，AutoCAD 提示：

命令：_line 指定第一点：

指定下一点或 [放弃 (U)]：{依次确定 A、B、C、D、E (图 3.1-2)}

（4）在"命令"提示符下，输入画圆命令"CIRCLE"或简化命令"C"，AutoCAD 提示：

指定圆的圆心或 [三点 (3P)/两点 (2P)/相切、相切、半径 (T)]：{鼠标移到 D 点附近，AutoCAD 自动捕捉到 D 点，再单击左键确认}

指定圆的半径或 [直径 (D)]：　　{输入半径值 100}

（5）单击标准工具栏的"放弃"按钮，圆消失，再次单击此按钮，直线 *DE* 也消失。单击"重做"按钮，直线 *DE* 恢复，再次单击此按钮，圆恢复。

（6）单击标准工具栏的带有放大镜的按钮，对图形进行放大和缩小等显示操作。

（7）保存文件。

五、图层的设置

图层是用户管理图样的有效工具。对于复杂的机械零件图、装配图而言，如果合理地划分图层，则图形信息更清晰、有序，方便图形的修改、观察、打印。

1. 图层操作

AutoCAD 图层（Layer）相当于传统图纸绘图中使用的重叠图纸，它就如同一张张透明的图纸，整个 AutoCAD 文档就是由若干透明图纸上下叠加的结果。用户可以根据不同的特征、类别或用途，将图形对象分类组织到不同的图层中。同一个图层中的图形对象具有许多相同的外观属性，如线型、颜色、线宽等。

2. 图层控制

在 AutoCAD 中，图层控制（Layer）包括创建和删除图层、设置当前层、设置颜色和线型、控制图层状态等内容。

命令：LAYER/LA/[格式]-[图层]/。

启动 Layer 命令后，AutoCAD 将打开如图 3.1-3 所示的图层特性管理器对话框，用户在对话框中可完成对图层所有操作。

3. 新建图层

在绘图过程中，用户可随时创建新图层，操作步骤如下：

项目1　AutoCAD 绘制平面图形

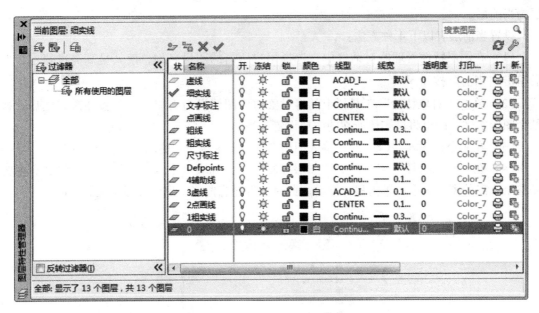

图 3.1-3　图层特性管理器对话框

（1）在图层特性管理器对话框中单击"新建"按钮，AutoCAD 将自动生成一个名叫"图层××"的图层。其中"××"是数字，表明它是所创建的第几个图层。用户可以将其更改为所需要的图层名称。

（2）在对话框内单击"确定"按钮，则结束创建图层操作，并自动关闭图层特性管理器对话框。

有几点问题应值得注意：

①图层名最长可达 255 个字符，可以是数字（0~9）、字母（大小写均可）或其他未被 Microsoft Windows 或 AutoCAD 使用的字符并支持中文图层名称。

②在当前图形文件中，图层名称必须是唯一的，不能和其他任何图层重名。

4. 过滤图层

图层的过滤就是指按照图层的颜色、线型、线宽等特性，过滤出一类相同特性的图层，方便查看与选择。

5. 删除图层

在绘图过程中，用户可随时删除一些不用的图层。操作步骤如下：

（1）在图层特性管理器对话框的图层列表框中单击"删除"按钮，此时该图层名称呈高亮度显示，表明该图层已被选择。

（2）单击"删除"按钮，前面有叉号标记，单击"确定"按钮，即可删除所选择的图层。利用〈Ctrl〉键和鼠标左键单击可选择多个图层；利用〈Shift〉键和鼠标单击可选择连续的多个图层。

注意：当前层和含有实体的图层，0 层和定义点层，外部引用依赖层不能被删除。

6. 设置当前层

当前层就是当前绘图层，用户只能在当前层上绘制图形，而且所绘制实体的属性将继承当前层的属性。当前层的层名和属性状态都显示在［对象特性］工具栏上。AutoCAD 默认 0

层为当前层。

设置当前层有以下 4 种方法：

(1) 在图层特性管理器对话框中，选择用户所需的图层名称，使其呈高亮度显示，然后单击"当前"按钮✔。

(2) 单击"对象特性"工具栏上的将对象的"图层设为当前"工具按钮🗐，然后选择某个图形实体，即可将该实体所在的图层设置为当前层。

(3) 在命令行输入"Clayer"，输入图层名称，即可将所选的图层设置为当前层。

(4) 在"对象特性"工具栏的"图层控制"下拉列表框中（图 3.1 – 4），将高亮度光条移至所需的图层名上，单击鼠标左键。此时新选的当前层就出现在图层控制区内。

图 3.1 – 4 "图层控制"下拉列表

7. 图层状态控制

AutoCAD 提供了一组状态开关，用以控制图层状态属性。现将这些状态开关简介如下：

(1) 打开/关闭：单击图标💡，关闭图层后，该层上的实体不能在屏幕上显示或由绘图仪输出。重新生成图形时，层上的实体仍将重新生成。

(2) 冻结/解冻：单击图标☀，冻结图层后，该层上的实体不能在屏幕上显示或由绘图仪输出。在重新生成图形时，冻结层上的实体将不被重新生成。

(3) 上锁/解锁：单击图标🔒，图层加锁后，用户只能观察该层上的实体，不能对其进行编辑和修改，但实体仍可以显示和输出。

8. 图层特性设置

每个图层都有与其相关联的颜色、线型及线宽等特性信息，用户可以通过图层特性管理器的"特性"选项板进行修改。

(1) 指定图层颜色。所谓层的颜色，就是层上所绘实体的颜色。操作步骤如下：

①在图层特性管理器对话框图层列表框中选择所需的图层。

②在图层名称后的颜色图标按钮上单击，弹出"选择颜色"对话框，从对话框中可以选择标准的 7 种颜色或其他 255 种颜色的任何一种，单击"确定"按钮。

③在图层特性管理器对话框中单击"确定"按钮。

(2) 图层线型设置。AutoCAD 允许用户为每个图层分配一种线型。在默认情况下，线型为连续实线（Continuous）。用户可以根据需要为图层设置不同的线型。具体操作步骤如下：

①在图层特性管理器对话框中选定一个图层,单击该图层的初始线型名称,弹出"选择线型"对话框(图3.1-5)。在此对话框中选择"加载"按钮,弹出"加载或重载线型"对话框(图3.1-6),在对话框中选择线型加载,可以按住〈Ctrl〉和〈Shift〉键,一次加载几个需要的线型,再单击"确定"按钮。

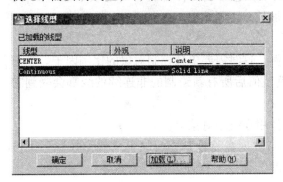

图3.1-5 "选择线型"对话框

图3.1-6 "加载或重载线型"对话框

②在"选择线型"对话框中单击需要的线型后,单击"确定"按钮。
③在图层特性管理器对话框中单击"确定"按钮,结束线型设置操作。
(3) 图线宽度。在AutoCAD 2012中,用户可为每个图层的线条定制实际线宽,从而使图形中的线条在经过打印输出或不同软件之间的输出后,仍然各自保持其固有的宽度。

设定实际线宽可在图层特性管理器对话框中进行。在该对话框中的图层列表框中单击图层的线宽项,从"线宽"对话框选择某一线宽,单击"确定"按钮,即可将宽度赋予所选图层。

(4) 图层打印开关。AutoCAD 2012允许用户单独控制某一图层是否打印出来,在图层特性管理器对话框中的图层列表框内,最右侧的一列便是打印切换开关,用户只需用鼠标在它上面单击便可切换。其初始状态为开启。

9. 对象颜色、线型和线宽设置

用户通过"对象特性"工具栏可以方便地修改对象颜色、线型和线宽等信息,默认情况下,该工具栏的"颜色控制""线型控制""线宽控制"下拉列表中显示"Bylayer",如图3.1-7所示。

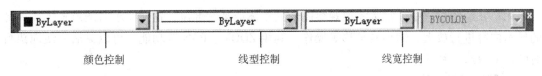

图3.1-7 "对象特性"工具栏

"随层(Bylayer)"是指所绘对象的颜色、线型和线框等属性与当前层设定的相同。具体设置方法很简单,由于篇幅有限,不做详细讨论,建议初学者别轻易修改。

六、线型比例

AutoCAD非连续的线型是指由一系列的短线和空格构成的重复图案。图案中短线长度和空格大小是由线型比例控制的。用户绘图时常会遇到这样一种情况,本想画点画线和虚线,

但实际显示的却是连续的线，出现这种现象的原因是线型比例相对屏幕设置的太大或太小。用户可以采用下列任何一种方法来设置线型比例。

1. 全局比例因子

系统变量 Ltscale 是控制线型的全局比例因子，它影响图样中所有非连续线型的显示，其值增加时，将使非连续线型中短画线和空格加长，否则缩短。

2. 当前对象线型比例

有时需要为不同的对象设置不同的线型比例，这时需要单独控制对象的比例因子。当前线型比例是由系统变量 CELtscale 设定的，调整该值后所有新绘制的非连续的线都会受到它的影响。

默认情况下，该因子和全局比例因子同时作用在线型对象上。

设置线型比例因子的操作步骤：在图 3.1-7 "对象特性" 工具栏上 "线型控制" 下拉列表中选择其他选项，或选择 "格式"-"线型" 命令，打开 "线型管理器" 对话框（图 3.1-8），再单击 "显示细节" 按钮，在详细信息区域的输入比例因子的新值。

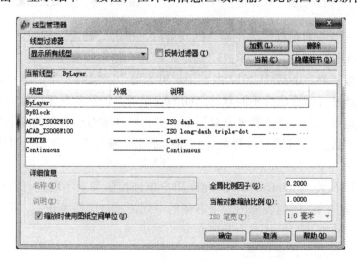

图 3.1-8 "线型管理器" 对话框

七、显示控制

用户在绘图过程中，常常需要观察图形的整体或某一部位，这便要求对图形整体或局部的显示内容进行放大、缩小或平移等操作。利用 ZOOM、PAN 等功能，可以灵活方便地执行对图形缩放或平移操作。

1. 图形显示缩放

功能：放大或缩小屏幕上图形对象的视觉尺寸，而对象的实际尺寸保持不变。

命令：ZOOM/[View]-[Zoom]

指定窗口角点，输入比例因子 (nX 或 nXP)，或 [全部 (A)/中心点 (C)/动态 (D)/范围 (E)/上一个 (P)/比例 (S)/窗口 (W)]<实时>:{指定点、比例因子数值或选项}；

如果直接确定窗口的角点，即在绘图区域内确定一点，命令行提示：

指定对角点：{确定点位置}

AutoCAD 会把这两个角点确定的矩形窗口区域尽量放大，以占满显示屏幕。此外，用户可以输入比例因子，如果输入的比例因子是具体的数，图形将按输入的比例值绝对缩放；如果在比例因子后面加 X，图形将实现相对缩放；如果在比例因子后面加 XP，图形将相对于图纸空间进行缩放。

其余各选项的含义如下：

（1）全部（A）/：将全部的图形显示在屏幕上。如果各图形均没有超过用 LIMITS 命令设置的绘图范围，则会按图纸边界显示；如果有图形边界画到图纸边界之外，显示的范围则被扩大，将超出边界的部分也显示在屏幕上。

（2）中心点（C）/：重设图形的显示中心和放大倍数。执行该选项，命令行提示：

指定中心点｛确定新的显示中心｝

输入比例或高度 S：｛输入缩放比例或高度值｝

（3）范围（E）/：执行该选项，AutoCAD 尽可能地显示整个图形，此时与图纸的边界无关。

（4）上一个（P）/：恢复上一次显示的图形。可连续执行该选项恢复前十次显示过的图形。

（5）比例（S）/：指定缩放比例实现缩放。执行该选项，命令行提示：

输入比例因子（nX 或 nXP）：｛输入数值｝

在此提示下输入比例值即可。而缩放的效果与输入的比例因子的形式的不同而不同。

（6）窗口（W）/：该选项允许用户通过确定作为观察区域的矩形窗口实现图形放大。

（7）动态（D）/：动态缩放。执行该选项，屏幕上会出现如图 3.1-9 所示的动态缩放特殊屏幕模式。

图中有三个方框，各框的作用如下：

● 外端的虚线框：一般为绿色，表示当前屏幕区，即在当前屏幕上显示的区域。

● 内部虚线框：一般为蓝色，表示图纸范围，该范围是用 LIMITS 命令设置的边界或者是图形实际占据的区域。

● 实线框为选取视图框。框的中心

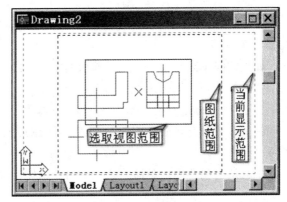

图 3.1-9 动态缩放时的屏幕模式

处有一小叉，用于在作图区域上选取下一次在屏幕上显示的图形区域。具体操作步骤如下。

首先通过鼠标移动该框，实线的左边线与欲显示区域的左边线重合，然后按拾取键，此时框内的叉消失，同时出现一个指向该框右边线的箭头，此时可以通过拖动鼠标的方式改变选取视图框的大小以确定新的显示区域。选好要显示的区域后，按〈Enter〉键。则按该框确定的区域在屏幕上显示图形。

（8）〈实时〉/：实时缩放。在执行 ZOOM 命令时，出现各种显示方式的提示下直接按〈Enter〉键，则会在屏幕上出现类似于放大镜的标记，在此方式下，拖动鼠标可实现动态的缩放；若按〈Esc〉键，则退出操作；若单击鼠标右键，则会弹出一快捷的光标菜单，供用户进行平移、其他缩放方式或退出操作的选择。

除使用 ZOOM 命令进行缩放，AutoCAD 2012 还提供了缩放工具栏，如图 3.1-10 所示，其中 Zoom In 和 Zoom Out 每次缩放 2 倍，相当于 2×。

图 3.1-10 缩放工具栏

2. 图形移动

功能：移动图形，改变图形在屏幕中的显示位置，使图纸的特定部位显示在当前屏幕中。

命令：PAN/[视图]-[平移]/

执行图形移动命令，光标在屏幕上变成一手状图标，此时按〈Esc〉键或〈Enter〉键会退出操作；拖动鼠标可以移动整个图形的观察位置；按鼠标右键弹出一快捷的光标菜单，用户可以在平移、缩放及退出等各种方式间进行选择。

3. 图形重新生成（REGEN）

功能：重新生成图形并刷新当前视口。该命令的执行将对目前所有图形对象重新生成一次，并刷新视图窗口显示。

命令：REGEN/[视图]-[重新生成]

八、绘图命令

（1）直线（LINE）：功能——绘制直线。

命令：LINE/[绘图]-[直线]/

指定第一点：{确定第一个点}

指定下一点或 [放弃 (U)]：{确定下一个点或结束命令}

指定下一点或 [闭合 (C)/放弃 (U)]：{确定下一个点，或按回车} 结束命令，或输入 C 闭合}；

如果按回车回答第一点，则继承上次直线或圆弧的终点。

（2）矩形（Rectangle）：功能——绘制矩形。

命令：Rectangle/[绘图]-[矩形]/

指定第一个角点或 [倒角 (C)/标高 (E)/圆角 (F)/厚度 (T)/宽度 (W)]：{指定矩形第一个角点，或选择 [] 中的某个选项}

①默认选项：确定矩形的第一个角点，然后会提示确定矩形的第二个角点，以此方式确定矩形。

指定另一个角点或 [面积 (A)/尺寸 (D)/旋转 (R)]：{指定点 (2) 或输入选项另一角点}

使用指定的点作为对角点创建矩形。矩形的边与当前 UCS 的 X 或 Y 轴平行。

②尺寸：

使用长和宽创建矩形。第二个指定点将矩形定位在与第一角点相关的四个位置之一内。

指定矩形的长度 <默认值>：{输入矩形的长度}

指定矩形的宽度 <默认值>：{输入矩形的宽度}

指定另一角点或"尺寸 (D)"指定一个点；移动光标以显示矩形可能的四个位置之一并单击需要的一个位置。

③面积:按矩形的面积画矩形,选择该项后,接着提示:
输入以当前单位计算的矩形面积<默认值>:{输入矩形的面积}
计算矩形标注时依据 [长度 (L)/宽度 (W)]<长度>:{输入选项}
输入矩形长度<默认值>:{输入矩形的长度}
④旋转:确定矩形的旋转角度,选择该项后,接着提示:
指定旋转角度或 [拾取点 (P)]<默认值>:{输入角度值或选项 P,如果选择 P,则提示用户输入过哪个点来确定矩形的旋转角度}
⑤C:确定矩形的倒角,选择该项后,接着提示:
指定矩形的第一个倒角距离<默认值>:{确定 X 轴方向的倒角距离}
指定矩形的第二个倒角距离<默认值>:{确定 Y 轴方向的倒角距离}
其余步骤同上。
⑥E:确定矩形离水平面的高度,用于三维作图。选择该项后,接着提示:
指定矩形的标高<默认值>:{确定矩形的高度};
⑦F:确定矩形的圆角,选择该项后,接着提示:
圆角半径<默认值>:{确定矩形的圆角};
⑧T:确定矩形在三维方向升起的厚度,用于三维作图。选择该项后,接着提示:
指定矩形的厚度<默认值>:{确定矩形的厚度}
⑨W:确定矩形的宽度(线条宽度),选择该项后,接着提示:
指定矩形的线宽<默认值>:{确定矩形边的宽度}
画矩形示例如图 3.1-11 所示。

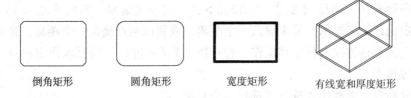

图 3.1-11 矩形画法

九、图形修改命令

1. 对象选择

当用户输入一个编辑命令以后,AutoCAD 就要求选择对象。AutoCAD 提供了多种灵活的对象选择方法,选中的对象构成了选中集,有些命令的选中集可以包含多个对象,有些命令的选中集只能包含一个特定的对象。选中集合中对象以虚线形式显示。

(1) 直接点选方式。

这是一种默认的对象选择方式。操作过程为:将鼠标移动拾取框压在所要选择的对象上,单击鼠标左键,对象被选中,点选方式一次只能选中一个对象。

(2) 全部方式。

如果以 ALL 响应"选择对象"提示,则图形窗口中的所有对象便被选中。

(3) 默认窗口方式。

如果直接通过鼠标器输入的两点(或拖动一个窗口)响应"选择对象"提示,则为以两点为顶点窗口的默认窗口选择方式。如果第一点在左侧，第二点在右侧，则为窗口选择方式；如果第一点在右侧，第二点在左侧，则为交叉窗口选择方式，如图3.1-12所示。

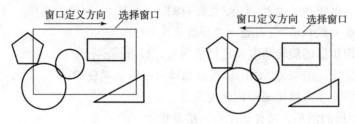

图3.1-12 用默认窗口方式拾取对象

（4）移除模式。

正常选择模式为向选择集中加入对象的模式，AutoCAD也提供了从选中集合中移出对象的处理模式。在"选择对象："提示下，输入"R（Remove）"，即可进入移出对象模式，此时AutoCAD提示"移出对象："。在移出模式下，如果选中了选中集合中的对象，则对象被移出选中集。如果以"A（Add）"响应"移出对象t:"提示，则退出移出模式，回到加入对象模式。

另外，AutoCAD还提供了其他构造选择集的方法，详细内容可参阅其他参考书。

2. 图形修改

偏移（Offset）。

功能：创建同心圆、平行线和等距曲线。

命令：OFFSET/[修改]-[偏移]/

指定偏移距离或 [通过（T）]<1.0000>：   {指定偏移距离或通过（T）}

其中指定偏移距离提示，要求输入一个距离，或利用两点确定一个距离，命令根据指定的距离和指定的偏移方向进行偏移操作。若选择"T（通过）"则要求指定一点，生成的偏移对象将通过这点。

说明：此命令只能利用点选方式选择一个对象。

任务实施

工作任务

（1）根据国家标准《技术制图》《机械制图》关于图幅和比例的有关规定，根据零件的形状和大小选择合适图幅和比例。

（2）已知图幅和比例，设置图幅及绘图环境，绘制图框，创建标准图幅。

【任务解析一】 创建A3模板

利用图层特性管理器选项板、图层的基本操作及图层特性的设置、矩形或直线命令，创建A3图幅及相应的绘图环境，最后以图形样板文件格式保存。具体步骤如下：

1）新建文件

双击桌面上的AutoCAD 2012快捷图标，启动软件，将工作空间切换为"AutoCAD 经典"选项,进入 AutoCAD 用户界面(见图 3.1-1)。

2)设置绘图环境

设置图层、线型、线宽及颜色。

命令：LAYER/LA/[格式]-[图层]/

打开"图层特性管理器"选项板。新建轮廓线、虚线、中心线、双点画线、细实线图层,并设置图层线型、线宽、颜色特性值,如图 3.1-13 所示。

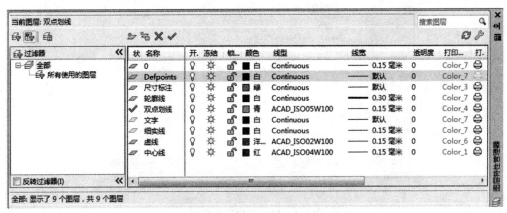

图 3.1-13　新建图层及特性设置

3)绘制图形

(1)使用"矩形"命令(rectang)绘制外图框。将细实线层设定为当前图层,指定矩形左下角点(0,0),右上角点为(420,297),如图 3.1-14 所示。

(2)使用"矩形"命令(rectang)绘制内图框。当前图层切换到轮廓线层,调用矩形命令。命令行输入"FRO",系统提示确定基点,单击外框线矩形左下角点,系统提示输入内框矩形左下角点和右上角点,输入相对坐标(@25,5),(@390,287),则内框线绘制完成。如图 3.1-14 所示。

(3)绘制标题栏外框。整体效果如图 3.1-14 所示。

4)保存文件

命令：SAVE/SAVEas/[文件]-[另存为]

也可单击"另存为"快速访问按钮,文件命名为 A3 模板,如图 3.1-15 所示。

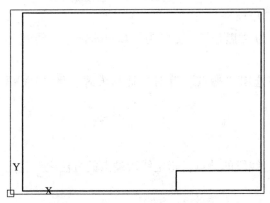

图 3.1-14　矩形命令绘制图框

图 3.1-15　样板文件命名

5) 图形样板的应用

新建文件,在"选择样板"对话框中选择"A3 模板",则可应用新创建的样板文件,如图 3.1 – 16 所示。

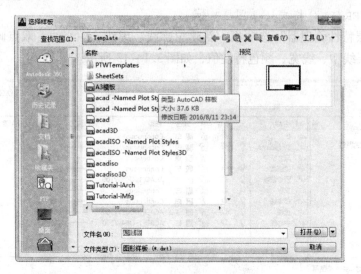

图 3.1 – 16　样板文件命名

【任务解析二】　利用坐标输入绘制简单的平面图形

如图 3.1 – 17 所示,已知点 A 的绝对坐标及图形尺寸,现用直线命令和坐标输入方法绘制图形。需要运用的知识点:直线命令的用法,学会如何输入点的坐标,具体步骤如下:

1) 创建图形文件

利用"新建"命令,创建一个新的图形文件。

2) 设置绘图环境

绘图环境设置包括系统设置和基本绘图设置。系统环境设置是根据需要对"工具"选项中的各个选项进行设置,本例中采用默认设置。基本绘图设置如下:

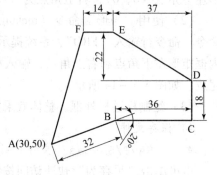

图 3.1 – 17　画线练习

(1) 设置图形界限为 A4 图纸幅面 (210×297)。

(2) 图层设置为:"粗实线"层,颜色为"黑色",线型为"Continuous",线宽为"0.5 mm";

(3) 将"对象捕捉"设置为启用状态,并选用"端点"等对象捕捉模式,将"DYN"和"极轴"设置为"开"。

提示:可以使用 A3 样板图。

3) 绘制图形

启动画线命令以后,AutoCAD 提示用户指定线段的端点,指定线段端点的方法之一就是输入点的坐标值。下面介绍如何输入点坐标值。

命令:LINE/[绘图] – [直线]/

Line 指定第一点：{输入 30，50　回车}　　　　　//输入 A 点的绝对坐标
【指定下一点或［放弃（U）］】：{输入@ 32＜20 回车}　//输入 B 点的相对极坐标
【指定下一点或［放弃（U）］】：{输入@ 36，0　回车}　//输入 C 点的相对直角坐标
【指定下一点或［闭合（C)/放弃（U）］】：
　　{输入@ 0，18 回车}　　　　　　　　　　　//输入 D 点的相对直角坐标
【指定下一点或［闭合（C)/放弃（U）］】：
　　{输入@ -37，22 回车}　　　　　　　　　　//输入 E 点的相对直角坐标
【指定下一点或［闭合（C)/放弃（U）］】：
　　{输入@ -14，0 回车}　　　　　　　　　　 //输入 F 点的相对直角坐标
【指定下一点或［闭合（C)/放弃（U）］】：
　　{输入 C　回车}　　　　　　　　　　　　　//输入 C，按 Enter 键，连
　　　　　　　　　　　　　　　　　　　　　　　接 A 点

4）保存图形

任务 2　绘制平面图形

任务目标

◇ 在了解直线命令的使用方法和技巧的基础上，如何利用对象捕捉、极轴追踪、自动追踪等工具快速画线。
◇ 熟练掌握圆的各种绘制方法、圆的切线和圆弧连接。
◇ 熟练使用各种绘图命令，绘制各种简单与复杂平面图形。

任务呈现

平面图形的特点由直线和圆弧、多边形、圆弧连接等几何图形组成，AutoCAD 提供了很多画图和修改命令来完成图形的绘制。另外，在绘图过程中，通过设置栅格、捕捉、正交方法、极轴和对象追踪、对象捕捉等功能，实现利用鼠标器拾取精确点，如不借助辅助工具，很难准确拾取这些点。因此熟练掌握这些辅助工具能够有效提高绘图效率。

想一想

◇ 极轴追踪、自动追踪、对象捕捉、动态输入等功能如何打开与关闭？
◇ 对象捕捉的特征点有哪些？如何使用？
◇ 怎么设置不同的捕捉点、对象追踪的角度？
◇ 如何绘制圆弧连接？

知识准备

一、辅助绘图工具

AutoCAD 提供了一些绘图的辅助工具，利用这些工具可以绘制出更精确的图形。主要介绍：栅格、正交模式；点的捕捉功能；显示控制功能。

1. 草图设置

AutoCAD 2012 中，有关点的定位的辅助功能设置，集中在一个窗口中进行，调用窗口命令为：

命令：DSETTINGS/[工具]-[绘图设置]

命令执行，弹出如图 3.1-18 所示的"草图设置"对话框。其中包括捕捉和栅格、极轴追踪、对象捕捉、动态输入等选项卡。下面介绍如何设置和实现相应的功能。

1）栅格和捕捉设置

"捕捉和栅格"选项卡用来设置 AutoCAD 的栅格捕捉与栅格显示等功能，具体内容如图 3.1-18 所示。

图 3.1-18 "草图设置"对话框"捕捉和栅格"选项卡

（1）启用捕捉：打开或关闭栅格捕捉功能。所谓栅格捕捉功能，是 AutoCAD 可以生成一个隐含分布在屏幕上的栅格，这些栅格能够捕捉光标，使得光标只能落到其中的一个栅格点上。还可以使用功能键〈F9〉或单击状态栏上的 SNAP 按钮实现栅格捕捉功能的打开与关闭。

（2）捕捉（SNAP）设定：其中"捕捉 X 轴间距"与"捕捉 Y 轴间距"文本框用来设置捕捉栅格在 X、Y 方向上的间距。"角度"框确定捕捉栅格旋转角度，X 基点、Y 基点框用来设定捕捉的原点。

（3）栅格（Grid）设定：用来打开或关闭及设置栅格功能。显示栅格的间距可与捕捉栅格的间距设置为相等，也可设置为不等。用户可通过图 3.1-18 的"草图设置"对话框中的"捕捉和栅格"选项卡来设置栅格在 X、Y 方向上的轴间距（默认为10）。可用功能键〈F7〉或单击状态栏上的 Grid 按钮实现打开与关闭栅格功能。

（4）捕捉类型和样式设定：用户可将捕捉模式设置成栅格捕捉模式。在栅格捕捉模式下，有两种选择：矩形捕捉，即沿水平或垂直方向捕捉；等轴测捕捉，即正等测捕捉模式，在绘制正等测图环境下用此选项。极轴捕捉模式下，光标的捕捉将从极轴追踪起始点并沿着在"极轴模式"选项中设置的角增量方向捕捉。此时应通过"极轴间距"框中的"极轴距离"设置捕捉距离。

2）极轴追踪设置

极轴追踪选项卡用来进行极轴自动追踪设置，相应的对话框如图 3.1-19 所示。对话框和主要功能如下：

图 3.1-19 "极轴追踪"选项卡

（1）启用极轴追踪：启用或关闭极轴追踪，利用〈F10〉键或单击状态栏上的 极轴 按钮可以实现相同的操作。启用极轴追踪功能，用户在绘图中确定追踪起始点后，光标将锁定用户设定的方向及倍角方向移动。

（2）极轴角设置：设置极轴追踪的角度增量；"附加角"确定极轴追踪时是否采用附加的角度增量，可通过"新建"和"删除"按钮增、删附加角度。

（3）对象捕捉追踪设置：设定对象捕捉追踪模式，用户可以进行"仅正交模式"和"用所有极轴角设置追踪"之间进行选择。

（4）极轴角测量：设定是采用绝对角度测量，还是相对于上一对象进行测量。

使用自动追踪，必须打开对象捕捉，AutoCAD 首先捕捉一个几何点作为追踪的参考点，然后按照水平、垂直或设定的极轴方向追踪。

3）对象捕捉设置

通过"对象捕捉"选项卡启用对象自动捕捉和对象自动捕捉追踪功能。相应设置对话框如图 3.1-20 所示。

（1）启用对象捕捉：确定是否启用对象自动捕捉功能，利用〈F3〉键或状态栏上的 对象捕捉 按钮可以实现该设置。启用对象自动捕捉功能后绘图时能自动捕捉到在"对象捕捉模式"框中设置的相应性质的点。

（2）启用对象捕捉追踪：确定是否启用对象自动捕捉追踪功能，利用功能键〈F10〉或单击工具栏上的 对象追踪 按钮可以实现该设置。启用此项功能，绘图时提示用户确定一点时，便会基于指定的捕捉点沿指定的方向追踪。

（3）对象捕捉模式：确定对象自动捕捉的模式，用户可从相应的框中选择相应性质的点。如果全选可用按钮全部选择，刷新用按钮全部清除。

4）动态输入设置

通过"动态输入"选项卡可以控制指针输入、标注输入、动态提示及绘图工具栏提示的外观，相应设置对话框如图 3.1-21 所示。

图 3.1-20　"对象捕捉"对话框　　　　图 3.1-21　"动态输入"对话框

（1）启用指针输入。打开指针输入，工具栏提示中的十字光标位置的坐标值将显示在光标旁边（见图 3.1-22）。命令提示输入点时，可以在工具栏提示中输入坐标值（Tab 键切换到下一个工具栏提示），而不用在命令行上输入。在指定点时，第一个坐标是绝对坐标，第二个或第一个点的格式是相对极坐标。如果需要输入绝对值，请在前面加上前缀#。

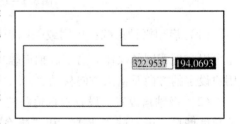

图 3.1.22　指针输入工具栏动态提示

如果同时打开指针输入和标注输入，则标注输入在可用时，将取代指针输入。 设置 按钮显示"指针输入设置"对话框。

（2）启用标注输入。打开标注输入，当命令提示输入第二个点或距离时，将显示标注的距离值与角度值的工具栏提示，如图 3.1-23 所示。标注工具栏提示中的值将随光标移动而更改。 设置 按钮显示"标注输入设置"对话框。

（3）动态提示。需要时将在光标旁边显示工具栏提示中的提示，以完成命令，如

图 3.1 – 24 所示。可以在工具栏提示中输入值，而不用在命令行上输入值。

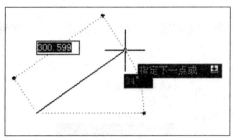
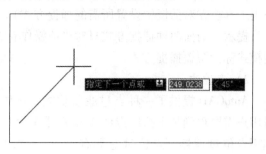

图 3.1 – 23　标注输入工具栏动态提示　　　　图 3.1 – 24　工具栏动态提示

2. 对象捕捉

在绘图过程中，常常需要在一些特殊几何点间连线，例如，过已知圆的圆心，线段的端点和中点等，如不借助辅助工具，很难准确拾取这些点。对象捕捉可以迅速、准确地捕捉到图形实体上的这些特殊点。

1）对象捕捉模式

用户可以用以下三种方法调用对象捕捉。

（1）绘图过程中，当 AutoCAD 提示输入一个点时，用户可以单击对象捕捉工具条（见图 3.1 – 25）或输入对象捕捉命令简称来启动对象捕捉，然后将光标移动到要捕捉的特征点附近，AutoCAD 就自动捕捉到该点。

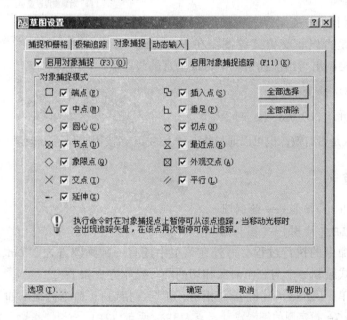

图 3.1 – 25　对象捕捉工具栏

（2）利用光标菜单，当 AutoCAD 提示输入一个点时，按下〈Shift〉键或〈Ctrl〉键同时按鼠标右键，便会弹出如图 3.1 – 26 所示的快捷菜单，利用该菜单也可以快速实现对象捕捉功能。

（3）采用自动捕捉方式定位点，当状态栏的"对象捕捉"按钮起作用即可。另外，对象捕捉的设置。右键单击"对象捕捉"按钮，选择"设置"选项，打开图 3.1-25（对象捕捉工具栏在对话框中设置所需的捕捉方式）。

提示：前面两种捕捉方式只对当前操作有效，命令结束后，捕捉模式自动关闭，这种捕捉模式称为覆盖捕捉方式。

2）点过滤

AutoCAD 提供了一种点过滤器功能。在作图时，有时用户需要得到某个拾取点的 X 坐标或 Y 坐标，就可以利用点位过滤器。点位过滤器有".X"".Y"".Z"".XY"".XZ"".YZ"分别得到拾取点的 X、Y、Z、XY、XZ 和 YZ 坐标。如果在提示输入点时，以".X"回应，则系统提示输入 X 坐标，接着系统提示需要 YZ 坐标，再拾取另一点得到 YZ 坐标，这样，通过一点的 X 坐标和另一点的 YZ 坐标得到了新的点。可以在 AutoCAD 提示点的任何时候激活点过滤器，方法是在要过滤的坐标名（X、Y、Z 或其组合）前加点。

3）对象捕捉的应用

在绘图过程中，当 AutoCAD 提示用户输入一点时，利用对象捕捉功能准确地捕捉到指定点，这在绘图过程中是十分重要的。

4）正交功能打开与关闭

功能：控制是否以正交方式绘图。在正交方式下，用户可以方便地绘制出与当前栅格轴平行或垂直的线段。

图 3.1-26 对象捕捉快捷菜单

命令：ORTHO/正交/F8

输入模式 [开 (ON)/关 (OFF)] <开>：

设定正交方式是否有效，也可以通过状态条上的 正交 按钮或利用功能键〈F8〉进行设置。

二、绘图命令

1）圆（Circle）：功能——绘制圆

命令：CIRCLE/[绘图]-[圆]/⊙

操作过程见命令的执行过程。另外在菜单中还有一种画圆方式"Tan, Tan, Tan"，用户可以通过该方式绘制一个与三个对象相切的圆。操作方式如下：

选择下拉菜单：[绘图]-[圆]-[相切、相切、相切]；命令行提示如下：

命令：_circle 指定圆的圆心或 [三点 (3P)/两点 (2P)/相切、相切、半径 (T)]：_3p

指定圆上的第一个点：_tan 到 {选择第一个相切对象上的一点 (tan1)}；

指定圆上的第二个点：_tan 到 {选择第一个相切对象上的一点 (tan2)}；

指定圆上的第三个点：_tan 到 {选择第一个相切对象上的一点 (tan3)}；

说明：屏幕上必须有三个图形实体（图中的三条线）。

画圆示例如图 3.1-27 所示。

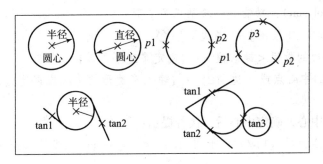

图 3.1-27 圆的绘制方式

2) 椭圆（Ellipse）：功能——绘制椭圆

命令：ELLIPSE/［绘图］-［椭圆］/

指定椭圆的轴端点或 ［圆弧 (A)/中心点 (C)］：{确定椭圆轴的一个端点 (1)}

(1) 直接输入一点，确定椭圆轴的一个端点，接着提示：

指定轴的另一个端点：{确定椭圆轴的另一个端点 (2)}

指定另一条半轴长度或 ［旋转 (R)］：{确定另一轴的半长 (3) 或选择"R"}

此时可以直接输入椭圆另一轴的半长，通过确定长、短轴绘制椭圆，如果选择"R"则通过绕第一条轴将圆旋转一定角度（范围为 0～89.4°），使其投影为椭圆。选择"R"后，接着提示：

指定绕长轴旋转的角度：{确定绕主轴旋转的角度，点 (3)}

(2) A：圆弧选项，用来绘制椭圆弧。选择该项后，计算机先完成椭圆的绘制，接着提示：

指定起始角度或 ［参数 (P)］：　　{确定起点角度 4 或 ［参数］}

指定终止角度或 ［参数 (P)/包含角度 (I)］：{确定起点角度 5 或 ［参数］}

确定椭圆弧大小有两种方式，一种方式是给定开始角度、终止角度，另一种方式为参数方式。

(3) C：用中心点画椭圆，选择后接着提示：

指定椭圆的轴端点或 ［圆弧 (A)/中心点 (C)］：C

指定椭圆的中心点：{确定椭圆的中心 1}

指定轴的端点：{确定椭圆轴的端点 2}

指定另一条半轴长度或 ［旋转 (R)］：{确定另一椭圆轴的半轴长 3 或选择"R"项}

画椭圆示例如图 3.1-28 所示。

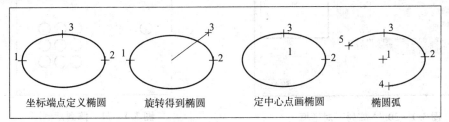

图 3.1-28 椭圆和椭圆弧

3）多边形（Polygon）：功能——绘制正多边形

命令：POLYGON /［绘图］-［多边形］/⬡

POLYGON 输入边的数目＜缺省值＞：{确定多边形边数}

指定正多边形的中心点或［边（E）］：{输入多边形的中心或以定边的方式绘制正多边形}

（1）直接确定中心，确定中心后，接着提示：

输入选项［内接于圆（I）/外切于圆（C）]＜I＞：{输入多边形绘制方式，"I"内切"C"为外接}

选择后接着提示：

指定圆的半径：{确定圆的半径}

（2）E：通过定义多边形的边来确定，选择后提示：

指定边的第一个端点：{确定边上的一个端点（1）}

指定边的第二个端点：{确定边上的另一个端点（2）}

绘制正多边形的示例如图 3.1-29 所示。

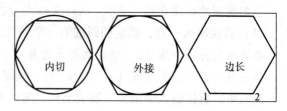

图 3.1-29　多边形图

三、图形编辑命令

1）删除对象（Erase）：功能——从图形中删除指定对象

命令：E (Erase)/［修改］-［删除］/✐

选择对象：{选择要删除的对象}

选择对象：{或空格继续选择对象}

2）阵列（Array）：功能——创建按指定方式排列的多个对象副本

命令：ARRAY/［修改］-［阵列］/▦

输入命令后 AutoCAD 会弹出如图 3.1-30 所示对话框，用户通过"阵列"对话框非常简便直观地进行矩形阵列和环形阵列操作，如图 3.1-31 所示。

图 3.1-30　"阵列"对话框

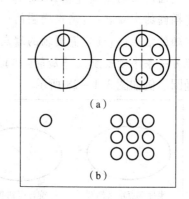

图 3.1-31　阵列示例图
(a) 环形阵列；(b) 矩形阵列

3) 修剪（Trim）：功能——用其他对象定义的剪切边修剪对象

命令：TRIM/[修改]-[修剪]/

当前设置：投影=UCS，边=无

选择剪切边…

选择对象或<全部选择>：{选择一个或多个对象并按 ENTER 键，或者按 ENTER 键选择所有显示的对象}

选择要修剪的对象，或按住 Shift 键选择要延伸的对象，或

[栏选（F）/窗交（C）/投影（P）/边（E）/删除（R）/放弃（U）]：{选择要剪切的对象，按住 shift 键选择要延伸的对象，或输入选项}：

各选项含义如下请参阅帮助或其他参考书。

提示：某些要修剪的对象的交叉选择不确定。TRIM 将沿着矩形交叉窗口从第一个点以顺时针方向选择遇到的第一个对象。

4) 镜像（Mirror）：功能——创建对象的镜像图像副本

命令：MIRROR/[修改]-[镜像]/

选择对象：{选择要镜像的对象}

指定镜像线的第一点：指定镜像线的第二点：

是否删除源对象？[是〔Y〕/否〔N〕]<N>：

若直接按〈Enter〉键，即执行默认项，镜像复制源对象的同时，保留原来的对象；若回应"是<Y>"，则在镜像复制的同时，还要删除源对象。

5) 旋转（Rotate）：功能——绕基点旋转对象

命令：ROTATE/[修改]-[旋转]/

选择对象：{选择要旋转的对象}

指定基点：{确定旋转的基点}

指定旋转角度或[复制（C）/参照（R）]<默认值>：{输入角度数值、第二点或选项关键字 C 或 R}

如果直接指定旋转角度，将对象绕基点旋转该角度，逆时针为正，顺时针为负；若选择"C"选项，则保留原来的图形；若选择"R"选项，则以参考方式旋转对象，执行该选项，命令行提示：

指定参考角〔0〕：{指定当前的绝对旋转角度和所需的新旋转角度}

指定新角度：{指定新绝对角度}

执行结果：对象先假想绕基点旋转在指定参考角的角度，转动的方向与系统变量 ANGDIR 确定的方向相反，然后再旋转相对于参考方向的角度，即实际旋转的角度是相对于参考方向的角度（新角度）减去参考角度。

6) 延伸（Extend）：功能——将对象延伸到另一对象

命令：EXTEND/[修改]-[延伸]/

当前设置：投影=无，边=延伸，选择边界边…

选择对象<全部选择>：{选择作为延伸边的对象，或按 ENTER 键选择所有对象作为可能的延伸边界}

选择要延伸的对象，或按住 Shift 键选择要修剪的对象，或[栏选（F）/窗交（C）/投影（P）/边（E）/放弃（U）]：{选择要延伸的对象，或按住 SHIFT 键选择要修剪的对象，

或输入选项}{操作与修剪命令相同}

延伸和剪切两命令可互相切换:在执行 TRIM 命令过程中,如果在选择需要修整的对象的同时按住〈Shift〉键,就可以转换成执行 EXTEND 命令,即延伸所选择的对象。反之亦然,如图 3.1-32 所示。

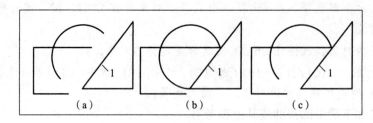

图 3.1-32 延伸示例图
(a) 原图;(b) 延伸边界 1;(c) 不延伸边界 1

任务实施

工作任务

(1) 图形分析:尺寸分析,线段分析,明确图幅大小、绘图比例。
(2) 绘图环境设置:图层及图层特性。
(3) 图形绘制:图形的绘制与修改,明确命令使用方法。
(4) 图形保存。

【**任务解析一**】 精确绘制简单平面图形

熟练应用直线命令、点的坐标输入、对象捕捉、极轴追踪、自动追踪等工具的设置方法与应用进行快速、精确的绘制图形,具体步骤如下:

1) 图形分析

图 3.1-33 所示图形的特点是直线组成,用直线命令就可完成画图,通过正确设置对象追踪、极轴和对象捕捉能够快速绘制该图形。

2) 创建图形文件

利用"新建"命令,创建一个新的图形文件。

3) 设置绘图环境

绘图环境设置包括系统设置和基本绘图设置。系统环境设置采用默认设置,基本绘图设置可以直接调用任务 1 的设置。

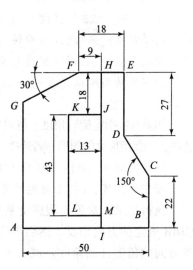

图 3.1-33 画线练习

4) 绘制图形

(1) 画线段 AB、BC、CD 等。

命令:Line/[绘图]-[直线]/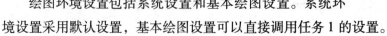
Line 指定第一点:/(单击任一点 A),回车   //单击 A 点

【指定下一点或［放弃(U)］】:{输入50回车}　　//从A点向右追踪并输入追踪距离
【指定下一点或［放弃(U)］】:{输入22回车}　　//从B点向上追踪并输入追踪距离
【指定下一点或［闭合(C)/放弃(U)］】:{输入20回车}
　　　　　　　　　　　　　　　　　　　　　　//从C点沿120°方向追踪并输距离
【指定下一点或［闭合(C)/放弃(U)］】:{输入27回车}
　　　　　　　　　　　　　　　　　　　　　　//从D点向上追踪并输追踪距离
【指定下一点或［闭合(C)/放弃(U)］】:{输入18回车}
　　　　　　　　　　　　　　　　　　　　　　//从E点向左追踪并输追踪距离
　　　　　　　　　　　//从A点向上移动光标，系统显示竖直追踪线
　　　　　　　　　　　//当光标移动到某一位置时，系统显示150°方向追踪
【指定下一点或［闭合(C)/放弃(U)］】:{(单击交点G)，回车}
　　　　　　　　　　　　　　　　//在两条追踪线交点处单击一点G
【指定下一点或［闭合(C)/放弃(U)］】:　　　　//捕捉A点
【指定下一点或［闭合(C)/放弃(U)］】:{回车}　　//按〈Enter〉键结束
(2) 画线段HI、JK、KL等。
命令:Line/［绘图］-［直线］/
Line 指定第一点:{输入9回车}　　　　　//从F点向右追踪并输入追踪距离
【指定下一点或［放弃(U)］】:　　　　　//从H点向下追踪并捕捉交点I
【指定下一点或［放弃(U)］】:{回车}　　//按〈Enter〉键结束
Line 指定第一点:18回车　　　　　　　//从H点向下追踪并输入追踪距离
【指定下一点或［放弃(U)］】:13回车　　//从J点向左追踪并输入追踪距离
【指定下一点或［放弃(U)］】:43回车　　//从K点向下追踪并输入追踪距离
【指定下一点或［放弃(U)］】:　　　　　//从L点向右追踪并捕捉交点M
【指定下一点或［放弃(U)］】:回车　　　//按〈Enter〉键结束

【任务解析二】　绘制复杂平面图形1

全面应用圆命令的各种用法，对象捕捉切点的设置、圆切线画法、修剪命令、阵列命令（环形阵列、圆形阵列）、偏移命令、延伸命令、删除命令进行绘制如图3.1-34所示的复杂平面图形，具体操作步骤如下:

1) 图形分析

图3.1-34所示的图形由直线、圆和连接弧组成，用直线、圆、阵列和修剪命令即可绘制该图形。

2) 创建图形文件并设置绘图环境

绘图环境设置包括系统设置和基本绘图设置。系统环境设置采用默认设置，基本绘图设置使用任务1的设置，直接调用。

将对象捕捉设置为端点、圆心、交点和延伸交点，并打开对象捕捉。

3) 绘制图形

(1) 将当前图层设置为中心线层。

(2) 用画线命令绘制图3.1-34(a)所示的$\phi 124$的中心线，用画圆命令绘制圆$\phi 124$、

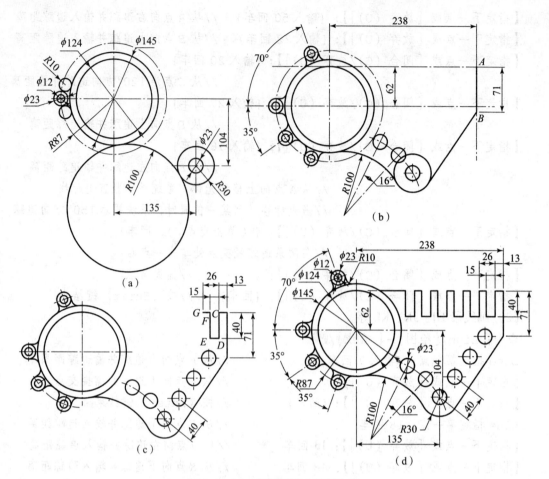

图 3.1-34 复杂图形 1 绘图步骤

ϕ145、R87 中心线圆、ϕ23 和 ϕ12 圆。

(3) 用画线命令绘制 ϕ23 的上、下水平切线。

(4) 选择下拉菜单"绘图"-"圆"-"相切、相切、半径"方式画圆,选择相切对象为 ϕ145 的圆和 ϕ23 的切线,半径为 10,用同样方式绘制图形下面 R100 圆弧,相切对象为 ϕ145 和 R30 圆。

(5) 用修剪命令裁剪多余圆弧。

(6) 使用偏移命令,将横向中心线向上偏移 62,竖直中心线向右偏移 238,得到两线交点 A,然后绘制直线 AB,过 B 点做 R30 圆弧的切线,用修剪命令裁剪 R30 多余圆弧(图 3.1-35(b))。

(7) 用阵列命令选择环形阵列,阵列左侧小圆部分结构,阵列中心选择 ϕ145 的圆心,阵列方法选择项目总数和项目间夹角,总数设为 3,项目间夹角为 35°;向上阵列小圆部分结构,阵列中心选择 ϕ145 的圆心,阵列方法选择项目总数和填充角度,项目总数设为 2,项目填充角度 -70°;环形阵列图形下面 ϕ23 的小圆,阵列中心选择 R100 圆弧的圆心,阵列方法选择项目总数和填充角度,项目总数设为 3,项目填充角度 32°。

(8) 用阵列命令选择矩形阵列,阵列对象图形下面 ϕ23 的小圆,1 行 4 列,阵列角度选择 R30 圆弧的切线的两个端点，AutoCAD 自动计算直线的角度。

4）保存图形文件

【任务解析三】 绘制复杂平面图形 2

应用直线、圆等绘图命令；偏移、修剪、旋转、镜像等修改命令绘制图 3.1-35（a）所示的平面图形。

1）图形分析

图 3.1-35 所示图形的特点为倾斜结构、左右对称，画完图形以后用旋转命令绘制出倾斜图形，用镜像命令完成图形的绘制。

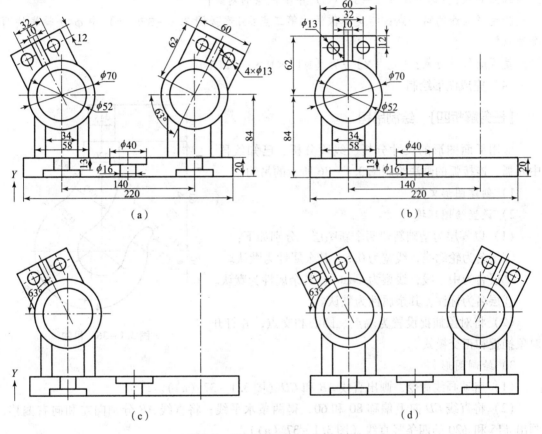

图 3.1-35　复杂图形 2 绘图步骤

2）创建图形文件

3）设置绘图环境

（1）以零层为基础新建 3 个新图层，分别如下：

①层名为轮廓线，线宽为 0.5，其余属性为默认。

②层名为中心线，线型为 Center，其余属性为默认。

③层名为标注，其余属性为默认。

（2）将对象捕捉设置为端点、圆心和交点，并打开对象捕捉和正交模式。

4) 绘制图形

(1) 按照尺寸使用直线、圆、偏移及修剪命令绘制图 3.1-35（b）所示图形；

(2) 使用旋转命令，将图 3.1-35（b）变成图 3.1-35（c）所示图形。

命令：ROTATE/［修改］-［旋转］/

选择对象：｛选择图 3.1-35（b）中 φ52 圆上面的结构｝

指定基点：｛选择 φ52 圆的圆心｝

指定旋转角度或［复制（C）/参照（R）］＜默认值＞：｛输入 27°｝

(3) 使用镜像命令，将图 3.1-35（c）变成图 3.1-35（d）所示图形。

命令：MIRROR/［修改］-［镜像］/

选择对象：｛选择图 3.1-35（c）中要镜像的对象｝

指定镜像线的第一点：指定镜像线的第二点：｛选择图 3.1-37（c）中 φ40 轴线的两个端点｝

是否删除源对象？［是〔Y〕/否〔N〕］＜N＞：｛回车｝

(4) 完成图形绘制。

【任务解析四】 绘制吊钩

应用平面图形的尺寸分析、线段分析、已知线段、中间弧、连接弧的画法绘制图 3.1-36 所示的吊钩。

1) 创建图形文件

2) 设置绘图环境

(1) 以零层为基础新建两个新图层，分别如下：

①层名为轮廓线，线宽为 0.5，其余属性为默认。

②层名为中心线，线型为 Center，其余属性为默认。

③层名为标注，其余属性为默认。

(2) 将对象捕捉设置为端点、圆心和交点，并打开对象捕捉和正交模式。

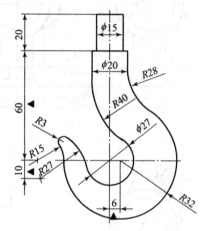

图 3.1-36 吊钩

3) 绘制图形

(1) 启动画线命令，画出直线 AB 和 CD（图 3.1-37（a））。

(2) 将直线 CD 向上偏移 80 和 60，得两条水平线；将直线 AB 分别向左和向右偏移，画出 φ15 和 φ20 的四条竖直线（图 3.1-37（a））。

(3) 剪切多余的线段，如图 3.1-37（b）所示。

(4) 启动画圆命令，以 E 为圆心画出 φ27 圆（图 3.1-37（b））。

(5) 将直线 AB 向右偏移 6，得一直线与 CD 相交于 F 点（图 3.1-37（b））。

(6) 以 F 为圆心画出 R32 的圆（图 3.1-37（b））。

(7) 将直线 CD 向下偏移 10，得直线 GH（图 3.1-37（b））。

(8) 确定 R27 弧的圆心。以 E 为圆心，以 27+13.5 为半径画圆与直线 GH 相交于一点 M，则 M 为 R27 弧的圆心（图 3.1-37（b））。

(9) 画出半径 R27 的圆，删除半径 R27+13.5 的圆（图 3.1-37（c））。

(10) 确定 R15 弧的圆心。以 F 为圆心，以 32+15 为半径画圆与直线 CD 相交于一点

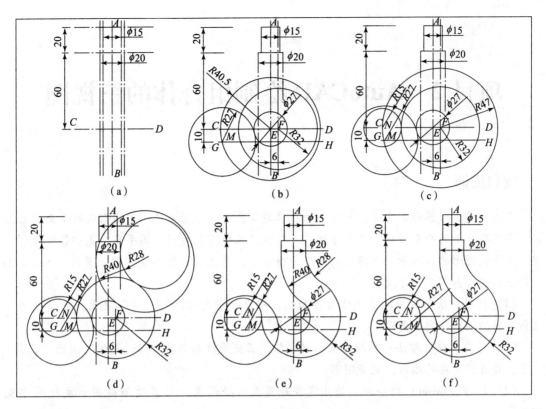

图 3.1-37 吊钩的作图步骤

N,则 N 为 $R15$ 弧的圆心（图 3.1-37（c））。

(11) 画出 $R15$ 的圆,删除 $R32+15$ 的圆（图 3.1-37（c））。

(12) 启动画圆命令,选择"相切、相切、半径（T）"选项,画出 $R28$ 和 $R40$ 两圆弧（图 3.1-37（d））。

(13) 用修剪命令将多余的线段剪掉（图 3.1-37（e））。

(14) 同理画出 $R3$ 圆弧（图 3.1-37（f））,并将多余的线段剪掉（图 3.1-36）。

项目 2　AutoCAD 绘制组合体的三视图

📖 项目描述

三视图是工程图样的基础，无论立体简单与复杂，三视图都是由不同形状的平面图形组成，按照项目 1 的平面图形的绘制方法，并且保证三视图长对正、高平齐、宽相等的投影规律；在绘制图形的过程中，正确运用图形分析方法，并正确绘制截交线和相贯线。AutoCAD 绘制三视图有如下三种方法：

（1）辅助线法：利用构造线作为辅助线，确保视图之间的"三等"关系，并结合图形进行必要的编辑，完成图形。

（2）对象捕捉追踪法：利用对象捕捉追踪、正交等辅助工具，保证视图之间的"三等"关系，并进行必要的编辑，完成图形。

（3）偏移（offset）命令法：给出宽度距离或选择两点计算宽度俯视图和左视图"宽相等"。

任务 1　绘制简单组合体的三视图

📝 任务目标

◇ 进一步熟悉组合体的组合方式和表面之间的关系及 AutoCAD 精确绘图方法。

◇ 掌握圆角、倒角修改命令的使用方法。

◇ 掌握绘制三视图的常用方法。能够利用 AutoCAD 相关命令快速准确的绘制三视图。

📝 任务呈现

图 3.2-1 所示简单叠加组合体由基本几何体经叠加组合而成，三视图由简单的几何图形组成，该类组合体的画法就是保证三视图长对正、高平齐、宽相等的投影规律，从而正确地绘制三视图。

📝 想一想

◇ 图形分析方法：形体分析和线面分析。

◇ 截交线和相贯线的画法，如何用计算机绘制交线？

项目2　AutoCAD 绘制组合体的三视图

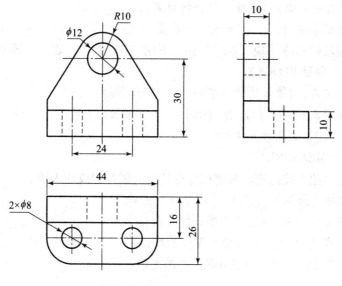

图 3.2-1　简单三视图

◇ 三视图的投影规律：在绘制图形时，如何保证长对正、高平齐、宽相等的投影规律。
◇ 三视图的绘图方法和步骤。

知识准备

一、绘图命令

1) 绘制点（POINT）

功能——按预先选定的样式绘制点。

命令：POINT/[绘图]-[点]-[单点] 或 [多点]/·

指定点：{确定一个点}

指定点：{确定另一个点或回车结束}

说明：

（1）如用户对默认的点的样式及显示的大小不满意，可以通过下列命令进行修改：

命令：DDPTYPE/[格式]-[点样式]

执行后出现图 3.2-2 所示对话框，用户可在此对话框中对点进行设置。

（2）也可由系统变量 PDMODE、PDSIZE 的值来确定。

2) 等分点（DIVIDE）

功能：在指定对象上绘制等分点或在等分点处插入块。

命令：DIVIDE/[绘图]-[点]-[定数等分]/

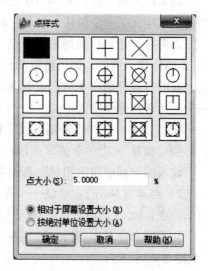

图 3.2-2　设置点的样式

选择要定数等分的对象：{选择要等分的对象}；
输入线段数目或 [块 (B)]：{输入等分数量}；

若在"输入线段数目或 [块 (B)]"提示下用"B"响应，表示在等分点处插入块。提示如下：(关于块，参见 BLOCK)。

输入要插入的块名：{输入块的名字}；
是否对齐块和对象？[是 (Y)/否 (N)]：{Y (或 N)}；
输入线段数目：{输入要插入块数量}；

3) 绘测量点 (MEASURE)

功能：在指定对象上按指定的长度在分点处用点做标记或插入块。

命令：MEASURE [绘图]-[点]-[定距等分]/

选择要定距等分的对象：{选择要等分的对象}↓
指定线段长度或 [块 (B)]：{输入等分长度值}

关于"BLOCK"选项，与"DIVIDE"中的类似。

二、图形编辑命令

1) 复制对象 (Copy)

命令：COPY/[修改]-[复制对象]/

选择对象：　　{选择要复制的对象}
指定基点或 [位移 (D)] <位移>：{指定点或选择 D 项}
指定第二个点或 <使用第一个点作为位移>：
指定第二个点或 [退出 (E)/放弃 (U)] <退出>：

(1) 基点或位移。在"指定基点或 [位移 (D)]:"提示下直接确定一点，即以此点为基准点进行复制，接下来命令行提示：

指定位移的第二点或〈用第一点作位移〉：{指定点或按 ENTER 键}

如果指定两个点，AutoCAD 使用第一个点作为基点并相对于该基点放置单个副本。指定的两个点定义了一个位移矢量，它确定选定对象的移动距离和移动方向。

如果在"指定位移的第二个点"的提示下按〈Enter〉键，则第一个点被当作相对于 X，Y，Z 的位移。例如，如果指定基点为 2, 3 并在下一个提示下按〈Enter〉键，则该对象从它当前的位置开始在 X 方向上移动 2 个单位，在 Y 方向上移动 3 个单位。这种情况下，第一个点通常从键盘输入。

(2) 位移。在"指定基点或 [位移 (D)]:"提示下输入 D，接下来命令行提示：

指定位移 <上一个值>：{输入表示矢量的坐标}

输入的坐标值指定相对距离和方向。

2) 移动 (Move)：功能——将对象在指定方向上平移指定的距离

命令：MOVE/[修改]-[移动]/

与复制命令基本相同，区别在于复制保留原对象，移动不保留原对象，并且移动没有 [重复 (M)] 选项。

3) 缩放 (Scale)：功能——在 X、Y 和 Z 方向上放大或缩小对象

命令：SCALE/[修改]-[缩放]/

选择对象： {选择要缩放的对象}
指定基点： {确定基点}
指定比例因子或［复制（C）/参照（R）］：

如果直接指定比例因子，则将选定的对象根据该比例因子相对于基点缩放，比例因子小于1时缩小对象，比例因子大于1时放大对象。若选择"C"选项，则保留原来的图形。

如果选择"R"，则以参照的方式进行缩放。执行该选项，命令行提示：

指定参考长度<1>：{指定两点或长度值}
指定新的长度值：{指定两点或长度值}

执行结果：AutoCAD 根据参考长度与新长度的值自动计算比例因子（比例因子＝新长度值/参考长度值），然后进行相应的缩放。

4) 拉伸（Stretch）：功能——移动或拉伸对象

命令：STRETCH/［修改］-［拉伸］/

以交叉窗口或交叉多边形选择要拉伸的对象…

选择对象：{选择要拉伸的对象}

指定基点或［位移（D）］<位移>：{确定基点或输入位移坐标}

指定位移的第二点或〈用第一点作位移〉：{指定第二点，或按 ENTER 键使用以前的坐标作为位移}（操作与 COPY 命令相同）

AutoCAD 可拉伸与选择窗口相交的圆弧、椭圆弧、直线、多段线、二维实体、射线、宽线和样条曲线。STRETCH 移动窗口内的端点，而不改变窗口外的端点。STRETCH 还移动窗口内的宽线和二维实体的顶点，而不改变窗口外的宽线和二维实体的顶点。多段线的每一段都被当作简单的直线或圆弧分开处理。对于圆，圆心在窗口内移动，否则不动。

如将图 3.2-3（a）中用虚线围起来的部分按 P1、P2 两点确定的移动量拉伸，其执行结果如图 3.2-3（b）所示。

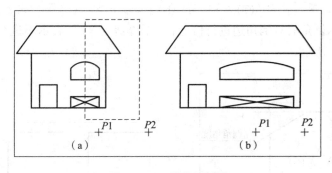

图 3.2-3 拉伸示例图

5) 分解（EXPLODE）

AutoCAD 中一些对象是由多个基本实体组合而成的，如多边形、多义线、块等。在编辑时有时需要修改其中一部分，如删除。这种情况下需将组合的对象分解为多个基本对象，才能对单个实体进行编辑，这种功能在 AutoCAD 中称为"分解"。

功能：将复合对象分解为部件对象。

命令：EXPLODE/［修改］-［分解］/

选择对象： {选择被炸开的对象}

命令执行后，选择的组合对象被炸开成多个基本对象。

6) 倒角（CHAMFER）

功能：用来在两个对象间加一个倒角。可以用该命令裁剪两条线段相交所形成的角，在两线段间按预定的角度加一段线段，形成倒角。

命令：CHAMFER/[修改]-[分解]/

（"修剪"模式）当前倒角距离1 = 3.1 - 0000，距离2 = 3.1 - 0000 {提示当前参数}

选择第一条直线或［放弃（U）/多段线（P）/距离（D）/角度（A）/修剪（T）/方式（E）/多个（M）］：使用对象选择方式或输入选项：D {设倒角距离}

指定第一个倒角距离 <默认值>：{输入数值}

指定第二个倒角距离 <默认值>：{输入数值}

(1) 如果选择一条线段回答"选择第一条直线"提示，则系统接着提示选择第二条线：

选择第二条直线：

在该提示下选择相应的另一条直线，则按相应的倒角设置对此两条直线进行倒角处理。

(2) 多线段（P）：对整条多义线倒角。

(3) 放弃（U）：恢复在命令中执行的上一个操作。

(4) 角度（A）：根据倒角距离和角度进行倒角。执行改选项，命令行提示：

指定第一条直线的倒角长度：

指定第一条直线的倒角角度：

(5) 用户依次输入倒角长度和倒角角度后，将会按照相应输入的信息执行命令。倒角长度与倒角角度的含义如图3.2 - 4所示。

(6) 修剪 T：则确定倒角后是否对相应的倒角边进行修剪。执行该选项，命令行提示：

输入修剪模式选项 ［修剪（T）/不修剪（N）］<修剪>：{选择T或N}

"修剪T"表示倒角后对倒角边进行修剪；"不修剪（N）"表示不进行修剪。修剪与否的效果如图3.2 - 5所示。

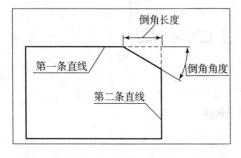

图3.2 - 4 倒角长度与倒角角度示例图

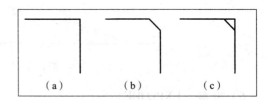

图3.2 - 5 倒直角示例图
(a) 原图；(b) 倒角后修剪；(c) 倒角后不修剪

(7) 方式（E）：则确定按什么方法倒角。执行时，可选择按距离或按角度倒角。

(8) 多个（M）：为多组对象的边倒角。将重复显示主提示和"选择第二个对象"提示，直到用户按Enter键结束命令。

7）圆角（FILLET）

功能：用于在两个对象间修圆角，若两对象不相交，该命令可连接两个对象。

命令：FILLET/［修改］-［倒圆角］/

操作方法与倒直角相同。另外 AutoCAD 有零倒角和圆角的功能，非常灵活，可以同时自动剪切或延伸两条直线。

提示：AutoCAD 2012 的倒角和圆角命令，都可以使用"多个（M）"选项为多组直线添加倒角或圆角，而不必重新启动命令，此时也可以使用"放弃（U）"选项。按住〈Shift〉键并选择两条直线，可以快速创建零距离倒角或零半径圆角。

8）放弃操作（UNDO）

在进行各种绘图、编辑及其他操作时，如果操作有误，用户可以取消已进行的操作。通过 U 或 UNDO 命令执行放弃操作。

（1）用命令 U 放弃操作。

功能：依次反次序取消前面所进行的操作。

命令：U/［编辑］-［放弃］/Ctrl + Z/

执行结果：一次放弃，则最后进行的操作被取消，连续执行放弃，则反次序取消各种操作。

（2）UNDO 放弃操作。

功能：可以一次放弃前面进行的一个或多个操作。

命令：UNDO

输入要放弃的操作数目或［自动（A）/控制（C）/开始（BE）/结束（E）/标记（M）/后退（B）］：

详细说明请参阅其他书籍。

9）重做（REDO）

功能：恢复刚刚用 U 或 UNDO 命令所放弃的操作。

命令：REDO/［编辑］-［重做］/Ctrl + Y/

此命令必须在 U 命令或 UNDO 命令执行结束后立即执行方能生效。

AutoCAD 支持 Windows 剪切板的剪切/复制/粘贴等功能。用户可以利用这些功能将对象放到剪贴板上，而后将其粘贴到指定位置。各项功能在编辑下拉菜单，与其他的 Windows 剪切板功能相同。

任务实施

工作任务

（1）通过分析图形的特点，了解三视图的绘制方法。

（2）通过绘制三视图，学会如何保证三视图的投影规律。

【任务解析一】 绘制截交立体三视图

应用多边形、椭圆命令、偏移命令、修剪命令、极轴追踪的设置、截交线特殊点的求法，绘制图 3.2-6 所示三视图，操作步骤如下：

1) 创建图形文件
2) 设置绘图环境

绘图环境设置包括系统设置和基本绘图设置。系统环境设置采用默认设置，基本绘图设置使用任务1的设置，直接调用。

将对象捕捉设置为端点、圆心和交点，并打开对象捕捉和正交模式。

3) 绘制图形

(1) 图形分析：六棱柱上面叠加斜截切圆柱体。

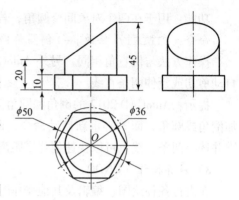

图 3.2-6 截交线椭圆画法

(2) 布图：用画线命令绘制图 3.2-7 (a) 所示图形的作图基准线。

(3) 绘制俯视图：用画圆命令和多边形命令绘制俯视图。

(4) 绘制主视图：利用极轴追踪和对象捕捉功能，保证长对正（或利用尺寸直接绘制），启动画线命令，绘制主视图。

(5) 绘制左视图：

OFFSET/[修改]-[偏移]/⌂

指定偏移距离或 [通过 (T)] <1.0000>：{选择 OM 两点，计算机自动计算两点距离}
选择左视图的中心线进行偏移

利用画线和修剪命令完成图 3.2-7 (a) 所示左视图。

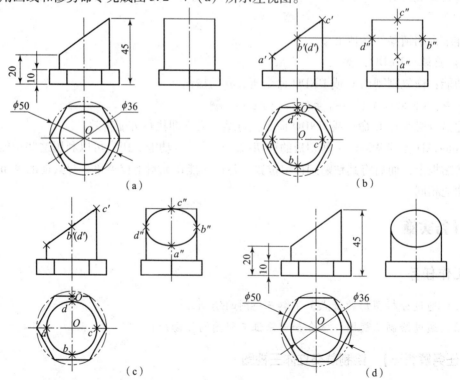

图 3.2-7 截交立体三视图的画图步骤

(6) 绘制截交线椭圆：

设置点的样式：[格式]-[点样式]；{在对话框中，选择1行4列的点样式}

设置对象捕捉为节点；

绘制截交线的特殊点：Point/[绘图]-[点]-[单点]/■；{绘制图3.1-36（b）ABCD四个点的三面投影}（图3.2-7（b））

绘制截交线的椭圆：Ellipse/[绘图]-[椭圆]-[轴、端点]/◯：{选择 a''、b''、d'' 三个点}（图3.2-7（c））

(7) 利用修剪命令修剪多余的图线，完成作图（图3.2-7（d））。

(8) 保存图形。

【任务解析二】 绘制相贯立体三视图

应用三视图的画法、曲面立体相贯线画法完成图3.2-8所示的三视图，操作步骤如下：

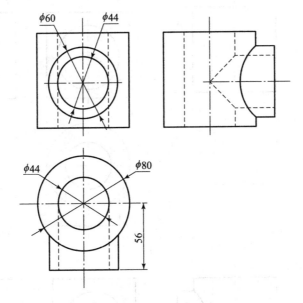

图3.2-8 相贯线画法

1) 创建图形文件

2) 设置绘图环境

绘图环境设置包括系统设置和基本绘图设置。系统环境设置采用默认设置，基本绘图设置使用任务1的设置，直接调用。

将对象捕捉设置为端点、圆心和交点，并打开对象捕捉和正交模式。

3) 绘制图形

(1) 图形分析：三个基本体组成，组合方式有叠加、挖切，表面关系有相交。

(2) 布图：用画线命令绘制图3.2-9（a）所示作图基准线和图形。

(3) 绘制图3.2-9（b）所示左视图的直线 MN、DM、NF。

OFFSET/[修改]-[偏移]/⚏

指定偏移距离或 [通过 (T)]<1.0000>：　　　　　　{输入"60"}

选择左视图的竖直中心线向右偏移，得到直线 MN   {按〈Enter〉键结束命令}
OFFSET/[修改]-[偏移]/
指定偏移距离或 [通过 (T)] <1.0000>:   {输入 30}
选择左视图的水平中心线进行上、下偏移，得到直线 DM、NF   {〈Enter〉键结束命令}
(4) 绘制图 3.2-9 (b) 左视图所示的相贯线。
Arc/[绘图]-[圆弧]/
指定圆弧的起点或 [圆心 (C)]:   {选择图 3.2-9 (b) 所示左视图 D}
指定圆弧的第二个点或 [圆心 (C)/端点 (E)]: {选择图 3.2-9 (b) 所示左视图 E}
指定圆弧的端点: {选择图 3.2-9 (b) 所示左视图 F}
利用修剪命令完成图 3.2-9 (c) 所示图形。
(5) 绘制图 3.2-9 (d) 左视图所示的内相贯线。

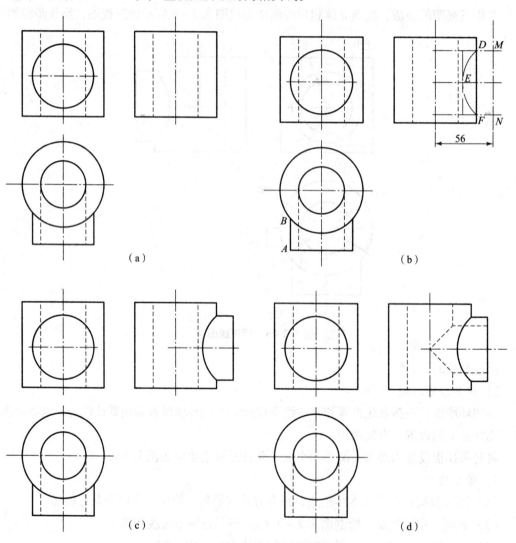

图 3.2-9 相贯立体三视图画法步骤

【任务解析三】 绘制组合体三视图

应用三视图的画法、倒角、倒圆画法绘制图 3.2-10 所示的三视图，操作步骤如下：
1）创建图形文件
2）设置绘图环境

绘图环境设置包括系统设置和基本绘图设置。基本绘图设置使用任务 1 的设置，直接调用。

将对象捕捉设置为端点、圆心和交点，并打开对象捕捉。

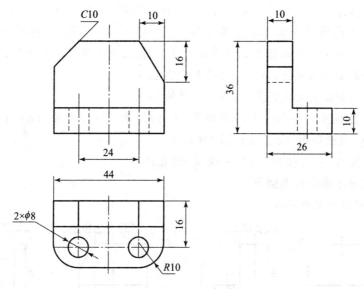

图 3.2-10 截交线的画图步骤

3）绘制图形

（1）图形分析：两个基本体组成，组合方式有叠加、挖切。

（2）布图：用画线命令绘制图 3.2-11（a）所示作图基准线和图形。

（3）绘制图 3.2-11（b）所示倒角、圆角。

命令：FILLET/[修改]-[倒圆角]/

当前设置：模式=修剪，半径=0.0000

选择第一个对象或 [放弃 (U)/多段线 (P)/半径 (R)/修剪 (T)/多个 (M)]：{输入 R 选项}

指定圆角半径 <0.0000>：{输入圆角半径 10}

选择第一个对象或 [放弃 (U)/多段线 (P)/半径 (R)/修剪 (T)/多个 (M)]：{选择图 (a) 俯视图 AB 直线}

选择第二个对：{选择图 (a) 俯视图 BC 直线}

同理完成直线 BC 和 CD 的圆角。

命令：CHAMFER/[修改]-[分解]/

（"修剪"模式） 当前倒角距离 1=0.0000，距离 2=0.0000   {提示当前参数}

选择第一条直线或 [放弃 (U)/多段线 (P)/距离 (D)/角度 (A)/修剪 (T)/方式

(E)/多个 (M)]：使用对象选择方式或输入选项：{输入 D 选项，设倒角距离}

指定第一个倒角距离<默认值>：{输入数值 10}

指定第二个倒角距离<默认值>：{输入数值 10 或者直接回车}

选择第一条直线或 [放弃 (U)/多段线 (P)/距离 (D)/角度 (A)/修剪 (T)/方式 (E)/多个 (M)]：{选择图 (a) 主视图 EF 直线}

选择第二条直线：{选择图 (a) 主视图 FM 直线}

上述步骤完成主视图左侧倒角。

命令：CHAMFER/[修改]-[分解]/

("修剪"模式)　当前倒角距离1=3.1-0000，距离2=3.1-0000　{提示当前参数}

选择第一条直线或 [放弃 (U)/多段线 (P)/距离 (D)/角度 (A)/修剪 (T)/方式 (E)/多个 (M)]：使用对象选择方式或输入选项：{输入 D 选项，设倒角距离}

指定第一个倒角距离<默认值>：{输入数值 10}

指定第二个倒角距离<默认值>：{输入数值 16}

选择第一条直线或 [放弃 (U)/多段线 (P)/距离 (D)/角度 (A)/修剪 (T)/方式 (E)/多个 (M)]：{选择图 (a) 主视图 FM 直线}

选择第二条直线：{选择图 (a) 主视图 MN 直线}

上述步骤完成主视图右侧倒角。

4) 完成左视图所缺的漏线

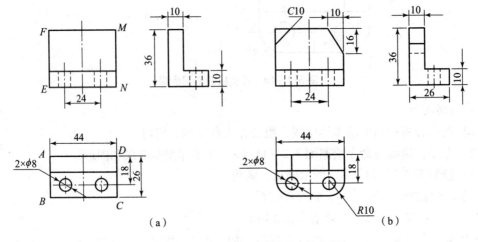

图 3.2-11　任务解析（三）作图步骤

任务 2　投影制图画法

任务目标

◇ 掌握投影制图计算机画图的画法。

◇ 掌握波浪线的画法。

◇ 掌握剖面线的画法。

任务呈现

在实际工作中，有些机件的形状和内外结构都比较复杂，在绘制机械图样时，根据机件的结构形状特点，选择视图、剖视图、断面图和简化画法等适当的表达方法，完整、清晰地表达机件的内外结构形状，并利用 AutoCAD 软件的各项绘图与编辑功能绘制投影制图。

想一想

◇ CAD 剖视图中断裂面及截切面的画法。
◇ AutoCAD 中剖面线的画法。

知识准备

一、绘图命令

1. 多段线（Pline）

功能：绘制多段线，多段线是由直线段和弧线段组成的一个整体。
命令：PLINE/[绘图]-[多段线]/▣
指定起点：{确定起点}
当前线宽为 0.0000：{提示用户多段线当前宽度}
指定下一点或［圆弧（A）/半宽（H）/长度（L）/放弃（U）/宽度（W）］：{确定下一点或选择各选项}

（1）直接输入点：以当前默认线宽绘制多段线。
（2）A：从画线状态转到画圆弧状态。选择该项后，接着提示：
指定圆弧的端点或［角度（A）/圆心（CE）/闭合（CL）/方向（D）/半宽（H）/直线（L）/半径（R）/第二个点（S）/放弃（U）/宽度（W）］：{确定圆弧的终点或选择［ ］中各选项}。

其中："半宽（H）和宽度（W）"为确定线宽，"直线（L）"为转到画线方式，其他均为画圆弧的方式。

（3）C：将多段线的起点与终点闭合，同时结束多段线的绘制。
（4）H：定义多段线的半宽，选择该项后，接着提示。
指定起点半宽<0.0000>：{确定多段线起点的半宽值}
指定端点半宽<0.0000>：{确定多段线终点的半宽值}
（5）L：在最近绘制的多段线方向上延长指定线长，选择该项后，接着提示：
指定直线的长度：{确定多段线长度}
（6）U：删除多段线最后一段。
（7）W：定义多段线全宽，选择该项后，接着提示：
指定起点宽度<0.0000>：{确定多段线起始宽度}
指定端点宽度<0.0000>：{确定多段线终止的宽度}

画多段线的示例如图 3.2 – 12 所示。

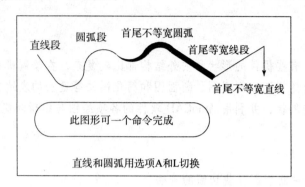

图 3.2 – 12　多段线

2. 样条曲线（Spline）

功能：绘制样条曲线。

命令：SPLINE/［绘图］-［样条曲线］/～

指定第一个点或 ［对象 (O)］：{确定第一个点或选择默认选项}

指定下一点：{确定样条曲线的下一点}

指定下一点或 ［闭合 (C)/拟合公差 (F)］＜起点切向＞：{确定样条曲线的下一点或选择 ［ ］ 中各项，或直接按〈Enter〉键选择默认选项}

（1）直接输入一点：定义样条曲线的下一点。

（2）闭合（C）：将样条曲线起点和终点闭合；选择该项后，接着提示：

指定切向：{确定样条曲线起点的切线方向}

（3）拟合公差（F）：设定样条曲线的拟合公差。拟合公差越大，样条曲线越光滑。拟合公差有"0"和非"0"之分，如为"0"，选定点必在曲线上。

（4）默认选项：表示样条曲线的点已输入完毕，开始确定样条曲线的切线方向；选择该项后，提示：

指定起点切向：{给点坐标确定起点切线方向或按〈Enter〉键}

指定终点切向：{给点坐标确定终点切线方向或按〈Enter〉键}

3. 打断（BREAK）

功能：在一点或两点之间打断选定的对象。

命令：BREAK/［修改］-［打断］/

选择对象：{使用一种对象选择方式或指定对象上的第一个断点}

指定第二打断点 ［或第一点 (F)］：{指定第二个断点或输入 F 重新选择要打断的第一点}

AutoCAD 删除对象在两个指定点之间的部分。如果第二个点不在对象上，则 AutoCAD 选择对象上与之最接近的点，因此，要删除直线、圆弧或多段线的一端，请在要删除的一端以外指定第二个打断点。

要将对象一分为二并且不删除某个部分，输入的第一个点和第二个点应相同。通过输入 @ 指定第二个点即可实现此过程。

直线、圆弧、圆、多段线、椭圆、样条曲线、圆环及其他几种对象类型都可以拆分为两个对象或将其中的一端删除。

AutoCAD 按逆时针方向删除圆上第一个打断点到第二个打断点之间的部分，可将圆转换成圆弧。打断示例如图 3.2-13 所示。

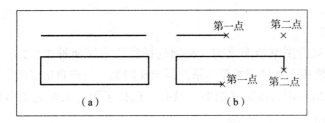

图 3.2-13　打断示例图
(a) 原图；(b) 打断之后图形

二、图案填充（Hatch）

在绘制剖视图时，用不同的剖面符号来区分不同的零件，AutoCAD 采用 Hatch (BHatch) 图案填充命令来进行剖面线的填充。

命令：BHATCH/HATCH/H/BH/[绘图]-[图案填充]/▨

启动 BHatch 命令后，AutoCAD 2012 将打开"图案填充"和"渐变色"对话框，如图 3.2-14 所示。有"图案填充"和"渐变色"两个选项卡及一个其他选项，其中两个选项卡的内容基本一致，本节只对图案填充选项卡作介绍。

图 3.2-14　"图案填充和渐变色"对话框

1. "图案填充"选项卡（Quick option group）

在该选项卡中，可以对图案和类型、角度和比例及图案填充原点等进行设置。下面详细介绍各部分的功能。

1）类型和图案

（1）类型。在进行图案填充之前，必须选择将要采用何种类型的图案进行填充操作。AutoCAD 允许用户使用 3 种填充类型：系统预定义图案、用户自定义图案和定制图案。

（2）图案。列出可用的预定义图案。只有当选择了预定义填充类型后，才允许使用图案下拉列表框和按钮。

（3）"…"按钮。单击此按钮，显示"填充图案选项板"对话框，如图 3.2-15 所示，允许用户在其中选择所需的预定义图案。该对话框中有 4 个标签，分别表示当前 ACAD.PAT 和 ACADISO.PAT 中已定义的 4 类图案，即 ANSI 类图案、ISO 类图案、其他类图案和某些定制图案。

（4）样例：显示选定图案的预览图像。

（5）自定义图案：列出可用的自定义图案。

2）角度和比例

指定选定填充图案的角度和比例。

3）图案填充原点

控制填充图案生成的起始位置。某些图案填充（如砖块图案）需要与图案填充边界上的一点对齐。默认情况下，所有图案填充原点都对应于当前的 UCS 原点。

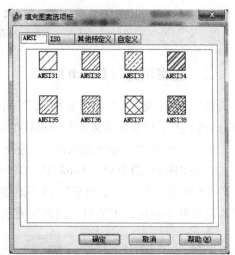

图 3.2-15　"填充图案选项板"对话框

（1）使用当前原点：使用存储在 HPORIGINMODE 系统变量中的设置。默认情况下，原点设置为 (0, 0)。

（2）指定的原点：指定新的图案填充原点。单击此选项可使以下选项可用。

①单击以设置新原点：直接指定新的图案填充原点。

②默认为边界范围：基于图案填充的矩形范围计算出新原点。可以选择该范围的四个角点及其中心。

③存储为默认原点：将新图案填充原点的值存储在 HPORIGIN 系统变量中。

（3）原点预览：显示原点的当前位置。

2. 其他选项（Other option group）

通常，AutoCAD 对图形中的每个实体进行检测，以判断其是否属于用户所确定的边界。当图形较复杂时，检测实体必将花费较长时间。为提高效率、简化边界检测过程，AutoCAD 提供了其他选项功能，用户可借助此选项来定义边界。

1）孤岛

此选项指定在最外层边界内填充对象的方法。如果不存在内部边界，则指定孤岛检测样式没有意义。

孤岛检测：控制是否检测内部闭合边界（称为孤岛）。

AutoCAD 允许用户采用以下 3 种孤岛检测方式：

（1）普通方式。AutoCAD 从最外层边界开始由外向内进行图案填充，碰到第一个边界时就终止图案填充。然后再从下一个边界（即第二个边界）开始，由外向内进行图案填充，依次类推。这种图案填充方式最简单，是 AutoCAD 的默认填充方式。

（2）最外层方式。AutoCAD 从最外层边界开始由外向内进行图案填充，碰到下一个边界就终止图案填充操作，而且也不继续进行边界判断和图案填充。

（3）忽略方式。用户采用忽略方式进行图案填充，AutoCAD 将从最外层边界开始由外向内全部进行图案填充，忽略其他边界的存在。

提示：作为边界的实体必须全部显示在当前视窗区域内。

2）边界保留

指定是否将边界保留为对象，并确定应用于这些对象的对象类型。

（1）保留边界。根据临时图案填充边界创建边界对象，并将它们添加到图形中。

（2）对象类型。控制新边界对象的类型。结果边界对象可以是面域或多段线对象。仅当选中"保留边界"时，此选项才可用。

3）边界集

边界就是直接由图形实体组成的封闭区域。当用户采用拾取内点方式设置图案填充边界时，AutoCAD 将自动分析当前图形文件中可见的各个实体组成边界。

4）允许的间隙

此选项设置将对象用作图案填充边界时可以忽略的最大间隙（0~5000）。默认值为 0，此值指定对象必须为封闭区域而没有间隙。

提示：AutoCAD 2012 允许用户填充不封闭的区域，当要填充的区域不封闭，存在间隙，若该值小于或等于允许间隙的设定值，则 AutoCAD 忽略此间隙，认为边界是闭合（图 3.2-16）。

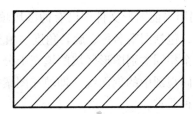

图 3.2-16 边界有间隙的图案填充

5）继承选项

使用"继承特性"创建图案填充时，这些设置将控制图案填充原点的位置。

（1）使用当前原点：使用当前的图案填充原点设置。

（2）使用源图案填充的原点：使用源图案填充的图案填充原点。

3. 填充操作（Hatch operation）

1）添加：拾取点

图案填充实际上就是在由边界围成的区域内填充图案。因此边界定义对图案填充至关重要。AutoCAD 提供了"拾取内点"的方法，内点就是指封闭区域内的点。AutoCAD 将自动搜索到包含该内点的封闭区域的边界。

单击拾取点按钮，AutoCAD 将暂时隐藏边界图案填充对话框，返回主界面，并在命令行给出如下操作提示：

选择内部点：{要求用户在预填充图案的区域内拾取一点}

图 3.2-17（a）~图 3.2-17（c）分别表明拾取内点进行图案填充的操作过程，拾取内点如图 3.2-17（a）所示；AutoCAD 2012 分析判断包含内点的边界如图 3.2-17（b）所示；最终图案填充结果如图 3.2-17（c）所示。

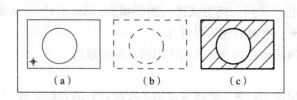

图 3.2-17　拾取内点的操作过程

2）添加：选择对象

单击此按钮可选择组成封闭区域边界的实体，但如果所选择的实体有部分重叠或交叉，图案填充后将出现有些图形超出边界的现象。因此笔者建议用户最好少用该按钮来选择边界。

3）选项

控制几个常用的图案填充或填充选项。

（1）关联。控制图案填充或填充的关联。创建独立的图案填充。

控制当用户指定了几个独立的闭合边界时，创建单个还是多个图案填充对象。

（2）绘图次序。为图案填充或填充指定绘图次序。图案填充可以放在所有其他对象之后或之前和图案填充边界之后或之前。

4）继承特性

AutoCAD 2012 允许用户利用当前图形文件中已有的区域填充图案来设置新的图案，即新图案继承原图案的特征参数，包括图案名称、旋转角度、填充比例、间隔距离、ISO 笔宽等。这对于绘制复杂图形中多个相同类别图形区域的填充十分有利。例如，在机械工程中，一般都要求同一个零部件在不同视图中的剖面线（即填充图案样）要间隔相同，方向一致。采用该功能就能方便地保证这种要求。

单击边界图案填充对话框中的继承特征按钮，AutoCAD 将隐藏该对话框返回主界面，并将十字光标转换成继承特性的图标，同时在命令行提示如下：

选择关联填充对象：{要求用户选择原填充图案}

选择完毕后，AutoCAD 2012 将自动返回图案填充对话框。

5）预览填充

单击边界图案填充对话框中的预览按钮，可以实现区域图案填充预览。结束预览后直接按〈Enter〉键就可回到边界图案填充对话框中。

4. 图案填充编辑（Hatch edit）

图案填充完成以后，如果不合适，可以进行修改。

命令：HATCHedit/[修改]-[对象]-[图案填充]/

快捷菜单：选择要编辑的图案填充对象，在绘图区域单击鼠标右键并选择"图案填充编辑",或双击鼠标左键都可进入图案填充编辑对话框,操作方法与填充相同,这里不再重复。

📝 任务实施

工作任务

(1) 在绘制三视图的基础上,选择合适的剖切方法。
(2) 根据图形的特点,选择合适剖视图的种类,进行剖面线的填充,绘制剖视图。

【任务解析一】 绘制投影视图(一)

应用图案填充命令、图案填充修改绘制图3.2-18所示的投影图,操作步骤如下:

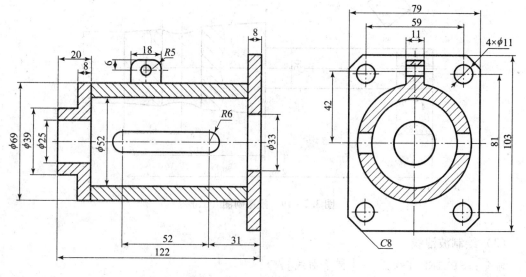

图 3.2-18 投影制图(一)

1)创建图形文件
2)设置绘图环境
3)绘制图形
(1) 图形分析:该图形由4个基本体焊接而成。
(2) 绘制图形:绘制图3.2-18所示的主、俯两视图。
(3) 绘制剖面线。
①启动图案填充命令,AutoCAD显示"图案填充和渐变色"对话框。
②在"图案填充和渐变色"对话框中,单击"添加:拾取点"按钮。
③在图形中,在要填充的每个区域内指定一点,并按〈Enter〉键,此点称为内部点。
④在对话框的"图案填充"选项卡选择图案 ANSI31。
⑤在"角度和比例"栏里按照需要选择合适的角度和比例。
⑥单击"确定"按钮。

(4) 保存图形。

【任务解析二】 绘制投影视图(二)

应用波浪线、多段线的使用方法,绘制图 3.2-19 所示的投影图,操作步骤如下:
1) 创建图形文件
2) 设置绘图环境
3) 绘制图形
(1) 图形分析:该图形是简单的回转体组成。
(2) 图形绘制:绘制图 3.2-19 所示的主视图和断面图。

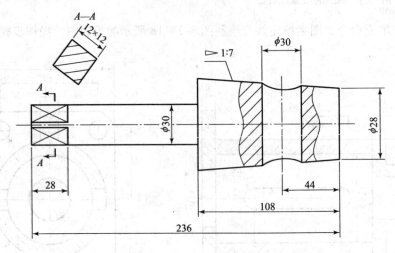

图 3.2-19 投影制图(二)

(3) 绘制波浪线。

命令:SPLINE/[绘图]-[样条曲线]/〰

指定第一个点或 [对象 (O)]:{在图 3.2-20 轮廓外图示位置确定第一个点 B}

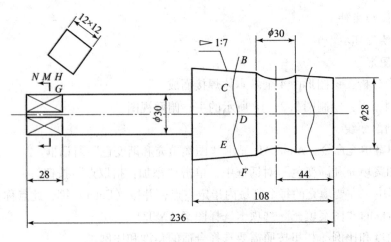

图 3.2-20 投影制图(二)作图步骤

指定下一点：{按照曲线的趋势输入第二个点 C}

指定下一点或 [闭合 (C)/拟合公差 (F)]<起点切向>：{按照曲线的趋势在依次 D、E、F}

指定下一点或 [闭合 (C)/拟合公差 (F)]<终点切向>：{直接按〈Enter〉键}

指定起点切向：{直接按〈Enter〉键}

指定端点切向：{直接按〈Enter〉键}

提示：波浪线可以画在轮廓线外面一部分，然后通过修剪命令把多余的部分修剪掉。

(4) 绘制剖切符号和箭头。

命令：Pline/[绘图]-[多段线]/

绘制 GH 段粗实线。

指定起点：　　{输入起点 G}

当前线宽为 0.0000：{提示用户多段线当前宽度}

指定下一点或 [圆弧 (A)/半宽 (H)/长度 (L)/放弃 (U)/宽度 (W)]：{输入 W 切换线宽选项}

指定起点宽度 <0.00>：{输入线宽 0.5}

指定端点宽度 <0.50>：{输入线宽 0.5 或直接按〈Enter〉键等于起点宽度}

指定下一个点或 [圆弧 (A)/半宽 (H)/长度 (L)/放弃 (U)/宽度 (W)]：{输入点 H}

绘制 HM 段细实线，命令不结束。

指定下一点或 [圆弧 (A)/闭合 (C)/半宽 (H)/长度 (L)/放弃 (U)/宽度 (W)]：{输入 W 切换线宽选项}

指定起点宽度 <0.50>：{输入线宽 0}

指定端点宽度 <0.00>：{输入线宽 0 或直接按〈Enter〉键等于起点宽度}

指定下一点或 [圆弧 (A)/闭合 (C)/半宽 (H)/长度 (L)/放弃 (U)/宽度 (W)]：{输入点 M}

绘制 MN 段箭头，命令不结束，首尾宽不同。

指定下一点或 [圆弧 (A)/闭合 (C)/半宽 (H)/长度 (L)/放弃 (U)/宽度 (W)]：{输入 W 切换线宽选项}

指定起点宽度 <0.00>：{输入线宽 0.5}

指定端点宽度 <0.50>：{输入线宽 0}

指定下一点或 [圆弧 (A)/闭合 (C)/半宽 (H)/长度 (L)/放弃 (U)/宽度 (W)]：{输入点 N}

指定下一点或 [圆弧 (A)/闭合 (C)/半宽 (H)/长度 (L)/放弃 (U)/宽度 (W)]：{按〈Enter〉键}

提示：另一侧剖切符号用镜像命令绘制即可。

(5) 绘制剖面线（同上）。

(6) 保存图形。

项目 3　AutoCAD 绘制工程图样

📋 项目描述

工程图样包括零件图和装配图。用来表达零件形状、结构、大小和技术要求的图样称为零件图。表达机器或部件的图样,称为装配图。按照零件的成组理论,可以将零件分为 4 大类:轴类零件、盘盖类零件、叉架类零件和箱体类零件。一张完整的零件图包含 4 部分内容:一组完整的视图、完整的尺寸标注、必要的技术要求和标题栏。本项目主要为大家讲解如何利用 AutoCAD 工具正确绘制零件图和装配图。

任务 1　绘制零件图

📝 任务目标

◇ 掌握简单零件图的绘制方法,了解复杂零件图的绘制方法。
◇ 掌握创建、编辑图块的操作方法,并能够给图块添加属性。
◇ 掌握创建和编辑文字的方法。
◇ 掌握尺寸公差、形位公差的标注方法。

📝 任务呈现

根据零件图的四部分内容,要采用"长对正、宽相等、高平齐"的投影规律进行图形绘制。对于几大类典型零件而言,根据零件的特点,采用对象捕捉和对象追踪,以及前面所学的二维绘图命令、修改命令绘制出完整的一组视图;利用尺寸标注命令进行尺寸标注,并标注表面粗糙度和尺寸公差与形位公差等技术要求,最后填写标题栏。

📝 想一想

◇ 零件图的技术要求中表面粗糙度、尺寸公差和形位公差的标注。
◇ 零件图上倒角、圆角、沉孔和凸台等工艺结构的画法。
◇ 四大类典型零件的结构特点。

知识准备

一、文本标注与编辑（Text and edit）

很多工程图样需要对图形进行文字说明，另外，在图形中还经常出现诸如直径符号（φ）、角度符号（°）等特殊符号。AutoCAD 可以实现各种形式文本的标注，同时还可以对于已标注的文本进行编辑。本节重点介绍如何在图样中进行文本标注。

1. 定义字体样式（Define font style）

标注文本之前，需要先给文本字体定义一种样式（Style），字体样式是所用字体文件、字体大小、宽度系数等参数的综合。

在 AutoCAD 中，定义字体样式的命令为 Style，命令格式：

命令：STYLE/ST/[格式] - [文本样式]

启动 Style 命令后，AutoCAD 在屏幕上出现如图 3.3 - 1 所示的对话框，在该对话框中用户可以进行字体样式的设置。下面简单介绍文本样式对话框中各部分的作用。

图 3.3 - 1　"文字样式"对话框

（1）"样式（S）"选项组。在这个选项组中，有一个下拉列表框，其中列出了当前图形文件中所有曾定义过的字体样式。若用户还未定义过字体样式，则 AutoCAD 默认 Standard 字体样式为当前字体样式。下拉列表框的右边，水平排列着 3 个按钮。"新建"按钮用来创建新的字体样式；"重命名"按钮用来更改已存在的字体样式名称；"删除"按钮用来删除所选择的字体样式。

（2）"字体"选项。字体名设置区就是选择定义字体的文件，这些字体决定了文字最终显示的形式。下面对字体选项组中的各项内容进行介绍：

① "字体名"下拉列表框，在此下拉列表框中罗列了所有字体的清单。带有双"T"标志的字体是 Window 系统提供的"TrueType"字体，其他字体是 AutoCAD 自己的字体，其中"gbenor.shx"和"gbeitc.shx"字体是符合国标的工程字体。

② "高度"文本框，在此框中可以设置标注文字的高度，默认值为 0。若取默认值，则

在使用 Text 或 DText 两种标注命令进行标注时，需重新进行设置。

③"大字体"复选框。大字体是指专为亚洲设计的文字字体。其中"gbcbig. shx"字体是符合国标的工程汉字字体，该文字文件还包括一些常用的特殊符号。由于"gbcbig. shx"中不包含西文字体定义，因而使用时可将其与"gbenor. shx""gbenitc. shx"字体配合使用。

（3）"效果"选项组，设定字体的具体特征。

"颠倒"复选框确定是否将文本文字旋转180°；"反向"复选框确定是否将文字以镜像方式标注；"垂直"复选框控制文本是水平标注还是垂直标注；"宽度因子"文本框用来设定文字的宽度系数；"倾斜角度"文本框确定文本的倾斜角度。

（4）预览区，效果预览。

在该区用户可通过预览窗口观察所设置的字体样式是否满足自己需要。

用户可根据绘图习惯和需要，设置最常用的几种字体样式，需要时只需从这些字体样式中进行选择，而不需要每次都重新设置，以便提高绘图效率。

例1 定义仿宋字体，并将其设为"汉字"样式，然后输入汉字。

①打开格式菜单，单击文本样式命令，启动 Style 命令。

②在文本样式对话框中，单击"样式"选项组中的"新建"按钮，打开"新建文本样式"对话框，如图3.3－2所示。

③在"新建文本样式"对话框"样式名"文本框中，输入"汉字"并单击"确定"按钮。

图3.3－2　"新建文字样式"对话框

④打开"字体名"下拉列表框，选择"仿宋"字体文件。

⑤打开"字体样式"下拉列表框，选择其中的常规选项。

⑥在"高度"文本框中输入"4"。

⑦在"效果"选项组中的"宽度因子"文本框中输入"0.7"（变成长仿宋字）。

⑧单击"应用"按钮，完成字体样式的设置。再单击"关闭"按钮，关闭对话框。

2. 标注多行文本（Multiple Text）

用 DText 命令虽然也可以标注多行文本，但换行时定位及行列对齐比较困难，且标注结束后，每行文本都是一个单独的实体，不易编辑。为此，AutoCAD 提供了 MText 命令，使用 MText 命令可以一次标注多行文本，并且各行文本都以指定宽度排列对齐，并作为一个实体。

命令：MTEXT/MT/[绘图]－[文字]－[多行文字]/A

当前文字样式： Standard　当前文字高度： 2.5000

指定第一角点：{确定一点作为标注文本框的一个角点}

指定对角点或［高度（H）/对正（J）/行距（L）/旋转（R）/样式（S）/宽度（W）］：

确定标注文本框后，AutoCAD 自动弹出如图3.3－3所示的窗口，在该对话框中，用户可以很方便地进行文本的输入、编辑和修改工作。对话框中各选项卡的功能与其他文本编辑器基本相同。

例2 创建分数即公差形式的文字。

（1）打开"多行文本编辑器"窗口，输入多行文本，如图3.3－3所示。

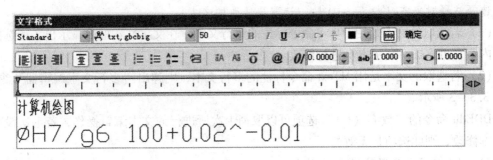

图 3.3-3 "多行文字编辑器"窗口

(2) 选择文字"H7/g6",然后单击 按钮,则文字变成配合符号。

(3) 选择文字 100+0.02^-0.01,然后单击 按钮,则文字变成上下偏差形式。

(4) 单击"确定"按钮。

提示:通过堆叠文字的方法可创建文字的上标和下标,例如,输入 82^,选中"2^",单击 按钮,结果为 8^2。

3. 特殊字符的输入(Input special symbol)

在工程绘图中,经常需要标注一些特殊字符,如表示直径的"Φ"、表示地平面的正负号($\pm$)等。这些特殊字符不能直接从键盘上输入。在图 3.3-3 的"@"选项里直接选择特殊字符,另外 AutoCAD 为输入这些字符还提供了一些简捷的控制码,通过从键盘上直接输入这些控制码,可以达到输入特殊字符的目的。

AutoCAD 提供的控制码及其相对应的特殊字符如下:

- %%O:打开或关闭文字的上划线。
- %%U:打开或关闭文字的下划线。
- %%D:标注度"°"符号。
- %%P:标注"正负公差"符号($\pm$)。
- %%C:标注"直径"符号(Φ)。

AutoCAD 提供的控制码,均由两个百分号(%)和一个字母组成。输入这些控制码后,屏幕上不会立即显示它们所代表的特殊符号,只有在按〈Enter〉键之后,控制码才会变成相应的特殊字符。%%O 与%%U 是两个切换开关控制符,在文本中第一次输入此符号,表明打开上划线或下划线,第二次输入,则关闭上划线或下划线。

4. 文本编辑(Text edit)

已标注的文本,有时需对其属性或文字本身进行修改,AutoCAD 提供了两个文本基本编辑方法,方便用户快速便捷地编辑所需的文本。这两种方法是:DDEdit 命令和特性管理器。

1) 利用 DDEdit 命令编辑文本

DDEdit 命令是文本的一种快速编辑方法,该命令既可编辑用 DText 命令标注的单行文本,也可编辑用 MText 命令标注的多行文本。当用 DDEdit 命令编辑单行文本时,它只编辑文字字符的内容,不能编辑文本的其他属性,如字高、倾斜角度等。如当利用 DDEdit 编辑多行文本时,不仅可以编辑多行文本的文字内容,而且还可修改多行文本的其他,如字高、倾斜角度、行间距、字体样式、对齐方式等。

命令:DDEDIT/ED/[修改]-[对象]-[文字]/双击文本/

选择注释对象或 [放弃 (U)]：{选取要修改的文本}

（1）若选取的文本是用 DText 命令标注的单行文本，在文字文本框内显示出了所选择的文本内容，可直接对文字本身进行修改。

（2）若选取的文本是用 MText 命令标注的多行文本，则弹出"多行文字编辑器"窗口，如图 3.3-3 所示。

DDEdit 命令的"放弃（U）"选项可以取消上次所进行的文本编辑操作，若上次没有进行文本修改，则此选项是无效的。

2）利用特性管理器编辑文本

特性管理器（Properties 命令）可以编辑 AutoCAD 中所有的实体，因此也同样可以对文本进行编辑。

先选择文本，再进入特性编辑功能，就可利用特性管理器对文本的所有特性进行编辑。

在用特性管理器命令编辑图形实体时，允许一次选择多个文本实体；而用 DDEdit 命令编辑文本实体时，每次只能选择一个文本实体，且 AutoCAD 2012 不允许采用窗口（W）或交叉窗口（CW）方式选择实体目标，若未选择文本实体，AutoCAD 将反复提示上述信息，直到选择到文本实体或退出操作为止。

提示：直接用鼠标双击文本对象即可进行文本修改。

5. 创建表格（Create Table）

在 AutoCAD 中，用户可以生成表格对象。创建表格时，系统生成一个空白表格，随后可以在该表格中填入文字或块的信息。表格的宽度、高度及表中文字信息可以很方便地进行修改，还可按行、列方式删除表格单元或是合并表中相邻单元。

1）表格样式

表格对象的外观由表格样式控制，用户可以根据需要设置当前表格样式，以及创建、修改和删除表格样式。

命令：Tablestyle/[格式]-[表格样式]/

启动"表格样式"命令后，AutoCAD 2012 将打开"表格样式"对话框，如图 3.3-4 所示。

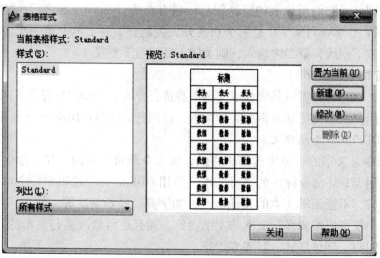

图 3.3-4 "表格样式"对话框

默认的表格样式"Standard",第一行是标题行,第二行是列标题行,其他是数据行。单击"新建"按钮,显示"创建新的表格样式"对话框,如图3.3-5所示。

在"创建新的表格样式"对话框中,单击 继续 按钮,显示"新建的表格样式"对话框,如图3.3-6所示(该对话框的单元样式下拉条包含3个选项卡:数据、列标题和标题,每个选项卡上都有常规特性、边框特性、表格方向及文字特性等4部分组成)。

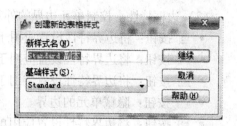

图3.3-5 创建新的表格样式对话框

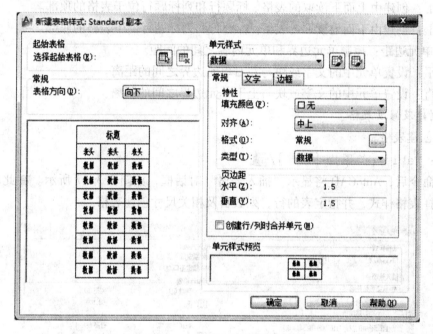

图3.3-6 新建表格样式对话框

(1)单元特性。设置数据单元、列标题和表格标题的外观,具体取决于当前所用的选项卡:"数据"选项卡、"列标题"选项卡或"标题"选项卡。

①用于所有数据行:(仅限于"数据"选项卡)将设置应用于所有数据行。

②包含页眉/标题行:确定表格具有标题行(仅限于"标题"选项卡)还是列标题行(仅限于"列标题"选项卡)。如果清除此选项,将不能选取单元特性设置。

③文字样式:列出图形中的所有文字样式。单击"…"按钮将显示"文字样式"对话框,从中可以创建新的文字样式。

④文字高度:设置文字高度。数据和列标题单元的默认文字高度为0.1800。表标题的默认文字高度为0.25。

⑤文字颜色:指定文字颜色。

⑥填充颜色:指定单元的背景色。默认值为"无"。

⑦对齐:设置表格单元中文字的对正和对齐方式。

(2) 边框特性。控制单元边界的外观。边框特性包括栅格线的线宽和颜色。
- ⊞ 按钮：将边界特性设置应用于所有单元。
- ⊟ 按钮：将边界特性设置应用于所有单元的外部边界卡。
- ⊞ 按钮：将边界特性设置应用于所有单元的内部边界卡。
- ⊟ 按钮：隐藏单元的边界。
- ⊟ 按钮：将边界特性设置应用单元的底边界。

①栅格线宽：指定表格单元边界的线宽。
②栅格颜色：指定表格单元边界的颜色。
(3) 表格方向：设置表格方向。
①向下：创建由上而下读取的表格。标题行和列标题行位于表格的顶部。
②向上：创建由下而上读取的表格。标题行和列标题行位于表格的底部。
(4) 单元边距：控制单元边界和单元内容之间的间距。
①水平：设置单元中的文字或块与左右单元边界之间的距离。
②垂直：设置单元中的文字或块与上下单元边界之间的距离。

2) 创建及修改表格
(1) 创建表格。
命令：Table/[绘图]-[表格]/⊞

输入命令后，AutoCAD 将显示"插入表格"对话框，如图 3.3-7 所示。在此对话框中用户可选择表格样式，并指定表的行、列数目及相关尺寸创建表格。

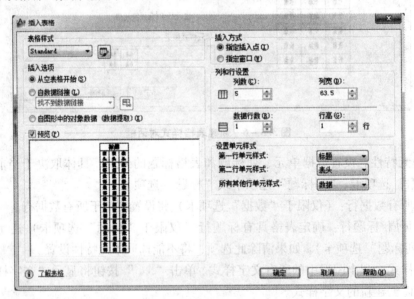

图 3.3-7 "插入表格"对话框

(2) 在表格中添加文字。

表格单元中可以填写文字或块信息。用 TABLE 命令创建表格后，AutoCAD 会亮显表格的每一个单元，同时打开"文字格式"工具栏，此时就可以输入文字；此外，双击某一个单元将其激活后填写文字。当要移动到相邻的下一个单元时，按 Tab 键，或使用箭头键上下左右移动。

(3) 修改表格。

操作步骤如下:

①选择表格单元。在要修改的表格单元单击,按住〈Shift〉键并在另一个单元内单击可以同时选中这两个单元及它们之间的所有单元。

②选择方式修改。修改表格可以通过以下几种方式:

a. 使用夹点编辑。

b. 使用"特性"选项板修改表格,单击"工具"/"表格"。

c. 选择表格单元后,单击鼠标右键,可以对表格进行插入、删除、添加文字及合并单元格等操作。

二、尺寸标注(Dimension)

尺寸标注是工程图样中不可缺少的基本要素。AutoCAD 提供了多种尺寸标注功能,可以方便、快捷完成图样的尺寸标注,本节重点介绍尺寸标注样式及其设置、尺寸标注具体操作方法、尺寸标注的编辑。

1. 概述

AutoCAD 尺寸标注是一个复合体,它以块的形式存储在图形中,其组成部分包括尺寸线、尺寸界线、标注文字、尺寸线的终端及符号等组成(图 3.3-8)。所有这些组成部分的格式都由尺寸样式来控制。尺寸样式是尺寸变量的集合,这些变量决定了尺寸标注中各元素的外观,只要调整样式中某些变量就能灵活地变动标注外观。

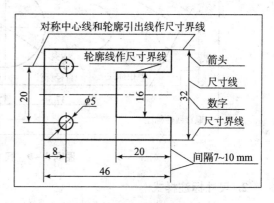

图 3.3-8 尺寸的组成

在标注尺寸前,一般都要创建尺寸样式,否则,AutoCAD 将使用默认样式生成尺寸标注。AutoCAD 中可以定义多种不同的标注样式并为之命名。标注时,用户只需指定某个样式为当前样式,就能创建相应的标注形式。

1) 尺寸标注的组成元素

当创建一个标注时,AutoCAD 会产生一个对象,这个对象以块的形式存储在图形文件中。图中给出了尺寸标注的基本组成部分,以下分别进行说明。

(1) 尺寸界线:尺寸界线表明尺寸的界限,由图样中的轮廓线、轴线或对称中心线引出。标注时,尺寸界线由 AutoCAD 从对象上自动延伸出来,它的端点与对象接近但并不连接到图样上。

(2) 第一尺寸界线:第一尺寸界线位于首先指定的界线端点一边,否则将为第二个尺寸界线。

(3) 尺寸线:尺寸线表明尺寸长短并指明标注方向,一般情况下它是直线,而对于角度标注,尺寸线将是圆弧。

(4) 第一尺寸线:以标注文字为界,靠近第一尺寸界线的尺寸线。

(5) 箭头：也称为终止符号，它被添加在尺寸线末尾。在 AutoCAD 中已预定义了一些箭头的形式，用户可根据国标进行选择，也可利用块创建其他的终止符号。

(6) 第一箭头：尺寸界线的次序决定了箭头的次序。

(7) 尺寸文本是一个文本实体，可以是基本尺寸，也可以是极限尺寸或带公差的尺寸。

2) 尺寸标注的类型

AutoCAD 将尺寸标注分为线性型尺寸标注、径向型尺寸标注、角度型尺寸标注、指引型尺寸标注、坐标型尺寸标注和中心尺寸标注等六大类型，如图 3.3-9 所示。

- 线性型尺寸标注包括水平标注、垂直标注、对齐标注、旋转标注、连续标注和基线标注等 6 种类型。
- 径向型尺寸标注包括半径型和直径型标注。
- 中心尺寸标注包括圆心标注和圆心线标注。

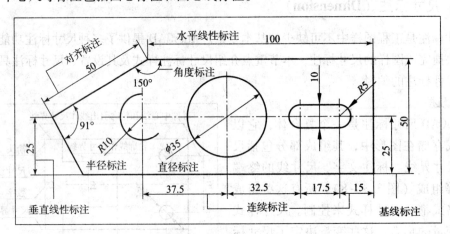

图 3.3-9　尺寸标注的类型

2. 尺寸标注样式

设置尺寸标注样式的目的是为了保证标注在图形实体上的各个尺寸形式相同、风格一致，并且符合有关绘图标准要求。AutoCAD 中的尺寸标注样式主要对以下内容进行定义：

(1) 尺寸线、尺寸界线、箭头和圆心标记的格式和位置。

(2) 标注文字的外观、位置和形状。

(3) 文字和尺寸线的管理规则。

(4) 全局标注比例因子。

(5) 主单位、换算单位和角度标注单位的格式和精度。

(6) 公差值的格式和精度。

1) 尺寸标注样式管理器

为了使尺寸标注的形式和风格符合有关的国家标准，在标注尺寸之前必须创建符合国家标准的标注样式。创建或修改尺寸标注样式的命令如下：

命令：DIMSTYLE/[尺寸标注]-[样式]/

启动 Dimstyle 命令后，AutoCAD 将打开如图 3.3-10 所示的"标注样式管理器"对话框。操作该对话框可编辑或建立尺寸标注样式。

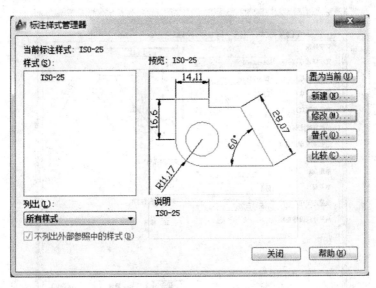

图 3.3 – 10 "标注样式管理器"对话框

（1）"样式"列表框：显示当前图形文件中已经定义的所有尺寸标注样式。每次打开尺寸"标注样式管理器"对话框时，AutoCAD 都在该列表框高亮度显示当前正在使用的尺寸标注样式。如果用户没有设置新的标注样式，则 AutoCAD 的默认标注样式只有 ISO – 25 一种。

（2）"预览"图像框：显示当前尺寸标注样式的效果图。通过该图像框，用户可以即时了解各种尺寸标注样式是否符合自己的需要。如果不是，可进行修改，修改完成后，该图像框中将实时反应出修改后的效果图。

（3）"列出"下拉列表框：可以选择是显示正在使用的尺寸样式还是显示图中的所有样式。

（4）"说明"框架：显示选择的尺寸标注样式与默认的样式的不同之处。

（5）按钮："置为当前"按钮是将在 Styles 列表框中选中的尺寸标注样式设置为当前样式；"新建"按钮为创建新的尺寸标注样式；"修改"按钮是修改现有的尺寸标注样式；"替代"按钮是替换部分尺寸标注样式设置；"比较"按钮将显示比较标注样式对话框，比较任何两种尺寸标注样式的不同。

2）创建新尺寸标注样式

在"标注样式管理器"对话框中单击"新建"按钮后，弹出如图 3.3 – 11 所示的"创建新的表格样式"对话框，在对话框中选择新建标注样式名称，选择好基础样式，确定好应用范围选项之后，单击"继续"按钮进入图 3.3 – 12 所示的"修改标注样式"对话框。在该对话框中，进行新标注样式的形式和风格的设置，这是创建新标注样式的关键步骤，下面进行逐一介绍。

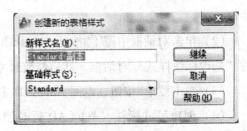

图 3.3 – 11 "创建新的表格样式"对话框

（1）"线"选项卡：设置尺寸线、尺寸界线、箭头和圆心标记的格式和特性。

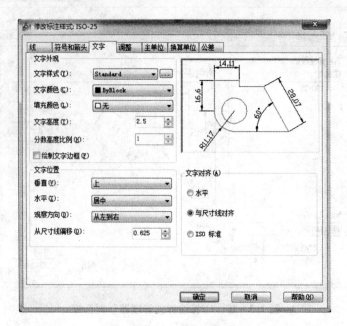

图3.3-12 "修改标注样式"对话框"符号和箭头"选项卡

(2)"符号和箭头"选项卡:设置箭头、圆心标记、弧长符号和折弯半径标注的格式和位置。

(3)"文字"选项卡:设置标注文字的格式、放置和对齐。

(4)"调整"选项卡:控制标注文字、箭头、引线和尺寸线的放置。

(5)"主单位"选项卡:设置主标注单位的格式和精度,并设置标注文字的前缀和后缀。

(6)"换算单位"选项卡:指定标注测量值中换算单位的显示并设置其格式和精度。

(7)"公差"选项卡:控制标注文字中公差的格式及显示。

提示:修改尺寸标注样式与创建步骤相同,请读者自行练习,这里不再阐述。

3)标注样式的覆盖方法

创建或修改标注样式后,AutoCAD将改变所有与此样式关联的标注。但有时我们想创建个别特殊形式的尺寸标注,也不必再创建新样式,只需采用当前样式的覆盖方法进行标注,要建立当前尺寸样式的覆盖形式,操作步骤如下:

(1)打开图3.3-10所示的"标注样式管理器"对话框。

(2)单击对话框中 替代 按钮,打开图3.3-12所示的"修改标注样式"对话框,然后修改尺寸变量。

(3)单击 关闭 按钮,返回 AutoCAD 主窗口。

(4)创建尺寸标注,AutoCAD暂时使用新的尺寸变量控制尺寸外观。

(5)再次进入"标注样式管理器"对话框,把该样式置为当前,此时 AutoCAD 打开一个警告提示对话框,如图3.3-13所示,单击"确定"按钮,AutoCAD就忽略用户对样式的修改。

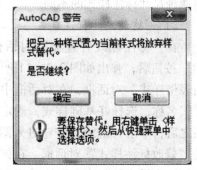

图3.3-13 标注样式替代警告框

3. 尺寸标注（Dimension）

尺寸标注样式设置好后，就可以进行尺寸标注。尺寸标注可以使用多个方法，这取决于用户的经验、个人偏好或设计任务。在标注图样尺寸前完成以下工作：

(1) 为所有尺寸标注建立单独的图层，通过该图层就能很容易地将尺寸标注与图形其他对象区分开来，因而这一步是非常必要的。

(2) 专门为尺寸文字创建文本样式。

(3) 打开自动捕捉模式，并设定捕捉类型为"端点""圆心""中心"等，这样在创建尺寸标注时就能更快地拾取标注对象的点。

(4) 创建新的尺寸样式。

1) 水平和垂直标注（Dimlinear）

DIMLINEAR 命令用于测量和标注两点间的直线距离，包含的选项可以创建水平、垂直或旋转线性标注。标注时有两种方法：一是指定直线起止点进行标注；二是指定直线进行标注。举例说明 DIMLINEAR 命令。

方法一：如图 3.3 – 14 (a) 所示。

命令：DIMLINEAR/[标注] – [线性]/

指定第一条尺寸界线原点或 <选择对象>：{选择点 A}

指定第二条尺寸界线原点：{选择点 B}

指定尺寸线位置或 [多行文字 (M)/文字 (T)/角度 (A)/水平 (H)/垂直 (V)/旋转 (R)]：{选择点 C}

方法二：如图 3.3 – 14 (b) 所示。

命令：DIMLINEAR/[标注] – [线性标注]/

指定第一条尺寸界线原点或 <选择对象>：回车

选择标注对象：{选择直线 D}

指定尺寸线位置或 [多行文字 (M)/文字 (T)/角度 (A)/水平 (H)/垂直 (V)/旋转 (R)]：{选择点 C}

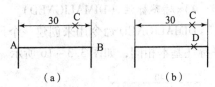

图 3.3 – 14　水平尺寸和垂直尺寸标注示例

各选项说明：

(1) 多行文字 (M)：输入该选项，将弹出"多行文本编辑器"窗口，将以用户录入的多行文本进行标注。

(2) 文字 (T)：输入该选项，命令区提示"输入标注文字 <测量值>："，用户可输入任意内容的一行文本进行标注。

(3) 角度 (A)：输入该选项，命令区提示"确定尺寸数字的旋转角度："，用户可输入任意角度值进行标注（注：该角度值只控制尺寸文本的方位）。

(4) 水平 (H)：输入该选项将进行水平尺寸标注，命令区提示"确定尺寸线的位置或 [多行文字 (M)/文字 (T)/角度 (A)："，此时输入一点，确定尺寸线位置，AutoCAD 自动以 A、B 间测量值进行标注。

(5) 垂直 (V)：输入该选项将进行垂直尺寸标注，命令区提示及含义与水平标注项相同。

(6) 旋转旋转 (R)：输入该选项，将进行倾斜标注。命令区将提示输入尺寸线角度。

上述各选项操作完成后仍将返回，命令行有如下提示：

指定尺寸线位置或 [多行文字 (M)/文字 (T)/角度 (A)/水平 (H)/垂直 (V)/旋转 (R)]：{选择点 C}

2) 基线标注（DIMBASELINE）

DIMBASELINE 用于创建一系列由相同的标注原点测量出来的标注。AutoCAD 让每个新的尺寸线偏离一段距离，以避免与前一条尺寸线重合。尺寸线增量值由"标注样式"对话框的"直线和箭头"选项卡上的基线间距中指定。基线标注需要先进行一个线性标注，然后再激活基线标注命令，如图 3.3 - 15 (a) 所示。

命令：DIMBASELINE/[尺寸标注]-[基线标注]/

指定第二条尺寸界线原点或 [放弃 (U)/选择 (S)] <选择>：{拾取点 A}
指定第二条尺寸界线原点或 [放弃 (U)/选择 (S)] <选择>：{拾取点 B}
指定第二条尺寸界线原点或 [放弃 (U)/选择 (S)] <选择>：{按 <Enter> 键}

3) 连续标注（DIMCONTINUE）

DIMCONTINUE 命令用于创建一系列端对端放置的标注，每个连续标注都从前一个标注的第二个尺寸界线处开始。与基线标注类似，连续标注也需要先进行一个线性标注，然后再激活连续标注命令，如图 3.3 - 15 (b) 所示。

命令：DIMCONTINUE/[尺寸标注]-[连续]/

指定第二条尺寸界线原点或 [放弃 (U)/选择 (S)] <选择>：{拾取点 A}
指定第二条尺寸界线原点或 [放弃 (U)/选择 (S)] <选择>：{拾取点 B}
指定第二条尺寸界线原点或 [放弃 (U)/选择 (S)] <选择>：{按 <Enter> 键}

4) 对齐标注（DIMALIGNED）

DIMALIGNED 命令用来创建一个尺寸线与被标注斜线平行的线性标注。标注方法与水平标注基本相同，如图 3.3 - 16 所示。

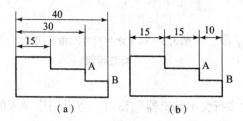 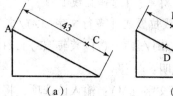

图 3.3 - 15　基线标注及连续标注　　　　图 3.3 - 16　对齐标注示例

5) 标注直径（DIMDIAMETER）

利用 DIMDIAMETER 命令可以根据圆和圆弧的大小、标注样式的选项及光标的位置来绘制不同类型的直径标注。下面举例说明用法，如图 3.3 - 17 (a) 所示。

命令：DIMDIAMETER/[尺寸标注]-[直径]/

选择圆弧或圆：{选择待标注的圆}
指定尺寸线位置或 [多行文字 (M)/文字 (T)/角度 (A)]：{确定尺寸线位置}

6) 半径直径（DIMRADIUS）

半径标注由一条具有指向圆或圆弧的箭头的半径尺寸线组成。DIMRADIUS 命令根据圆或圆弧的大小、标注的选项及光标位置绘制不同类型的半径标注，如图 3.3 - 17 (b) 所示。

命令：DIMRADIUS/［尺寸标注］-［半径］/

选择圆弧或圆：{选择待标注半径}

指定尺寸线位置或 ［多行文字 (M)/文字 (T)/角度 (A)］：{确定尺寸线位置}

7) 角度标注（DIMANGULAR）

DIMANGULAR 命令可以标注圆和圆弧的角度，两条直线间的角度，或者三点间的角度。

(1) 两线间角度标注示例，如图 3.3-18 (a) 所示。

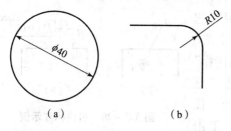

图 3.3-17　直径标注和半径标注

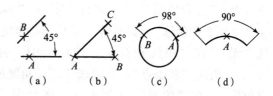

图 3.3-18　角度标注

命令：DIMANGULAR/［尺寸标注］-［角度］/

选择圆弧、圆、直线或＜指定顶点＞：{在点 A 拾取第一条直线}

选择第二条直线：{在点 B 拾取第二条直线}

指定标注弧线位置或 ［多行文字 (M)/文字 (T)/角度 (A)］：{确定尺寸线位置}

(2) 三点间的角度标注示例，如图 3.3-18 (b) 所示。

命令：DIMANGULAR/［尺寸标注］-［角度］/

选择圆弧、圆、直线或 ＜指定顶点＞：{回车}

指定角的顶点：{拾取角的顶点 A}

指定角的第一个端点：{拾取第一角端点 C}

指定角的第二个端点：{拾取第二角端点 D}

指定标注弧线位置或 ［多行文字 (M)/文字 (T)/角度 (A)］：{确定尺寸线位置}

(3) 圆的角度标注示例，如图 3.3-18 (c) 所示。

(4) 圆弧的角度标注示例，如图 3.3-18 (d) 所示。

国标中对于角度标注有规定，角度数字一律水平书写，一般注写在尺寸线的中断处。因此，角度文本的注写方式与线性尺寸文本不同。为使角度文本放置形式符合国标规定，用户可采用以下两种方式标注角度。

①利用尺寸标注样式覆盖方式标注角度，方法同上节阐述。

②利用角度尺寸样式簇标注角度，步骤如下：

a. 打开图 3.3-19 所示的"创建新标注样式"对话框，在"用于"下拉列表中选择"角度标注"。

b. 单击 继续 按钮，在图 3.3-12 所示

图 3.3-19　角度尺寸样式簇

的标注样式文字选项卡中的文字对齐区域选中水平选项，单击 确定 按钮。

8）引线标注和形位公差标注（QLEADER）

使用 QLEADER 命令可以快速创建引线和引线注释，包括形位公差的标注。下面举例说明如何用 QLEADER 命令进行引线标注，如图 3.3-20（a）所示。

命令：QLEADER/[标注]-[引线标注]/

指定第一个引线点或 [设置 (S)] <设置>：{按〈Enter〉键}

打开引线设置对话框（图 3.3-21），在"注释"选项卡中，"注释类型"选"多行文字"；"多行文字选项""选项组中勾选""提示输入宽度"；"重复使用注释"选"无"。在"引线和箭头"选项卡中，引线选"直线"；箭头选"实心点"，点数选"3"；角度约束选"任意角度"。在"附着"选项卡中，选文字位置。单击 确定 按钮退出对话框，系统继续提示：

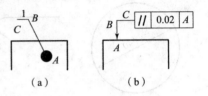

图 3.3-20 引线标注示例

指定第一个引线点或 [设置 (S)] <设置>：{单击点 A 处}

指定下一点：{单击点 B 处}

指定下一点：{单击点 C 处}

指定文字宽度 <0>：5

输入注释文字的第一行 <多行文字 (M)>：1

输入注释文字的下一行：{按〈Enter〉键}

下面举例说明用 QLEADER 命令进行形位公差标注，如图 3.3-20（b）所示。

命令：QLEADER/

指定第一个引线点或 [设置 (S)] <设置>：<回车>   {进入设置对话框}

打开图 3.3-21 所示"引线设置"对话框，在"注释"选项卡中，"注释类型"选"公差"；"重复使用注释"选"无"。在"引线和箭头"选项卡中，引线选"直线"；箭头选"实心闭合"，点数选"3"；角度约束选"任意角度"。单击 确定 按钮退出对话框，系统继续提示：

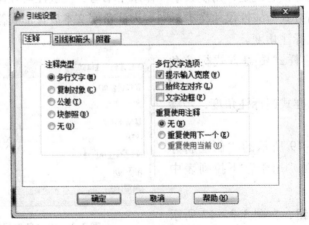

图 3.3-21 "引线设置"对话框

指定第一个引线点或［设置（S）］＜设置＞：{单击点 A 处}
指定下一点：{单击点 B 处}
指定下一点：{单击点 C 处}

弹出"形位公差"对话框，如图 3.3－22 所示，在"符号"选项组中输入形位公差符号，在"公差"选项组中输入公差值及前后缀，在"基准"选项组中输入基准代号。设置完成后，单击"确定"按钮结束操作。

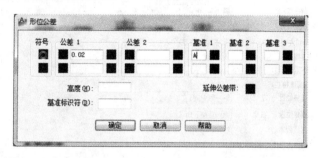

图 3.3－22　"形位公差"对话框

9）多重引线标注 MLEADER（MLD）

命令：MLEADER（MLD）/［标注］-「多重引线」/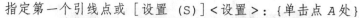

多重引线标注有其单独的样式，在不同的情况下，可以设置不同的标注样式。创建新的"多重引线样式"方法如下：

命令：MLEADERSTYLE（MLS）/［格式］-［多重引线样式］。

（1）按照前面提到的任意一种方法执行"多重引线样式"命令，在弹出的"多重引线样式管理器"对话框中（图 3.3－23）单击"新建"按钮，弹出"创建新多重引线样式"对话框，在"新样式名"框输入"倒角引线标注"，然后单击"继续"按钮。如图 3.3－24 所示。

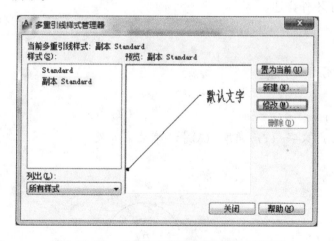

图 3.3－23　"多重引线样式管理器"对话框

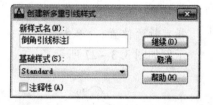

图 3.3－24　创建新多重引线样式

（2）在弹出的"修改多重引线样式：倒角标注"对话框中（图 3.3－25），"符号"下拉列表中选择"无"。切换到"内容"选项卡，在"连接位置－左"和"连接位置－右"下拉列表中选择"最后一行加下划线"选项，然后单击"确定"按钮。

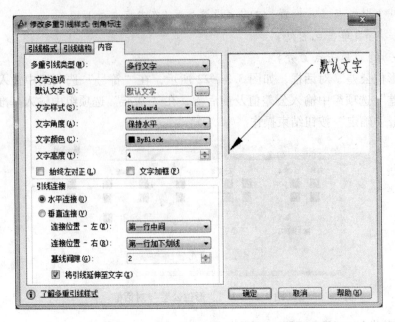

图 3.3-25 "修改多重引线样式:倒角标注"对话框

(3) 返回"多重引线样式管理器"对话框,选择"倒角引线标注"样式,然后单击"置为当前"按钮,最后关闭对话框。

10) 弧长标注(DIMARC)

命令:DIMARC/[标注]-[弧长标注]/

选择弧线段或多段线弧线段:{单击点 A 处}

指定弧长标注位置或 [多行文字 (M)/文字 (T)/角度 (A)/部分 (P)/]:{单击点 B 处或输入选项}

各选项与其他标注基本相同,这里不作详述。

示例如图 3.3-26 所示。

11) 折弯标注(DIMJOGGED)

命令:DIMJOGGED/[标注]-[折弯标注]/

选择圆弧或圆:{单击点 A 处}

指定中心位置替代:{单击点 B 处}

指定尺寸线位置或 [多行文字 (M)/文字 (T)/角度 (A)]:{单击点 C 处}

指定折弯位置:{单击点 D 处}

示例如图 3.3-27 所示。

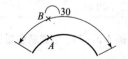
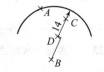

图 3.3-26 弧长标注示例　　　　图 3.3-27 折弯标注示例

12)快速标注(QDIM)

利用 QDIM 命令,可以创建系列基线、连续、坐标、直径和半径型等多种类型标注,在这个命令中,可以一次选择多个标注对象,AutoCAD 将自动完成多个对象的标注。

命令:QDIM/[标注]-[快速标注]/▨

由于篇幅有限,请读者参考相关书籍进行练习。

4. 尺寸编辑

AutoCAD 提供了的多种方法用于编辑尺寸标注。利用 DIMEDIT 命令可以编辑尺寸标注;利用 DIMTEDIT 命令可以改变尺寸文本的位置;通过"特性"窗口可以修改尺寸标注的内容和标注样式;利用"标注样式管理器"可以修改尺寸标注的样式;当选中某个标注单击右键时,AutoCAD 显示一个快捷菜单,快捷菜单上也有编辑命令可进行尺寸标注编辑。

1)利用 DIMEDIT 命令编辑尺寸标注

DIMEDIT 命令有多个选项,其中默认(Home)、新建(New)、旋转(Rotate)等选项影响标注文字,倾斜(Oblique)选项影响尺寸界线。DIMEDIT 可以同时对多个标注对象操作。

命令:DIMEDIT/▨

输入标注编辑类型 [默认 (H)/新建 (N)/旋转 (R)/倾斜 (O)] <默认>:{选择相应的编辑选项}

选择对象:{选择待编辑的尺寸};

各选项说明:"默认(H)"选项使选中的标注文字移回到由标注样式指定的默认位置和旋转角;"新建(N)"选项将打开多行文字编辑器修改标注文字;"旋转(R)"选项旋转标注文字,执行该选项后,AutoCAD 会提示用户输入旋转角度;"倾斜(O)"选项调整线性标注尺寸界线的倾斜角度,执行该选项后,AutoCAD 会提示用户输入角度。

2)编辑尺寸文本位置(DIMTEDIT)

DIMTEDIT 命令用来移动和旋转标注文字。

命令:DIMTEDIT/[标注]-[对齐文字]/▨

选择标注:{选择尺寸}

指定标注文字的新位置或 [左 (L)/右 (R)/中心 (C)/默认 (H)/角度 (A)]:{拖动尺寸到新位置,回车结束命令}

选项说明:默认选项是用来移动尺寸线和尺寸文本;"左(L)"选项将沿尺寸线左移标注文字;"右(R)"选项将沿尺寸线右移标注文字;"中心(C)"选项将把标注文字放在尺寸线的中心;"默认(H)"选项将标注文字移回默认位置;"角度(A)"选项将修改标注文字的角度。

三、块与属性

工程制图中,常会遇到一些反复使用的图形,如表面粗糙度、螺栓、螺母、建筑标高等,这些图例在 AutoCAD 中可以由用户定义为图块,使用户在多个绘图文件中简单而高效地重复它们。如果需要的话,还可创建或存入符号库中,成为永久的符号。而属性是与块有关的信息项,用于描述块的某些特征,本节简要介绍块的定义与操作、属性的定义与编辑。

1. 块的定义与操作

1）基本概念

块是由若干个单个实体组合成的复杂实体。定义成块的复杂实体可被 AutoCAD 当作单一的对象来处理，可以在图形中的任何地方插入，同时可以改变块的比例因子和旋转角度。并且，块一经定义，可多次引用。

2）块的建立

要定义一个图块，首先绘制组成图块的实体，然后用 Block 命令定义图块的插入点，并选择构成该图块的实体。

命令：BLOCK/[绘图]-[块]/

启动 Block 命令后，界面出现图 3.3-28 所示的"块定义"对话框，对话框中各部分的功能如下：

图 3.3-28　块定义对话框

(1) "名称"：输入图块名。

(2) "基点"选项组：确定插入点位置。单击"拾取点"按钮，可用十字光标在绘图区直接点取，也可以在 X、Y、Z 文本框中输入插入点的具体坐标参数值。

(3) "对象"选项组：选择构成图块的实体。"保留"按钮，用户创建图块后，保留构成图块的原有实体，并把它们当作一个个单独实体；"转换为块"按钮，用户创建图块后，将构成图块的原有实体转化为一个图块；"删除"按钮，用户创建图块后，删除构成图块的原有实体。

说明：用块命令定义的图块，只能在图块所在的当前图形文件中使用，而不能被其他图形引用。若定义的图块能被其他图形引用，需进行块存盘。

3）块的插入

定义好的块，可以插入到当前图形中的任何位置上，这就是所谓的块的引用。在插入图块时，用户必须确定 4 组特征参数，即要插入的图块名、插入点的位置、插入比例系数和图块的旋转角度。

命令：INSERT/[插入]-[块]/

该命令执行后，将显示图 3.3-29 所示"插入"对话框。对话框中各部分的功能介绍如下：

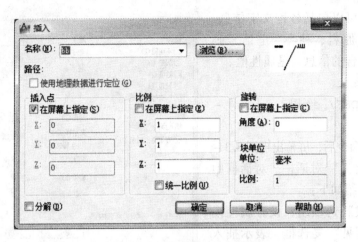

图 3.3-29 块"插入"对话框

(1)"名称"下拉列表框：用户输入或选择所需要的图块名。

(2)"浏览"按钮：用来选择要插入的图形文件。

(3)"插入点"选项组：可在绘图区点取或在 X、Y、Z 三个文本框中输入坐标值以确定图块的插入点位置。

(4)"比例"选项组：确定图块的插入比例系数。其中的复选框，表示用户可在命令行输入 X、Y、Z 轴方向的插入比例系数值。

(5)"旋转"选项组：确定图块的旋转角度。各复选框的含义同上。

(6)"分解"复选框：表示 AutoCAD 在插入图块的同时，把该图块炸开使其成为各单独的图形实体，否则插入后的图块将作为一个整体。

4) 块编辑器

块编辑器可以编辑和创建动态块。

命令：BEDIT/[工具]-[块编辑器]/

启动块编辑器后，显示图 3.3-30 所示"编辑块定义"对话框，在对话框中，可以从图形中保存的块定义列表中选择要在块编辑器中编辑的块定义。也可以输入要在块编辑器中创建的新块定义的名称。

单击 确定 按钮后，将关闭对话框，并显示块编辑器。

(1) 如果列表中选择了某个块定义，该块定义将显示在块编辑器中且可以编辑。

(2) 如果输入新块定义的名称，将显示块编辑器，可向该块定义中添加对象。

另外，还可以在块编辑器中向块定义中添加动态元素。

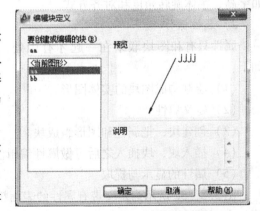

图 3.3-30 "编辑块定义"对话框

2. 属性的定义与编辑

属性是存储在块定义中的文本信息，用于描述块的某些特征。属性就像货物上的纸标签，它们的内容可以包括各种文字信息，如数量、型号、原料、种类、电话号码等。属性中所包含的信息就是属性值。

1）属性的定义

命令：ATTDEF/［绘图］-［块］-［定义属性…］

启动 Attdef 命令后，屏幕出现图 3.3 - 31 所示"属性定义"对话框。对话框中各部分的功能介绍如下：

（1）"模式"选项组：设置属性模式。选择"不可见"复选框，表示插入带有属性的图块后，属性值在图中显示出来。反之，属性值在图中不显示出来；

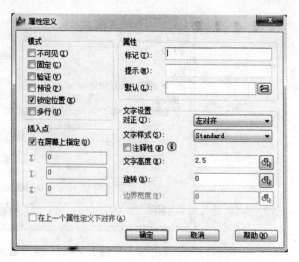

图 3.3 - 31　　"属性定义"对话框

选择"固定"复选框，确定属性值是否为常量，若为常量，在插入图块时，该属性值将保持不变；选择"验证"复选框，确定用户是否验证属性值的正确性；选择"预设"复选框，表示在定义属性时，是否为用户指定一个初始的默认值。

（2）"属性"选项组：设置属性参数。其包括标记、提示和默认值。在"标记"文本框中输入属性标记，用户必须输入属性标记，不允许空缺；"提示"文本框可给出属性提示，以便引导用户正确输入属性值；"默认值"文本框，用户可输入默认属性值。

（3）"插入点"选项组：确定属性文本插入点。用户可在绘图区内选择一点作为属性文本的插入点，也可直接在 X、Y、Z 文本框中输入插入点的坐标值。

（4）"文字设置"选项组：确定属性文本的样式及文本书写的对齐方式。

（5）"在上一个属性定义下对齐"复选框：表示当前属性将继承上一属性的部分参数，如字高、字体旋转角度和对齐方式。

2）属性操作

属性只有和图块联系在一起才有用处，单独的属性毫无意义，属性的处理过程通常如下：

（1）绘制构成图块的实体图形。

（2）定义属性。

（3）创建块，把属性和图形组成块。

（4）插入块，块插入之后可做属性编辑。

（5）属性的显示与提取。

图 3.3 - 32 所示为定义带有属性的表面粗糙度符号，图 3.3 - 33 所示为插入带有属性数值的表面粗糙度符号，具体步骤如下：

①应用"直线"命令绘制表面粗糙度的符号（图 3.3 - 32）。

②应用 ATTDEF 命令定义属性，属性标志为 CCD，属性提示为"表面粗糙度"。

③应用 BLOCK 命令将包含属性的表面粗糙度符号创建为图块。

④应用插入命令插入图块，带属性的图块定义和插入过程与前面所述不带属性图块的定义和插入基本相同，图块多次插入时，可输入不同的属性值（如 12.5、6.3、3.2），如图

3.3-33 所示。

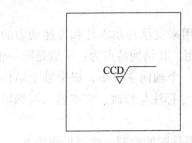
图 3.3-32　表面粗糙度图块及属性

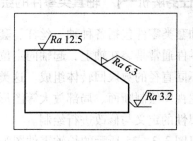
图 3.3-33　插入具体属性值

3）属性的编辑

命令：EATTEDIT/

选择块：{选择带属性的块}

选择后，AutoCAD 将打开图 3.3-34 所示的"块属性管理器"对话框。在该对话框中，用户可按要求在［属性］［文字选项］［特性］三个选项卡中对属性值、字体、字高、对齐方式、位置等参数和特性等进行编辑。

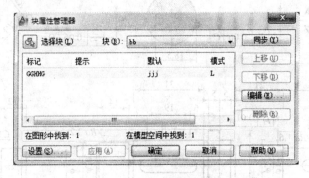
图 3.3-34　属性编辑对话框

任务实施

掌握 CAD 绘制工程图样的基本步骤：

（1）打开已经绘制好的模板，也就是带标题栏的图框，并在标题栏中输入合适的内容。

（2）设置绘图环境，包括图形界限的设置、图层设置和线型比例的设置。

（3）运用尺寸标注命令标注出全部的尺寸，包括几何公差和尺寸公差的标注。

（4）运用多行文字命令写出零件图中的技术要求。

（5）检查图形。

工作任务

（1）图形分析（形体分析）、选用合适的表达方法绘制图形。

（2）按照正确、完整、清晰和合理的要求进行尺寸标注。

（3）标注尺寸公差、形位公差和表面粗糙度等技术要求。

（4）填写标题栏。

【任务解析一】 轴套类零件的绘制

轴套类零件包括各种轴、丝杠、套筒等。轴类零件是用来支承传动零件和传递动力的；套类零件通常是装在轴上，起轴向定位、传动或连接等作用。其结构特点为：一般是同一轴线、不同直径的数段回转体组成。这类零件的表达方案：一个轴向主视图，根据轴上结构，配合主视图绘制断面、局部放大等图形。在 CAD 中应用尺寸标注与修改，文本输入与编辑，块、属性的定义与修改进行绘制。

以图 3.3-35 所示的长轴零件图为例，介绍一下轴类零件图的绘制，绘制步骤如下：

（1）新建图形文件，设置绘图环境或调用已经绘制好的模板。

（2）根据图形大小计算图幅为 A4，出图比例采用 1∶1，并设置好图层（可以设置中心线层、粗实线层、剖面线层、标注图层、文字图层，对于图层的颜色和线宽按项目 1 中讲述的进行设置）和线型比例。

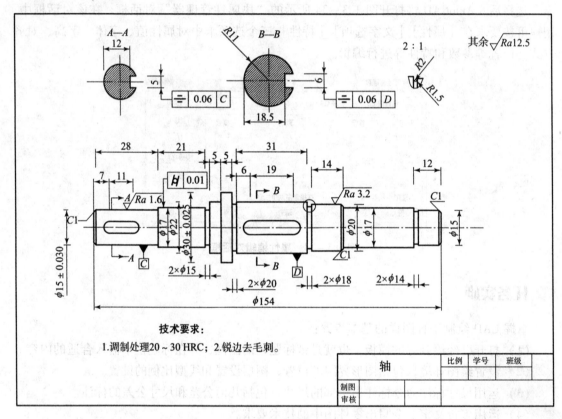

图 3.3-35 轴零件图

（3）绘制轴的对称中心线。利用直线、圆、偏移、修剪、倒角命令绘制图 3.3-36 所示的图形。

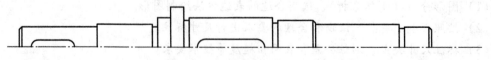

图 3.3-36 利用直线、圆、偏移、修剪、倒角命令绘制的图形

(4) 通过镜像命令绘制图 3.3 – 37 所示的图形。

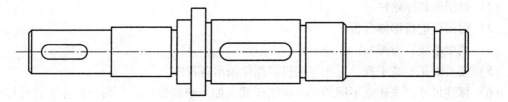

图 3.3 – 37　通过镜像命令绘制的图形

(5) 绘制 A—A、B—B 断面图和局部放大图。
(6) 标注尺寸，注意公差尺寸的标注。
(7) 将表面粗糙度和基准代号制作成带属性的图块。
(8) 在相应的地方插入表面粗糙度和基准代号。
(9) 利用创建多行文字命令输入零件图的技术要求。
(10) 检查图形。

【任务解析二】　盘盖类零件的绘制

盘盖类零件一般包括法兰盘、端盖、压盖和各种轮子等。这类零件在机器中主要起轴向定位、防尘、密封及传递扭矩等作用。其结构特点为：主体一般为同轴线不同直径的回转体和其他几何形状的扁平板状。这类零件一般常用主、左（或右）两个视图来表达。

以图 3.3 – 38 所示带轮零件图为例，介绍盘盖类零件图的绘制，绘制步骤如下：

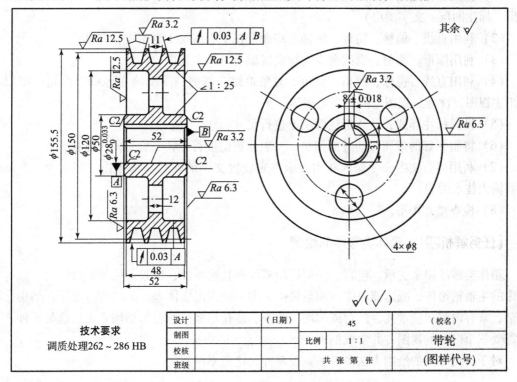

图 3.3 – 38　皮带轮零件图

(1) 选择样板文件或按照项目 1 的步骤进行设置。

(2) 画图框和标题栏。

(3) 对图形进行形体分析。

(4) 画中心线，布图。

(5) 按长对正、高平齐、宽相等的投影规律画出各视图。

(6) 标注尺寸：先建立不同的尺寸标注样式，如一般线性标注、角度标注、直径标注、公差标注样式，然后依次在适当的位置上标注尺寸。

(7) 技术要求：将制作好的带属性的外部图块——表面粗糙度符号，在合适的位置插入，利用多行文字命令输入方式书写文字技术要求。

(8) 检查整理图形。

(9) 填写标题栏。

【任务解析三】 叉架类零件的绘制

叉架类零件是机器操纵装置中常用的一种零件，用来支承轴类零件，如拨叉、连杆、杠杆、轴承座、支架、吊架等。其结构特点为：由支承部分、工作部分和连接部分 3 部分组成。这类零件一般需要两个基本视图。为表达内部结构，常采用全剖或局部剖视图。对倾斜部分结构，往往采用斜视图或斜剖切面剖切来表达。连接部分、肋板的断面形状常采用断面图来表达。

应用 CAD 完成图 3.3-39 所示支架零件图绘制，操作步骤如下：

(1) 打开带标题栏的图框模板，并设置好图层（可以设置中心线层、粗实线层、剖面线层、标注图层、文字图层）。

(2) 利用直线、偏移、镜像、极轴追踪命令在中心线层上画出定位基准线。

(3) 利用圆形、修剪、直线命令在粗实线层上画出左视图。

(4) 利用直线、镜像、倒角、圆角、对象追踪、修剪、图案填充等命令在相应图层上画出主视图，注意三视图之间的三等规律。

(5) 设置标注样式，并在标注图层上进行尺寸标注。

(6) 将制作好的带属性的外部图块——表面粗糙度符号，在合适的位置插入。

(7) 利用多行文字命令输入技术要求。先设置文字的样式为仿宋体，字高为 3.5 mm，然后输入技术说明。

(8) 检查整理图形。

【任务解析四】 箱体类零件的绘制

箱体类零件用来支承、包容、保护运动零件或其他零件，也起定位和密封作用。如各种机床的主轴箱箱体，减速器箱体，油泵泵体，车、铣床尾座体等。其结构特点是：结构比较复杂，常有内腔、轴承孔、凸台或凹坑、肋板、螺孔与螺栓通孔等结构。表达这类零件，一般需要三个以上的视图，并常取剖视。

对于这类零件的绘制方法参考盘盖类零件，这里不再叙述。

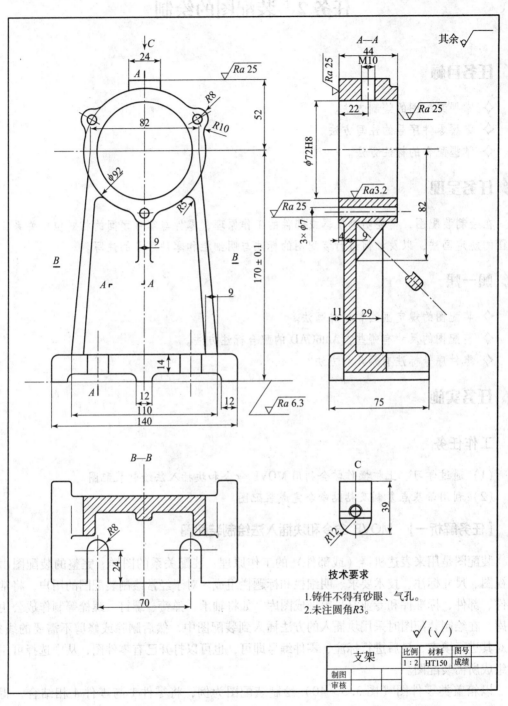

图 3.3-39 支架

任务 2　装配图的绘制

任务目标

◇ 掌握装配图的绘制方法。
◇ 掌握零件序号的注写方法。
◇ 掌握配合的标注方法。

任务呈现

在绘制装配图，需要明确机器或部件的工作原理，零件与零件之间的相对位置关系，装配图的规定画法，以及如何进行装配图的标注与明细栏和零件序号的注写。

想一想

◇ 装配图的规定画法和特殊画法。
◇ 装配图的尺寸有哪些？AutoCAD 的配合标注方法。
◇ 零件序号标注有哪几种方法？

任务实施

工作任务

(1) 通过学习、上机操作学会利用 MOVE 命令和块插入法绘制装配图。
(2) 利用带基点复制及粘贴命令完成装配图。

【任务解析一】　MOVE 命令和块插入法绘制装配图

装配图是用来表达机器（或部件）的工作原理、装配关系的图样。完整的装配图由一组视图、尺寸标注、技术要求、明细栏和标题栏组成。对于经常绘制装配图的用户，将常用零件、部件、标准件和专业符号等做成图库。如将轴承、弹簧、螺钉、螺栓等制作成公用图块库，在绘制装配图时采用块插入的方法插入到装配图中，然后删除或修剪不需要的线条，再对其进行填充，最后进行标注、零件编号即可，也可以打开已有零件图，从中选择可用零件组成所需装配图。

以箱盖类零件图（图 3.3 - 40）绘制装配图为例，将零件 1 与零件 4 相结合，得到图 3.3 - 41 所示的装配图。装配步骤如下：

(1) 用 MOVE 命令，其命令行操作如下：
①输入 MOVE。
②选择零件 1 为移动对象，点 A 为移动基点，如图 3.3 - 42 所示。

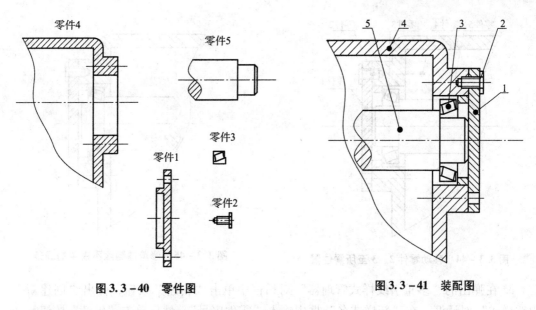

图 3.3-40 零件图　　　　　　　　　图 3.3-41 装配图

③捕捉零件 4 右端面与水平线交点为位移第二点。

(2) 用 MOVE 命令将零件 5 移至零件 4 右侧圆孔内,使它们轴线交点重合,效果如图 3.3-43 所示。

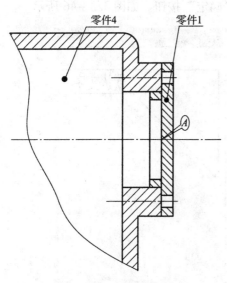
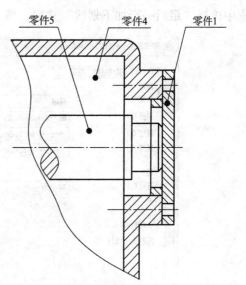

图 3.3-42 结合零件 1、4　　　　　　图 3.3-43 移动零件 5 至零件 4 内部

(3) 用同样的方法分别将零件 2、3 移至所需位置,如图 3.3-44 所示。

(4) 用修剪命令将装配后会被挡住的部分以遮挡物的轮廓线为裁剪边界进行修剪,再将多余的线条删除得到图 3.3-45 所示的效果。

(5) 按照装配图的要求标注尺寸,配合尺寸标注参考上下偏差的标注方法。

(6) 用快速引线命令编注零件序号,具体操作如下:

①设置多重引线样式。

命令:MLEADERSTYLE (MLS)/[格式]-[多重引线样式]。

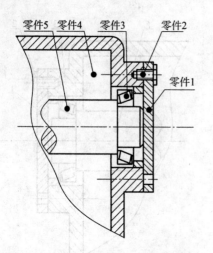
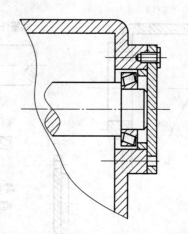

图 3.3-44　移动零件 2、3 至所需位置　　　　图 3.3-45　修剪并删除不需要的线条

a. 在弹出的"多重引线样式管理器"对话框中单击"新建"按钮,弹出"创建新多重引线样式"对话框,在"新样式名"框中输入"零件序号",然后单击"继续"按钮。

b. 在弹出的"修改多重引线样式:倒角引线标注"对话框中,"符号"下拉列表框选择"小点"。切换到"内容"选项卡,在"连接位置-左"和"连接位置-右"下拉列表框中选择"最后一行加下划线"选项,然后单击"确定"按钮。如图 3.3-46 所示。

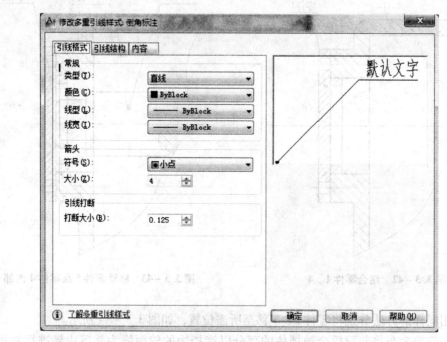

图 3.3-46　"修改多重引线样式:倒角标注"对话框

c. 返回"多重引线样式管理器"对话框,选择"倒角引线标注"样式,然后单击"置为当前",最后关闭对话框。

②引线标注。

命令:MLEADER (MLD)/[标注]-[多重引线]/

指定引线箭头的位置或 [引线基线优先 (L)/内容优先 (C)/选项 (O)] <选项>：
{在零件内部拾取一点}

指定引线基线的位置：{在要放置零件序号的位置拾取一点}

在多行文本的对话框内输入序号，单击 确定 按钮。

（7）填写标题栏和明细栏。

【任务解析二】 带基点复制和粘贴命令绘制装配图

装配图由多个零件组成，在具有每个零件的零件图的基础上绘制装配图时，可以打开已有零件图，以主要零件（较大的零件）为装配初图，针对零件间的装配关系找到配合点采用带基点复制的方法对零件进行复制，然后粘贴到装配图中，再删除或修剪不需要的线条，对其进行填充，最后进行标注、零件编号即可组成所需装配图。

以上例箱盖类零件图（见图3.3-40）绘制装配图为例，将零件1与零件4相结合，得到图3.3-41所示的装配图。装配步骤如下：

（1）选择零件4为主要零件进行装配，点A、点B分别为与零件4与零件1之间的配合基点，如图3.3-47（a）所示。

（2）在零件1图中右键打开快捷菜单选择带基点复制，如图3.3-47（b）所示，选择B点进行复制。

（3）在零件4图中执行粘贴命令，选择点A即完成零件4、1之间的装配。

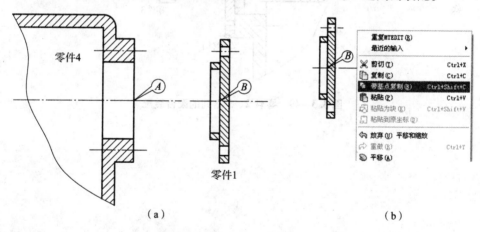

图3.3-47　零件1、4之间的配合装配

（4）同理，零件4与5之间的配合点为A与C，如图3.3-48所示。

（5）零件1与零件2之间配合点为D、E；零件5与零件3之间的配合点为点F、G，即可完成零件2、3的装配。

（6）用镜像完成零件3的上部分，然后利用修剪命令将装配后会被挡住的部分以遮挡物的轮廓线为裁剪边界进行修剪，再将多余的线条删除得到如图3.3-49所示的效果。

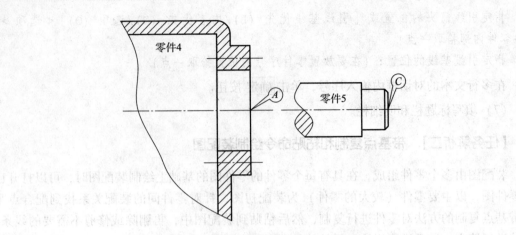

图 3.3-48 零件 4、5 之间的配合装配

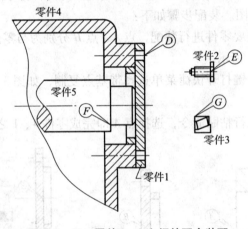

图 3.3-49 零件 2、3 之间的配合装配

附　　录

附录 A　常用零件结构要素

附表 A-1　与直径 ϕ 相对应的倒角 C、倒圆 R 的推荐值（GB/T 6403.4—2008）

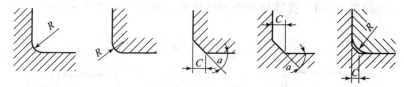

a 一般采用 45°，也可采用 30° 或 60°。

（单位：mm）

ϕ	~3	>3~6	>6~10	>10~18	>18~30	>30~50	>50~80	>80~120	>120~180
C 或 R	0.2	0.4	0.6	0.8	1.0	1.6	2.0	2.5	3.0

附表 A-2　内角倒角、外角倒圆时 C 的最大值 C_{max} 与 R_1 的关系

（单位：mm）

R_1	0.3	0.4	0.5	0.6	0.8	1.0	1.2	1.6	2.0	2.5	3.0	4.0
C_{max}	0.1	0.2	0.2	0.3	0.4	0.5	0.6	0.8	1.0	1.2	1.6	2.0

注：表中"C"为倒角在轴线方向的长度，与倒角注法中符号 C 的含义不同。

附表 A-3　回转面及端面砂轮越程槽的尺寸（GB/T 6403.5—2008）

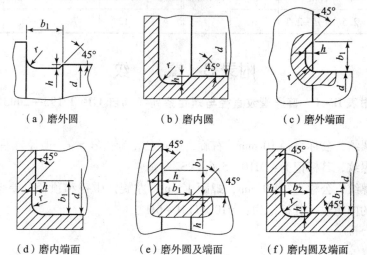

（a）磨外圆　　（b）磨内圆　　（c）磨外端面

（d）磨内端面　　（e）磨外圆及端面　　（f）磨内圆及端面

（单位：mm）

b_1	0.6	1.0	1.6	2.0	3.0	4.0	5.0	8.0	10
b_2	2.0	3.0		4.0			5.0	8.0	10
h	0.1	0.2		0.3		0.4	0.6	0.8	1.2
r	0.2	0.5		0.8		1.0	1.6	2.0	3.0
d		~10			>10 ~ 50		>50 ~ 100	>100	

注：(1) 越程槽内二直线相交处不允许产生尖角。
　　(2) 越程槽深度 h 与圆弧直径 r 要满足 $r \leqslant 3h$。

附表 A-4　普通螺纹退刀槽尺寸（摘自 GB/T 3—1997）

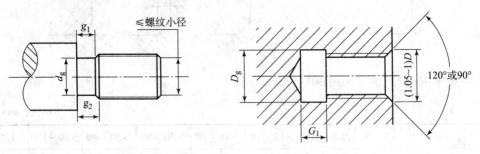

（单位：mm）

螺距	外螺纹			内螺纹		螺距	外螺纹			内螺纹	
	g_{2max}	g_{1max}	d_g	G_1	D_g		g_{2max}	g_{1max}	d_g	G_1	D_g
0.5	1.5	0.8	d—0.8	2		1.75	5.25	3	d—2.6	7	
0.7	2.1	1.1	d—1.1	2.8	$D+0.3$	2	6	3.4	d—3	8	
0.8	2.4	1.3	d—1.3	3.2		2.5	7.5	4.4	d—3.6	10	$D+0.5$
1	3	1.6	d—1.6	4		3	9	5.2	d—4.4	12	
1.25	3.75	2	d—2	5	$D+0.5$	3.5	10.5	6.2	d—5	14	
1.5	4.5	2.5	d—2.3	6		4	12	7	d—5.7	16	

附录 B　螺　　纹

附表 B-1　普通螺纹直径与螺距系列（摘自 GB/T 193—2003）

标记示例：

粗牙普通螺纹，公称直径 10 mm，右旋，中径公差带代号 5 g，顶径公差带代号 6 g，短旋合长度的外螺纹，其标记为：M10 - 5g6g - S。

细牙普通螺纹，公称直径 10 mm，螺距 1 mm，左旋，中径和顶径公差带代号都是 6H，中等旋合长度的内螺纹，其标记为：M10 × 1LH - 6H。

(单位：mm)

公称直径 D, d			螺距 P		公称直径 D, d			螺距 P	
第一系列	第二系列	第三系列	粗牙	细牙	第一系列	第二系列	第三系列	粗牙	细牙
2			0.4	0.25	16			2	1.5, 1
	2.2		0.45				17		
2.5						18			
3			0.5	0.35	20			2.5	2, 1.5, 1
	3.5		0.6			22			
4			0.7	0.5	24			3	2, 1.5, 1
	4.5		0.75				25		2, 1.5
5			0.8				26		1.5
		5.5				27		3	2, 1.5, 1
6			1	0.75			28		
		7			30			3.5	(3), 2, 1.5, 1
8			1.25	1, 0.75			32		2, 1.5
		9	1.25				33	3.5	(3), 2, 1.5
10			1.5	1.25, 1, 0.75			35		1.5
		11	1.5	1, 0.75	36			4	3, 2, 1.5
12			1.75	1.25, 1			38		1.5
	14		2	1.5, 1.25, 1		39		4	2, 2, 1.5
		15		1.5, 1			40		

注：(1) 优先选用第一系列，其次是第二系列，第三系列尽可能不用。
(2) 括号内的螺距尽可能不用。
(3) M14×1.25 仅用于火花塞。
(4) M35×1.5 仅用于滚动轴承锁紧螺母。

附表 B-2 普通螺纹的基本尺寸（摘自 GB/T 196—2003）

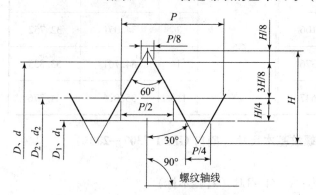

D—内螺纹大径；　　d—外螺纹大径；
D_2—内螺纹中径；　d_2—外螺纹中径；
D_1—内螺纹小径；　d_1—外螺纹小径；
P—螺距；　　　　　H—原始三角形高度

(单位：mm)

公称直径 D, d	螺距 P	中径 D_2 或 d_2	小径 D_1 或 d_1	公称直径 D, d	螺距 P	中径 D_2 或 d_2	小径 D_1 或 d_1
2	0.4	1.740	1.567	12	1	11.350	10.917
2	0.25	1.838	1.729	16	2	14.701	13.836
3	0.5	2.675	2.459	16	1.5	15.026	14.376
3	0.35	2.773	2.621	16	1	15.350	14.917
4	0.7	3.545	3.242	20	2.5	18.375	17.294
4	0.5	3.675	3.459	20	2	18.701	17.835
5	0.8	4.480	4.134	20	1.5	19.026	18.376
5	0.5	4.675	4.459	20	1	19.350	18.917
6	1	5.350	4.917	24	3	22.051	20.752
6	0.75	5.513	5.188	24	2	22.701	21.835
8	1.25	7.188	6.647	24	1.5	23.026	22.376
8	1	7.350	6.917	24	1	23.350	22.917
8	0.75	7.513	7.188	30	3.5	27.727	26.211
10	1.5	9.026	8.376	30	2	28.701	27.835
10	1.25	9.188	8.674	30	1.5	29.026	28.376
10	1	9.350	8.917	30	1	29.350	28.917
10	0.75	9.513	9.188	36	4	33.420	31.670
12	1.75	10.863	10.106	36	3	34.051	32.752
12	1.5	11.026	10.376	36	1	34.701	33.835
12	1.25	11.188	10.647	36	1.5	35.026	34.376

附表 B – 3　非螺纹密封的管螺纹基本尺寸（摘自 GB/T 7307—2001）

标记示例：

管子尺寸代号为 3/4 左旋螺纹标记为：G3/4 – LH（右旋不标）

管子尺寸代号为 1/2A 级外螺纹标记为：G1/2A

管子尺寸代号为 1/2B 级外螺纹标记为：G1/2B

（单位：mm）

尺寸代号/in	每25.4 mm内的牙数 n	螺距 P	基本直径			外螺纹					内螺纹			
			大径 $d=D$	中径 $d_2=D_2$	小径 $d_1=D_1$	大径公差 T_d		中径公差 T_{d2}*			中径公差 T_{D2}*		小径公差 T_{D1}*	
						下偏差	上偏差	下偏差		上偏差	下偏差	上偏差	下偏差	上偏差
								A级	B级					
1/16	28	0.907	7.723	7.142	6.561	-0.214	0	-0.107	-0.214	0	0	+0.107	0	+0.282
1/8	28	0.907	9.728	9.147	8.556	-0.214	0	-0.107	-0.214	0	0	+0.107	0	+0.282
1/4	19	1.337	13.157	12.301	11.445	-0.250	0	-0.125	-0.250	0	0	+0.125	0	+0.445
3/8	9	1.337	16.662	15.806	14.950	-0.250	0	-0.125	-0.250	0	0	+0.125	0	+0.445
1/2	14	1.814	20.955	19.793	18.631	-0.284	0	-0.142	-0.284	0	0	+0.142	0	+0.541
5/8	14	1.814	22.911	21.749	20.587	-0.284	0	-0.142	-0.284	0	0	+0.142	0	+0.541
3/4	14	1.814	26.441	25.279	24.117	-0.284	0	-0.142	-0.284	0	0	+0.142	0	+0.541
7/8	14	1.814	30.201	29.039	27.877	-0.284	0	-0.142	-0.284	0	0	+0.142	0	+0.541
1	11	2.309	33.249	31.770	30.291	-0.360	0	-0.180	-0.360	0	0	+0.180	0	+0.640
1 1/8	11	2.309	37.897	36.418	34.939	-0.360	0	-0.180	-0.360	0	0	+0.180	0	+0.640
1 1/4	11	2.309	41.910	40.431	38.952	-0.360	0	-0.180	-0.360	0	0	+0.180	0	+0.640
1 1/2	11	2.309	47.803	46.324	44.845	-0.360	0	-0.180	-0.360	0	0	+0.180	0	+0.640
1 3/4	11	2.309	53.746	52.267	50.788	-0.360	0	-0.180	-0.360	0	0	+0.180	0	+0.640
2	11	2.309	59.614	58.135	56.656	-0.360	0	-0.180	-0.360	0	0	+0.180	0	+0.640
2 1/4	11	2.309	65.710	64.231	62.752	-0.434	0	-0.217	-0.217	0	0	+0.217	0	+0.640
2 1/2	11	2.309	75.184	75.705	72.226	-0.434	0	-0.217	-0.217	0	0	+0.217	0	+0.640
2 3/4	11	2.309	81.534	80.055	78.576	-0.434	0	-0.217	-0.217	0	0	+0.217	0	+0.640
3	11	2.309	87.884	86.405	84.926	-0.434	0	-0.217	-0.217	0	0	+0.217	0	+0.640

注：*对薄壁管件，此公差适用于平均中径，该中径是测量两个互相垂直直径的算术平均值。

附表 B-4 梯形螺纹基本尺寸（摘自 GB/T 5796.2—2005）

标记示例：

单线梯形螺纹，公称直径40 mm，螺距7 mm，右旋，其标记为：Tr40×7

多线梯形螺纹，公称直径40 mm，导程14 mm，螺距7 mm，左旋，其标记为：Tr40×14（P7）LH

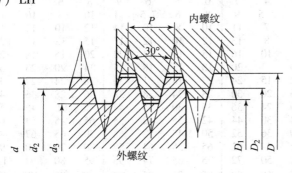

D—内螺纹大径；
d—外螺纹大径；
D_2—内螺纹中径；
d_2—外螺纹中径；
D_1—内螺纹小径；
d_1—外螺纹小径；
P—螺距

（单位：mm）

公称直径 d		螺距 P	中径 $d_2 = D_2$	大径 D	小径		公称直径 d		螺距 P	中径 $d_2 = D_2$	大径 D	小径	
第一系列	第二系列				d_1	D_1	第一系列	第二系列				d_1	D_1
8		1.5	7.25	8.30	6.20	6.50		26	3	24.5	26.50	22.50	23.00
	9	1.5	8.25	9.30	7.20	7.50			5	23.5	26.50	20.50	21.00
		2	8.00	9.50	6.50	7.00			8	22.00	27.00	17.00	18.00
10		1.5	9.25	10.30	8.20	8.50	28		3	26.50	28.50	24.50	25.00
		2	9.00	10.50	7.50	8.00			5	25.50	28.50	22.50	23.00
	11	2	10.00	11.50	8.50	9.00			8	24.00	29.00	19.00	20.00
		3	9.50	11.50	7.50	8.00	30		3	28.50	30.50	26.50	27.00
12		2	11.00	12.50	9.50	10.00			6	27.00	31.00	23.00	24.00
		3	10.50	12.50	8.50	9.00			10	25.00	31.00	19.00	20.00
	14	2	13.00	14.50	11.50	12.00	32		3	30.50	32.50	28.50	29.00
		3	12.50	14.50	10.50	11.00			6	29.00	33.00	25.00	26.00
16		2	15.00	16.50	13.50	14.00			10	27.00	33.00	21.00	22.00
		4	14.00	16.50	11.50	12.00		34	3	32.50	34.50	30.50	31.00
	18	2	17.00	18.50	15.50	16.00			6	31.00	35.00	27.00	28.00
		4	16.00	18.50	13.50	14.00			10	29.00	35.00	23.00	24.00
20		2	19.00	20.50	17.50	18.00	36		3	34.50	36.50	32.50	33.00
		4	18.00	20.50	15.50	16.00			6	33.00	37.00	29.00	30.00
	22	3	20.50	22.50	18.50	19.00			10	31.00	37.00	25.00	26.00
		5	19.50	22.50	16.50	17.00		38	3	36.50	38.50	34.50	35.00
		8	18.00	23.00	13.00	14.00			7	34.50	39.00	30.00	31.00
24		3	22.50	24.50	20.50	21.00			10	33.00	39.00	27.00	28.00
		5	21.50	24.50	18.50	19.00	40		3	38.50	40.50	36.50	37.00
		8	20.00	25.00	15.00	16.00			7	36.50	41.00	32.00	33.00
									10	35.00	41.00	29.00	30.00

附表 B–5 粗牙螺栓、螺钉的拧入深度、螺孔深度和钻孔深度（摘自 JB/GQ 0126—1989）

（单位：mm）

D (d)	用于钢或青铜			用于铸铁			用于铝		
	H	L_1	L_2	L_3	H	L_1	L_2	L_3	H	L_1	L_2	L_3
3	4	3	4	7	6	5	6	9	8	6	7	10
4	5.5	4	5.5	9	8	6	7.5	11	10	8	10	14
5	7	5	7	11	10	8	10	14	12	10	12	16
6	8	6	8	13	12	10	12	17	15	12	15	20
8	10	8	10	16	15	12	14	20	20	16	18	24
10	12	10	13	20	18	15	18	25	24	20	23	30
12	15	12	15	24	22	18	21	30	28	24	27	36
16	20	16	20	30	28	24	28	38	36	28	36	46
20	25	20	24	36	35	30	35	47	45	36	45	57
24	30	24	30	44	42	35	42	55	65	45	54	68
30	36	30	36	52	50	45	52	68	70	65	67	84
36	45	36	44	62	65	55	64	82	80	70	80	98
42	50	42	50	72	75	65	74	95	95	80	94	115
48	60	48	58	82	85	75	85	108	105	95	105	128

附表 B-6 紧固件通孔（摘自 GB/T 5277—1985）及沉头座尺寸（摘自 GB/T 152.2～152.4—2014）

（单位：mm）

螺纹规格 d			2	2.5	3	4	5	6	8	10	12	14	16	18	20	22	24
通孔直径	精装配	d_1(H12)	2.2	2.7	3.2	4.3	5.3	6.4	8.4	10.5	13	15	17	19	21	23	25
	中等装配		2.4	2.9	3.4	4.5	5.5	6.6	9	11	13.5	15.5	17.5	20	22	24	26
	粗装配		2.6	3.1	3.6	4.8	5.8	7	10	12	14.5	16.5	18.5	21	24	26	28
六角头螺栓和螺母用沉孔	用于标准对边宽度六角头螺栓及六角螺母	d_2(H15)	6	8	9	10	11	13	18	22	26	30	33	36	40	43	48
		d_3	—	—	—	—	—	—	—	—	—	—	—	—	—	—	—
		d_1(H13)	2.4	2.9	3.4	4.5	5.5	6.6	9	11	13.5	15.5	17.5	20	22	24	26
圆柱头用沉孔	用于 GB/T70	d_2(H13)	4.3	5	6	8	10	11	15	18	20	24	26	—	—	—	—
		T(H13)	2.3	2.9	3.4	4.6	5.7	6.8	9	—	13	15	17.5	—	21.5	—	25.5
		d_3	—	—	—	—	—	—	—	—	16	18	20	—	24	—	28
		d_1(H13)	2.4	2.9	3.4	4.5	5.5	6.6	9	11	13.5	15.5	17.5	20	22	24	26
	用于 GB/T67 及 GB/T65	d_2(H13)	—	—	—	8	10	11	15	18	20	24	26	—	33	—	—
		T(H13)	—	—	—	3.2	4	4.7	6	7	8	9	10.5	—	12.5	—	—
		d_3	—	—	—	—	—	—	—	—	—	—	—	—	—	—	—
沉头用沉孔	用于沉头及半沉头螺钉	d_2(H13)	4.5	5.6	6.4	9.6	10.6	12.8	17.6	20.3	24.4	28.4	32.4	—	—	—	—
		$t\approx$	1.2	1.5	1.6	2.7	2.7	3.3	4.6	5	6	7	8	—	10	—	—
		d_1(H13)	2.4	2.9	3.4	4.5	5.5	6.6	9	11	13.5	15.5	17.6	—	22	—	—

注：尺寸带括弧的为其公差带。

附录 C　常用标准件

附录 C-1　六角头螺栓—A 和 B 级（GB/T 5782—2016）、全螺纹—A 和 B 级（GB/T 5783—2016）基本尺寸

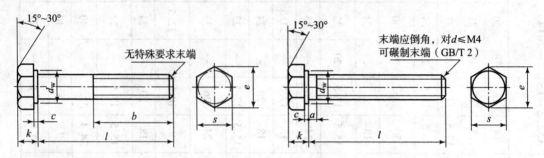

标记示例：

螺纹规格 d = M12、公称长度 l = 80 mm、性能等级为 8.8 级、表面氧化、A 级的六角头螺栓，其标记为：螺栓 GB/T 5782　M12×80

（单位：mm）

螺纹规格 d			M3	M4	M5	M6	M8	M10	M12	M16	M20	M24	M30
a_{max}			1.5	2.1	2.4	3	4	4.5	5.3	6	7.5	9	10.5
b 参考	$l \leqslant 125$		12	14	16	18	22	26	30	38	46	54	66
	$125 < l \leqslant 200$		18	20	22	24	28	32	36	44	3152	60	72
	$l > 200$		31	33	35	37	41	45	49	57	65	73	85
c	min		0.15	0.15	0.15	0.15	0.15	0.15	0.15	0.2	0.2	0.2	0.2
	max		0.4	0.4	0.5	0.5	0.6	0.6	0.6	0.8	0.8	0.8	0.8
$d_{w\,min}$	产品等级	A	4.57	5.88	6.88	8.88	11.63	14.63	16.6	22.49	28.19	33.61	—
		B	4.45	5.74	6.74	8.74	11.47	14.47	16.47	22	27.7	33.2	42.75
e_{min}	产品等级	A	6.01	7.66	8.79	11.05	14.38	17.77	20.03	26.75	33.53	39.98	—
		B	5.88	7.5	8.63	10.89	14.2	17.59	19.85	26.17	32.95	39.55	50.85
k 公称			2	2.8	3.5	4	5.3	6.4	7.5	10	12.5	15	18.7
s_{max} = 公称			5.5	7	8	10	13	16	18	24	30	36	46
l 公称（系列值）			6、8、10、12、16、20、25、30、35、40、45、50、55、60、65、70、80、90、100、110、120、130、140、150、160、180、200、220、240、260、280、300、320、340、360、380、400、420、440、460、480、500									

注：（1）A 级用于 $d \leqslant 24$ 和 $l \leqslant 10d$ 或 $l \leqslant 150$ mm 的螺栓；B 级用于 $d > 24$ 和 $l > 10d$ 或 $l > 150$ mm 的螺栓。

（2）螺纹末端应倒角，对 GB/T 5782，$d \leqslant M4$ 时可为辗制末端；对 GB/T 5783，$d \leqslant M4$ 时为辗制末端。

（3）螺纹规格 d 为 M1.6 ~ M64。

附录 C-2 双头螺柱基本尺寸

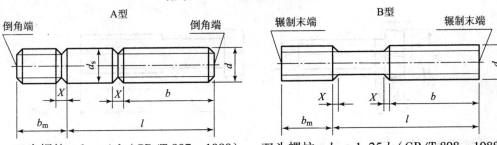

双头螺柱—$b_m = 1d$（GB/T 897—1988）　　双头螺柱—$b_m = 1.25d$（GB/T 898—1988）

双头螺柱—$b_m = 1.5d$（GB/T 899—1988）　　双头螺柱—$b_m = 2d$（GB/T 900—1988）

标记示例：

两端均为粗牙普通螺纹，$d = 10$ mm，$l = 500$ mm，性能等级为 4.8 级、不经表面处理、B 型、$b_m = 1d$ 的双头螺柱的标记为：螺柱 GB/T 897　M10×50

旋入机体一端为粗牙普通螺纹，旋螺母一端为螺距 $P = 1$ mm 的细牙普通螺纹，$d = 10$ mm，$l = 50$ mm，性能等级为 4.8 级、不经表面处理、A 型、$b_m = 1d$ 的双头螺柱的标记为：螺柱 GB/T 897　AM10-M10×1×50

旋入机体一端为过渡配合螺纹的第一种配合，旋螺母一端为粗牙普通螺纹，$d = 10$ mm，$l = 50$ mm，性能等级为 8.8 级、镀锌钝化、B 型、$b_m = 1d$ 的双头螺柱的标记为：螺柱 GB/T 897　GM10-M10×50

（单位：mm）

螺纹规格 d		M5	M6	M8	M10	M12	M16	M20	M24	M30	M36	M42
b_m	GB/T 897—1988	5	6	8	10	12	16	20	24	30	36	42
	GB/T 898—1988	6	8	10	12	15	20	25	30	36	45	52
	GB/T 899—1988	8	10	12	15	18	24	30	36	45	54	65
	GB/T 900—1988	10	12	15	18	24	32	40	48	60	72	84
b_s		5	6	8	10	12	16	20	24	30	36	42
x		1.5P	1.5P	1.5P	1.5P	1.5P	1.5P	1.5P	1.5P	1.5P	1.5P	1.5P
l/b		16~12 / 10	20~22 / 10	20~22 / 10	25~28 / 14	25~30 / 16	30~38 / 20	35~40 / 25	45~50 / 30	60~65 / 40	65~75 / 45	65~80 / 50
		25~50 / 16	25~30 / 16	25~30 / 16	30~38 / 16	32~40 / 20	40~45 / 30	45~65 / 35	55~75 / 45	70~90 / 50	80~110 / 60	85~110 / 70
			32~75 / 18	32~90 / 22	40~120 / 26	45~120 / 30	60~180 / 38	70~120 / 46	80~120 / 60	95~120 / 60	120 / 78	120 / 90
					130 / 32	130~180 / 36	130~200 / 44	130~200 / 52	130~200 / 60	130~200 / 72	130~200 / 84	130~200 / 96
										210~250 / 85	210~300 / 91	210~300 / 109
l 系列		16, (18), 20, (22), 25, (28), 30, (32), 35, (38), 40, 45, 50, (55), 60, (65), 70, (75), 80, (85), 90, (95), 100, 110, 120, 130, 140, 150, 160, 170, 180, 190, 200, 210, 220, 230, 240, 250, 260, 280, 300											

注：表中 P 是粗牙螺纹的螺距。

附录 C-3 开槽圆柱头螺钉基本尺寸（摘自 GB/T 65—2016）

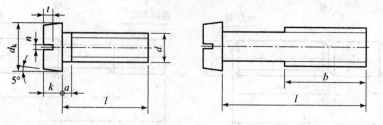

无螺纹部分杆径≈中径或=螺纹大径

标记示例：

螺纹规格 d = M5、公称长度 l = 20 mm、性能等级为 4.8 级、不经表面处理的开槽圆柱头螺钉，其标记为：螺钉 GB/T 65 M5×20

（单位：mm）

螺纹规格 d		M3	M4	M5	M6	M8	M10
a_{max}		1	1.4	1.6	2	2.5	3
b_{min}		25	38	38	38	38	38
d_k	min	5.5	7	8.5	10	13	16
	max	5.32	6.78	8.28	9.78	12.73	15.73
k	min	2	2.6	3.3	3.9	5	6
	max	1.86	2.46	3.12	3.6	4.7	5.7
n 公称		0.8	1.2	1.2	1.6	2	2.5
t_{min}		0.85	1.1	1.3	1.6	2	2.4
l 系列（系列值）		4, 5, 6, 8, 10, 12, (14), 16, 20, 25, 30, 35, 40, 45, 50, (55), 60, (65), 70, (75), 80						

注：(1) l 公称值尽可能不采用括号内的规格。
(2) 当 l≤40 时，螺钉制出全螺钉。
(3) 螺纹规格 d 从 M1.6～M10，公称长度 l 为 2～80。

附录 C-4 开槽沉头螺钉（GB/T 68—2016）、十字槽沉头螺钉（GB/T 819.1—2016）、十字槽半沉头螺钉（GB/T 820—2015）基本尺寸

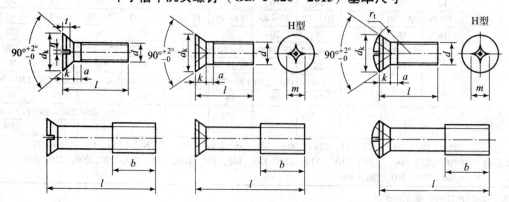

标记示例：

螺纹规格 d = M5、公称长度 l = 20 mm、性能等级为 4.8 级，不经表面处理的开槽沉头螺钉，其标记为：螺栓 GB/T 68 M5×20

螺纹规格 d = M5、公称长度 l = 20 mm、性能等级为 4.8 级，不经表面处理的 H 型十字槽沉头螺钉，其标记为：螺栓 GB/T 820 M5×20

（单位：mm）

螺纹规格 d		M1.6	M2	M2.5	M3	M4	M5	M6	M8	M10
a_{max}		0.7	0.8	0.9	1	1.4	1.6	2	2.5	3
b_{min}		25	25	25	25	38	38	38	38	38
d_k 实际值	max	3	3.8	4.7	5.5	8.4	9.3	11.3	15.8	18.3
	min	2.7	3.5	4.4	5.2	8.05	8.94	10.87	15.37	17.78
$k_{公称}$ = max		1	1.2	1.5	1.65	2.7	2.7	3.3	4.65	5
r_t ≈		0.4	4	5	6	9.5	9.5	12	16.5	19.5
$n_{公称}$		0.4	0.5	0.6	0.8	1.2	1.2	1.6	2	2.5
t	min	0.3	0.4	0.5	0.6	1	1.1	1.2	1.8	2
	max	0.5	0.6	0.75	0.85	1.3	1.4	1.6	2.3	2.6
H 型十字槽 m 参考	GB/T 819.1	1.5	1.9	2.9	3.2	4.6	5.2	6.8	8.9	10
	GB/T 820	1.6	2	3	3.4	4.6	5.2	6.8	8.9	10.4
$l_{公称}$（系列值）		2.5，3，4，5，6，8，10，12，(14)，16，20，25，30，35，40，45，50，(55)，60，(65)，70，(75)，80									

注：(1) l 公称值尽可能不采用括号内的规格。
(2) 当 d≤3，l≤30 时，及当 d>3 时，杆部制出全螺纹。
(3) GB/T 809.1 公称长度 l 从 3~60、l≤45 时，杆部制出全螺纹。
(4) 无螺纹部分杆径 ≈ 中径或 = 大径。

附录 C-5 开槽紧定螺钉基本尺寸

锥端（GB/T 71—1985） 平端（GB/T 73—2017）
凹端（GB/T 74—1985） 长圆柱端（GB/T 75—1985）

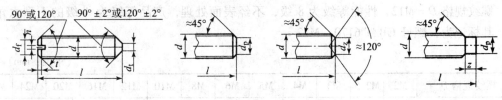

标记示例：

螺纹规格 d = M8、公称长度 l = 20 mm、性能等级为 14H 级，表面氧化的开槽长圆柱端紧定螺钉，其标记为：螺钉 GB/T 75 M5×20

（单位：mm）

螺纹规格 d		M2	M2.6	M3	M4	M5	M6	M8	M10	M12
$d_1 \approx$		螺纹小径								
d_t	min	—	—	—	—	—	—	—	—	—
	max	0.2	0.25	0.3	0.4	0.5	1.5	2	2.5	3
d_p	min	0.75	1.25	1.75	2.25	3.2	3.7	5.2	6.64	8.14
	max	1	1.5	2	2.5	3.5	4	5.5	7	8.5
d_z	min	0.75	0.95	1.15	1.75	2.25	2.75	4.7	5.7	7.7
	max	1	1.2	1.4	2	2.5	3	5	6	8
$n_{公称}$		0.25	0.4	0.4	0.6	0.8	1	1.2	1.6	2
t	min	0.64	0.72	0.8	1.12	1.28	1.6	2	2.4	2.8
	max	0.84	0.95	1.05	1.42	1.63	2	2.5	3	3.6
z	min	1	1.25	1.5	2	2.5	3	4	5	6
	max	1.25	1.5	1.75	2.25	2.75	3.25	4.3	5.3	6.3
$l_{公称}$（系列值）		2，2.5，3，4，5，6，8，10，12，（14），16，20，25，30，35，40，45，50，（55），60								

注：(1) l 公称值尽可能不采用括号内的规格。
(2) GB/T 7 中，螺纹规格 $d \leqslant$ M5 的螺钉不要求锥端有平面部分（d_t），可以倒角。

附录 C-6 1型六角螺母—A 和 B 级（GB/T 6170—2015）基本尺寸
六角薄螺母—A 和 B 级（GB/T 6172.1—2016）基本尺寸

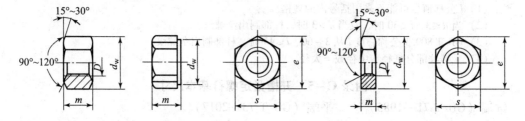

标记示例：

螺纹规格 D = M12，性能等级为 8 级，不经表面处理，产品等级为 A 级的 1 型六角螺母，其标记为：螺母 GB/T 6170 M12

（单位：mm）

螺纹规格 D		M2	M2.5	M3	M4	M5	M6	M8	M10	M12	M16	M20	M24	M30
c	max	0.2	0.3	0.4	0.4	0.5	0.5	0.6	0.6	0.6	0.8	0.8	0.8	0.8
d_w	min	3.1	4.1	4.6	5.9	6.9	8.9	11.6	14.6	16.6	22.5	27.7	33.3	42.8
e	min	4.32	5.45	6.01	7.66	8.79	11.05	14.38	17.77	20.03	26.75	32.95	39.55	50.85

续表

螺纹规格 D			M2	M2.5	M3	M4	M5	M6	M8	M10	M12	M16	M20	M24	M30
m	GB/T 6170	max	1.6	2	2.4	3.2	4.7	5.2	6.8	8.4	10.8	14.8	18	21.5	25.6
		min	1.35	1.75	2.15	2.9	4.4	4.9	6.44	8.04	10.37	14.1	16.9	20.2	24.3
	GB/T 6172	max	1.2	1.6	1.8	2.2	2.7	3.2	4	5	6	8	10	12	15
		min	0.95	1.35	1.55	1.95	2.45	2.9	3.7	4.7	5.7	7.42	9.1	10.9	13.9
s		max	4	5	5.5	7	8	10	13	16	18	24	30	36	46
		min	3.82	4.82	5.32	6.78	7.78	9.78	12.73	5.73	17.73	23.67	29.16	35	45

注：A 级用于 $D \leqslant 16$ 的螺母，B 级用于 $D > 16$ 的螺母。

附录 C-7 平垫圈 A 级（GB/T 97.1—2002）、平垫圈倒角型 A 级（GB/T 97.1—2002）基本尺寸

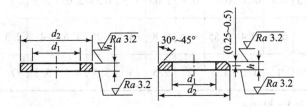

标记示例：

标准系列，规格为 8 mm，性能等级为 140HV 级，不经表面处理，产品等级为 A 级的平垫圈，其标记为：垫圈 GB/T 97.1 8

（单位：mm）

规格（螺纹大径）		2	2.5	3	4	5	6	8	10	12	14	16	20	24	30
内径 d_1 公称	min	2.2	2.7	3.2	4.3	5.3	6.4	8.4	10.5	13	15	17	21	25	31
外径 d_2 公称	max	5	6	7	9	10	12	16	20	24	28	30	37	44	56
厚度 h 公称		0.3	0.5	0.5	0.8	1	1.6	1.6	2	2.5	2.5	3	3	4	4

注：GB/T 97.2 适用于规格为 5~36 mm、A 级和 B 级、标准六角头的螺栓、螺钉和螺母。

附录 C-8 标准型弹簧垫圈（GB/T 93—1987）、轻型弹簧垫圈（GB/T 859—1987）基本尺寸

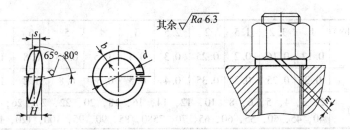

标记示例：

规格 16 mm，材料为 65Mn，表面氧化的标准型弹簧垫圈，其标记为：垫圈 GB/T 93 16

（单位：mm）

规格 （螺纹大径）		2	2.5	3	4	5	6	8	10	12	16	20	24	30	36	42	48
d	min	2.1	2.6	3.1	4.1	5.1	6.1	8.1	10.2	12.2	16.2	20.2	24.5	30.5	36.5	42.5	48.5
H_{max}	GB/T 93	1.25	1.63	2	2.75	3.25	4	5.25	6.5	7.75	10.2	12.5	15	18.7	22.5	26.2	30
	GB/T 859			1.5	2	2.75	3.25	4	5	6.25	8	10	12.5	15			
$s_{(b)公称}$	GB/T 93	0.5	0.65	0.8	1.1	1.3	1.6	2.1	2.6	3.1	4.1	5	6	7.5	9	10.5	12
$s_{公称}$	GB/T 859			0.6	0.8	1.1	1.3	1.6	2	2.5	3.2	4	5	6			
$0 < m \leq$	GB/T 93	0.25	0.33	0.4	0.55	0.65	0.8	1.05	1.3	1.55	2.05	2.5	3	3.75	4.5	5.25	6
	GB/T 859			0.3	0.4	0.55	0.65	0.8	1	1.25	1.6	2	2.5	3			
$b_{公称}$	GB/T 859			1	1.2	1.5	2	2.5	3	3.5	4.5	5.5	7	9			

注：GB/T 859 规格为 3～30 mm。

附录 C-9 圆柱销（GB/T 119.1—2000）—不淬硬钢和奥氏体不锈钢基本尺寸

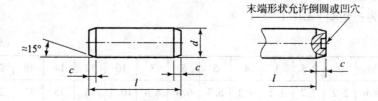

标记示例：

公称直径 d = 8 mm，公差为 m6，公称长度 l = 30 mm，材料为钢，不经淬火，不经表面处理的圆柱销，其标记为：销 GB/T 119.1 8m6×30

公称直径 d = 8 mm，公差为 m6，公称长度 l = 30 mm，材料为 A1 组奥氏体不锈钢，表面简单处理的圆柱销，其标记为：销 GB/T 119.1 8m6×30—A1

（单位：mm）

公称直径 d（m6, h8）	1	1.2	1.5	2	2.5	3	4	5	6	8	10	12
$a \approx$	0.12	0.16	0.2	0.25	0.3	0.4	0.5	0.63	0.8	1.0	1.2	1.6
$c \approx$	0.2	0.25	0.3	0.35	0.4	0.5	0.63	0.8	1.2	1.6	2.0	2.5
l 公称（系列值）	2, 3, 4, 5, 6, 8, 10, 12, 14, 16, 18, 20, 22, 24, 26, 28, 30, 32, 35, 40, 45, 50, 55, 60, 65, 70, 7580, 85, 90, 95, 100, 120, 140											

注：（1）公称直径为 0.6～50 mm。
　　（2）公差 m6，$Ra \leq 0.8$ μm；$Ra \leq 1.6$ μm。

附录 C-10 圆锥销（GB/T 117—2000）基本尺寸

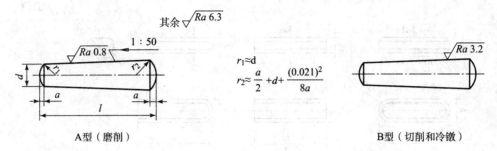

A型（磨削）　　　　　　　　　　　　B型（切削和冷镦）

标记示例：

公称直径 $d=10$ mm，长度 =60 mm，材料为 35 钢，热处理硬度 28~38 HRC，表面氧化处理的 A 型圆柱销，其标记为：销 GB/T 117 10×60

（单位：mm）

$d_{公称}$	1	1.2	1.5	2	2.5	3	4	5	6	8	10	12
$a\approx$	0.12	0.16	0.2	0.25	0.3	0.4	0.5	0.63	0.8	1	1.2	1.6
$l_{公称}$（系列值）	\multicolumn{12}{c}{2，3，4，5，6，8，10，12，14，16，18，20，22，24，26，28，30，32，35，40，45，50，55，60，65，70，75，80，85，90，95，100，120，140}

注：d（公称）为 0.6~50 mm。

附录 C-11 开口销（GB/T 91—2000）基本尺寸

允许制造的型式：

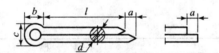

标记示例：

公称直径 $d=5$ mm，长度 $l=50$ mm，材料为 Q215 或 Q235，不经表面处理的开口销，其标记为：销 GB/T 91 5×50

（单位：mm）

公称规格		1	1.2	1.6	2	2.5	3.2	4	5	6.3	8	10	13
d	max	0.9	1	1.4	1.8	2.3	2.9	3.7	4.6	5.9	7.5	9.5	12.4
c	max	1.8	2	2.8	3.6	4.6	5.8	7.4	9.2	11.8	15	19	24.8
	min	1.6	1.7	2.4	3.2	4	5.1	6.5	8	10.3	13.1	16.6	21.7
$b\approx$		3	3	3.2	4	5	6.4	8	10	12.6	16	20	26
a	max	1.6			2.5			3.2		4		6.3	
$l_{公称}$（系列值）		\multicolumn{12}{c}{4，5，6，8，10，12，14，16，18，20，22，24，26，28，30，32，36，40，45，50，55，60，65，70，75，80，85，90，95，100，120，140，160，180，200}	

注：(1) 公称规格为销孔的公称直径。
　　(2) 根据供需双方协议，可采用公称规格为 3 mm、6 mm 和 12 mm 的开口销。

附录 C-12 平键和键槽的断面基本尺寸（摘自 GB/T 1095～1096—2003）

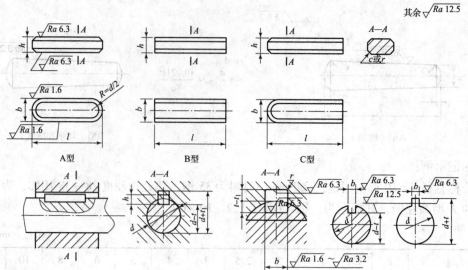

标记示例：

圆头普通平键（A 型），$b = 18$ mm，$h = 11$ mm，$l = 100$ mm，其标记为：GB/T 1096 键 18×100

平头普通平键（B 型），$b = 18$ mm，$h = 11$ mm，$l = 100$ mm，其标记为：GB/T 1096 键 B18×100

单圆头普通平键（C 型），$b = 18$ mm，$h = 11$ mm，$l = 100$ mm，其标记为：GB/T 1096 键 C18×100

（单位：mm）

轴	键	键槽										
		宽度 b					深度				半径 r	
轴径 d	键尺寸 $b \times h$	基本尺寸	极限偏差				轴 t_1		毂 t_2			
			正常联结		紧密联结	松联结						
			轴 N9	毂 JS9	轴和毂 P9	轴 H9	毂 D10	基本尺寸	极限偏差	基本尺寸	极限偏差	min	max
>10～12	4×4	4	0 -0.030	±0.015	-0.012 -0.042	+0.030 0	+0.078 +0.030	2.5	+0.1 0	1.8	+0.1 0	0.08	0.16
>12～17	5×5	5						3.0		2.3			
>17～22	6×6	6						3.5		2.8		0.16	0.25
>22～30	8×7	8	0 -0.036	±0.018	-0.015 -0.051	+0.036 0	+0.098 +0.040	4.0		3.3			
>30～38	10×8	10						5.0		3.3			
>38～44	12×8	12	0 -0.043	±0.021	-0.018 -0.061	+0.043 0	+0.120 +0.050	5.0	+0.2 0	3.3	+0.2 0	0.25	0.40
>44～50	14×9	14						5.5		3.8			
>50～58	16×10	16						6.0		4.3			
>58～65	18×11	18						7.0		4.4			
>65～75	20×12	20	0 -0.052	±0.026	-0.022 -0.074	+0.052 0	+0.149 +0.065	7.5		4.9		0.40	0.60
>75～85	22×14	22						9.0		5.4			
>85～95	25×14	25						9.0		5.4			
>95～110	28×16	28						10.0		6.4			

注：(1) $(d - t_1)$ 和 $(d + t_2)$ 两组组合尺寸的偏差按相应的 t_1 和 t_2 的极限偏差选取，但 $(d - t_1)$ 的下偏差值应取负号（-）。

(2) L 系列：6，8，10，12，14，16，18，20，22，25，28，32，36，40，45，50，56，63，70，80，90，100，110，125，140，160，180，200，220，250，280，320，360，400，450，500。

附录 C-13 半圆键和键槽的断面基本尺寸（GB/T 1098，1099.1—2003）

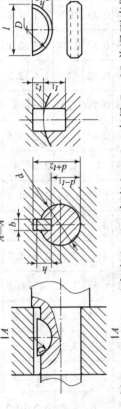

标记示例：GB/T 1099.1 键 6×10×25（宽度 b=6，高度 h=10，直径 D=25 普通型半圆键）

（单位：mm）

键尺寸 $b \times h \times D$	宽度 b		高度 h (h12)		直径 D (h12)		键槽								
							槽宽 b				深度				半径 R
							极限偏差				轴 t_1		毂 t_2		
	基本尺寸	极限偏差	基本尺寸	极限偏差	基本尺寸	极限偏差	松联结		正常联结	紧密联结 轴和毂 P9	基本尺寸	极限偏差	基本尺寸	极限偏差	min max
							轴 H9	毂 D10	轴 N9 毂 JS9						
3×5×13	3	0 −0.025	5	0 −0.12	13	0 −0.18	+0.025 0	+0.060 +0.020	−0.004 −0.029	±0.0125	−0.006 −0.031	3.8	+0.2 0	1.4	+0.1 0	0.08 0.16
3×6.5×16	3		6.5		16							5.3		1.4		
4×6.5×16	4		6.5		16	−0.21	+0.030 0	+0.078 +0.030	0 −0.030	±0.015	−0.012 −0.042	5.0		1.8		
4×7.5×19	4		7.5		19							6.0		1.8		0.16 0.25
5×6.5×16	5		6.5	−0.15	16	−0.18						4.5	+0.3 0	2.3	+0.2 0	
5×7.5×19	5		7.5		19							5.5		2.3		
5×9×22	5		9		22	−0.21						7.0		2.8		
6×9×22	6		9		22		+0.036 0	+0.098 +0.040	0 −0.036	±0.018	−0.015 −0.051	6.5		2.8		
6×10×25	6		10	−0.18	25							7.5		3.3		0.25 0.4
8×11×28	8		11		28	−0.25						8.0		3.3		
10×13×32	10		13		32							10.0				

注：$(d-t_1)$ 和 $(d+t_2)$ 两组合尺寸的偏差按相应的 t_1 和 t_2 的极限偏差选取，但 $(d-t_1)$ 的下偏差值应取负号（−）。

附录 D 极限与配合

附表 D-1 标准公差数值（GB/T 1800.1—2009）

基本尺寸/mm		标准公差等级																
		IT1	IT2	IT3	IT4	IT5	IT6	IT7	IT8	IT9	IT10	IT11	IT12	IT13	IT14	IT15	IT16	IT17	IT18
大于	至	μm											mm						
—	3	0.8	1.2	2	3	4	6	10	14	25	40	60	0.1	0.14	0.25	0.4	0.6	1	1.4
3	6	1	1.5	2.5	4	5	8	12	18	30	48	75	0.12	0.16	0.3	0.48	0.75	1.2	1.8
6	10	1	1.5	2.5	4	6	9	15	22	36	58	90	0.15	0.22	0.36	0.58	0.9	1.5	2.2
10	18	1.2	2	3	5	8	11	18	27	43	70	110	0.18	0.27	0.43	0.7	1.1	1.8	2.7
18	30	1.5	2.5	4	6	9	13	21	33	52	84	130	0.21	0.33	0.52	0.84	1.3	2.1	3.3
30	50	1.5	2.5	4	7	11	16	25	39	62	100	160	0.25	0.39	0.62	1	1.6	2.5	3.9
50	80	2	3	5	8	13	19	30	46	74	120	190	0.3	0.46	0.74	1.2	1.9	3	4.6
80	120	2.5	4	6	10	15	22	35	54	87	140	220	0.35	0.54	0.87	1.4	2.2	3.5	5.4
120	180	3.5	5	8	12	18	25	40	63	100	160	250	0.4	0.63	1	1.6	2.5	4	6.3
180	250	4.5	7	10	14	20	29	46	72	115	185	290	0.46	0.72	1.15	1.85	2.9	4.6	7.2
250	315	6	8	12	16	23	32	52	81	130	210	320	0.52	0.81	1.3	2.1	3.2	5.2	8.1
315	400	7	9	13	18	25	36	57	89	140	230	360	0.57	0.89	1.4	2.3	3.6	5.7	8.9
400	500	8	10	15	20	27	40	63	97	155	250	400	0.63	0.97	1.55	2.5	4	6.3	9.7
500	630	9	11	16	22	32	44	70	110	175	280	440	0.7	1.1	1.75	2.8	4.4	7	11
630	800	10	13	18	25	36	50	80	125	200	320	500	0.8	1.25	2	3.2	5	8	12.5
800	1000	11	15	21	28	40	56	90	140	230	360	560	0.9	1.4	2.3	3.6	5.6	9	14
1000	1250	13	18	24	33	47	66	105	165	260	420	660	1.05	1.65	2.6	4.2	6.6	10.5	16.5
1250	1600	15	21	29	39	55	78	125	195	310	500	780	1.25	1.95	3.1	5	7.8	12.5	19.5
1600	2000	18	25	35	46	65	92	150	230	370	600	920	1.5	2.3	3.7	6	9.2	15	23
2000	2500	22	30	41	55	78	110	175	280	440	700	1100	1.75	2.8	4.4	7	11	17.5	28
2500	3150	26	36	50	68	96	135	210	330	540	860	1350	2.1	3.3	5.4	8.6	13.5	21	33

注：（1）基本尺寸大于 500 mm 的 IT1～IT5 的标准公差数值为试行的。
  （2）基本尺寸小于或等于 1 mm 时，无 IT4～IT18。

附表 D-2 轴的基本偏差数值（GB/T 1800.1—2009） μm

基本尺寸/mm		基本偏差数值														
		上偏差 es														
		所有标准公差等级											IT5和IT6	IT7	IT8	IT4至IT7
大于	至	a	b	c	cd	d	e	ef	f	fg	g	h	js	j		
-	3	-270	-140	-60	-34	-20	-14	-10	-6	-4	-2	0		-2	-4	-6	0
3	6	-270	-140	-70	-46	-30	-20	-14	-10	-6	-4	0		-2	-4		+1
6	10	-280	-150	-80	-56	-40	-25	-18	-13	-8	-5	0		-2	-5		+1
10	14	-290	-150	-95		-50	-32		-16		-6	0		-3	-6		+1
14	18																
18	24	-300	-160	-110		-65	-40		-20		-7	0		-4	-8		+2
24	30																
30	40	-310	-170	-120		-80	-50		-25		-9	0		-5	-10		+2
40	50	-320	-180	-130													
50	65	-340	-190	-140		-100	-60		-30		-10	0		-7	-12		+2
65	80	-360	-200	-150													
80	100	-380	-210	-170		-120	-72		-36		-12	0		-9	-15		+3
100	120	-410	-240	-180													
120	140	-460	-260	-200		-145	-85		-43		-14	0	偏差=±(ITn)/2，式中ITn是IT值数	-11	-18		+3
140	160	-520	-280	-210													
160	180	-580	-310	-230													
180	200	-660	-340	-240		-170	-100		-50		-15	0		-13	-21		+4
200	225	-740	-380	-260													
225	250	-820	-420	-280													
250	280	-920	-480	-300		-190	-110		-56		-17	0		-16	-26		+4
280	315	-1050	-540	-330													
315	355	-1200	-600	-360		-210	-125		-62		-18	0		-18	-28		+4
355	400	-1350	-680	-400													
400	450	-1500	-760	-440		-230	-135		-68		-20	0		-20	-32		+5
450	500	-1650	-840	-480													
500	560					-260	-145		76		-22	0					0
560	630																
630	710					-290	-160		80		-24	0					0
710	800																
800	900					-320	-170		86		-26	0					0
900	1000																
1000	1120					-350	-195		98		-28	0					0
1120	1250																
1250	1400					-390	-220		110		-30	0					0
1400	1600																
1600	1800					-430	-240		120		-32	0					0
1800	2000																
2000	2240					-480	-260		130		-34	0					0
2240	2500																
2500	2800					-520	-290		145		-38	0					0
2800	3150																

注：（1）基本尺寸小于或等于 1 mm，基本偏差 a 和 b 均不采用。
（2）公差带 js7 至 js11，若 ITn 值是奇数，则取偏差 = ±(ITn-1)/2。

续表

基本偏差数值													
下偏差 ei													
≤IT3 >IT17	所有标准公差等级												
k	m	n	p	r	s	t	u	v	x	y	z	za	zb	zc
0	+2	+4	+6	+10	+14	—	+18	—	+20	—	+26	+32	+40	+60
0	+4	+8	+12	+15	+19	—	+23	—	+28	—	+35	+42	+50	+80
0	+6	+10	+15	+19	+23	—	+28	—	+34	—	+42	+52	+67	+97
0	+7	+12	+18	+23	+28	—	+33	—	+40	—	+50	+64	+90	+130
								+39	+45	—	+60	+77	+108	+150
0	+8	+15	+22	+28	+35		+44	+47	+54	+63	+73	+98	+136	+188
						+41	+48	+55	+64	+75	+88	+118	+160	+218
0	+9	+17	+26	+34	+43	+48	+60	+68	+80	+94	+112	+148	+200	+274
						+54	+70	+81	+97	+114	+136	+180	+242	+325
0	+11	+20	+32	+41	+53	+66	+87	+102	+122	+144	+172	+226	+300	+405
				+43	+59	+75	+102	+120	+146	+174	+210	+274	+360	+480
0	+13	+23	+37	+51	+71	+91	+124	+146	+178	+214	+258	+335	+445	+585
				+54	+79	+104	+144	+172	+210	+254	+310	+400	+525	+690
0	+15	+27	+43	+63	+92	+122	+170	+202	+248	+300	+365	+470	+620	+800
				+65	+100	+134	+190	+228	+280	+340	+415	+535	+700	+900
				+68	+108	+148	+210	+252	+310	+380	+465	+600	+780	+1000
0	+17	+31	+50	+77	+122	+166	+236	+284	+350	+425	+520	+670	+880	+1150
				+80	+130	+180	+258	+310	+385	+470	+575	+740	+960	+1250
				+84	+140	+196	+284	+340	+425	+520	+640	+820	+1050	+1350
0	+20	+34	+56	+94	+158	+218	+315	+385	+475	+580	+710	+920	+1200	+1550
				+98	+170	+240	+350	+425	+525	+650	+790	+1000	+1300	+1700
0	+21	+37	+62	+108	+190	+268	+390	+475	+590	+730	+900	+1150	+1500	+1900
				+114	+208	+294	+435	+530	+660	+820	+1000	+1300	+1650	+2100
0	+23	+40	+68	+126	+232	+330	+490	+595	+740	+920	+1100	+1450	+1850	+2400
				+132	+252	+360	+540	+660	+820	+1000	+1250	+1600	+2100	+2600
0	+26	+44	+78	+150	+280	+400	+600	—	—	—	—	—	—	—
				+155	+310	+450	+660	—	—	—	—	—	—	—
0	+30	+50	+88	+175	+340	+500	+740	—	—	—	—	—	—	—
				+185	+380	+560	+840	—	—	—	—	—	—	—
0	+34	+56	+100	+210	+430	+620	+940	—	—	—	—	—	—	—
				+220	+470	+680	+1050	—	—	—	—	—	—	—
0	+40	+66	+120	+250	+520	+780	+1150	—	—	—	—	—	—	—
				+260	+580	+840	+1300	—	—	—	—	—	—	—
0	+48	+78	+140	+300	+640	+960	+1450	—	—	—	—	—	—	—
				+330	+720	+1050	+1600	—	—	—	—	—	—	—
0	+58	+92	+170	+370	+820	+1200	+1850	—	—	—	—	—	—	—
				+400	+920	+1350	+2000	—	—	—	—	—	—	—
0	+68	+110	+195	+440	+1000	+1500	+2300	—	—	—	—	—	—	—
				+460	+1100	+1650	+2500	—	—	—	—	—	—	—
0	+76	+135	+240	+550	+1250	+1900	+2900	—	—	—	—	—	—	—
				+580	+1400	+2100	+3200	—	—	—	—	—	—	—

附录 D-3 孔的基本偏差数值（GB/T 1800.1—2009）

单位：μm

基本尺寸/mm		基本偏差数值																					
		下偏差 EI											上偏差 ES										
		所有标准公差等级											IT6	IT7	IT8	K		M		N			
大于	至	A	B	C	CD	D	E	EF	F	FG	G	H	JS			J			≤IT8	>IT8	≤IT8	>IT8	≤IT8	>IT8
—	3	+270	+140	+60	+34	+20	+14	+10	+5	+4	+2	0	偏差=±(ITn)/2，式中 ITn 是 IT 值数	+2	+4	+6	0	—	−2	−2	−4	−4
3	6	+270	+140	+70	+46	+30	+20	+14	+10	+6	+4	0		+5	+6	+10	−1+Δ	—	−4+Δ	−4	−8+Δ	0
6	10	+280	+150	+80	+56	+40	+25	+18	+13	+8	+5	0		+5	+8	+12	−1+Δ	—	−6+Δ	−6	−10+Δ	0
10	14	+290	+150	+95	—	+50	+32	—	+16	—	+6	0		+6	+10	+15	−1+Δ	—	−7+Δ	−7	−12+Δ	0
14	18	+290	+150	+95	—	+50	+32	—	+16	—	+6	0		+6	+10	+15	−1+Δ	—	−7+Δ	−7	−12+Δ	0
18	24	+300	+160	+110	—	+65	+40	—	+20	—	+7	0		+8	+12	+20	−2+Δ	—	−8+Δ	−8	−15+Δ	0
24	30	+300	+160	+110	—	+65	+40	—	+20	—	+7	0		+8	+12	+20	−2+Δ	—	−8+Δ	−8	−15+Δ	0
30	40	+310	+170	+120	—	+80	+50	—	+25	—	+9	0		+10	+14	+24	−2+Δ	—	−9+Δ	−9	−17+Δ	0
40	50	+320	+180	+130	—	+80	+50	—	+25	—	+9	0		+10	+14	+24	−2+Δ	—	−9+Δ	−9	−17+Δ	0
50	65	+340	+190	+140	—	+100	+60	—	+30	—	+10	0		+13	+18	+28	−2+Δ	—	−11+Δ	−11	−20+Δ	0
65	80	+360	+200	+150	—	+100	+60	—	+30	—	+10	0		+13	+18	+28	−2+Δ	—	−11+Δ	−11	−20+Δ	0
80	100	+380	+220	+170	—	+120	+72	—	+36	—	+12	0		+16	+22	+34	−3+Δ	—	−13+Δ	−13	−23+Δ	0
100	120	+410	+240	+180	—	+120	+72	—	+36	—	+12	0		+16	+22	+34	−3+Δ	—	−13+Δ	−13	−23+Δ	0
120	140	+460	+260	+200	—	+145	+85	—	+43	—	+14	0		+18	+26	+41	−3+Δ	—	−15+Δ	−15	−27+Δ	0
140	160	+520	+280	+210	—	+145	+85	—	+43	—	+14	0		+18	+26	+41	−3+Δ	—	−15+Δ	−15	−27+Δ	0
160	180	+580	+310	+230	—	+145	+85	—	+43	—	+14	0		+18	+26	+41	−3+Δ	—	−15+Δ	−15	−27+Δ	0
180	200	+660	+310	+240	—	+170	+100	—	+50	—	+15	0		+22	+30	+47	−4+Δ	—	−17+Δ	−17	−31+Δ	0
200	225	+740	+380	+260	—	+170	+100	—	+50	—	+15	0		+22	+30	+47	−4+Δ	—	−17+Δ	−17	−31+Δ	0
225	250	+820	+420	+280	—	+170	+100	—	+50	—	+15	0		+22	+30	+47	−4+Δ	—	−17+Δ	−17	−31+Δ	0

续表

基本尺寸/mm		基本偏差数值																				
		下偏差 EI											上偏差 ES									
		所有标准公差等级											IT6	IT7	IT8	K		M		N		
大于	至	A	B	C	CD	D	E	EF	F	FG	G	H	JS				≤IT8	>IT8	≤IT8	>IT8	≤IT8	>IT8
250	280	+920	+480	+300	—	+190	+110	—	+56	—	+17	0	偏差 = ±(ITn)/2，式中 ITn 是 IT 值数	+25	+36	+55	−4+Δ	—	−20+Δ	−20	−34+Δ	0
280	315	+1050	+540	+330	—																	
315	355	+1200	+600	+360	—	+210	+125	—	+62	—	+18	0		+29	+39	+60	−4+Δ	—	−21+Δ	−21	−37+Δ	0
355	400	+1350	+680	+400	—																	
400	450	+1500	+760	+440	—	+230	+135	—	+68	—	+20	0		+33	+43	+66	−5+Δ	—	−23+Δ	−23	−40+Δ	0
450	500	+1650	+840	+480	—																	
500	560	—	—	—	—	+260	+145	—	+76	—	+22	0		—	—	—	0	—	−26	−26	−44	
560	630																					
630	710	—	—	—	—	+290	+160	—	+80	—	+24	0		—	—	—	0	—	−30	−30	−50	
710	800																					
800	900	—	—	—	—	+320	+170	—	+86	—	+26	0		—	—	—	0	—	−34	−34	−56	
900	1000																					
1000	1120	—	—	—	—	+350	+195	—	+93	—	+28	0		—	—	—	0	—	−40	−40	−66	
1120	1250																					
1250	1400	—	—	—	—	+390	+220	—	+110	—	+30	0		—	—	—	0	—	−48	−48	−78	
1400	1600																					
1600	1800	—	—	—	—	+430	+240	—	+120	—	+32	0		—	—	—	0	—	−58	−58	−92	
1800	2000																					
2000	2240	—	—	—	—	+480	+260	—	+130	—	+34	0		—	—	—	0	—	−68	−68	−110	
2240	2500																					
2500	2800	—	—	—	—	+520	+290	—	+145	—	+38	0		—	—	—	0	—	−76	−76	−135	
2800	3150																					

续表

基本偏差数值															Δ值					
上偏差 ES															标准公差等级					
≤IT7		标准公差等级大于IT7																		
P~ZC	P	R	S	T	U	V	X	Y	Z	ZA	ZB	ZC	IT3	IT4	IT5	IT6	IT7	IT8
	−6	−10	−14		−18		−20		−26	−32	−40	−60	0	0	0	0	0	0
	−12	−15	−19		−23		−28		−35	−42	−50	−80	1	1.5	1	3	4	6
	−15	−19	−23		−28		−34		−42	−52	−67	−97	1	1.5	2	3	6	7
	−18	−23	−28		−33	−39	−40		−50	−64	−90	−130	1	2	3	3	7	9
在大于IT5 的相应数值上增加一个 Δ 值	−22	−28	−35	−41	−41	−47	−45	−63	−60	−77	−108	−150	1.5	2	3	4	8	12
	−26	−34	−43	−48	−48	−55	−54	−75	−73	−98	−136	−188	1.5	3	4	5	9	14
	−32	−41	−53	−54	−60	−68	−64	−94	−88	−118	−160	−218	2	3	5	6	11	16
	−32	−43	−59	−66	−70	−81	−80	−114	−112	−148	−200	−274	2	4	5	7	13	19
	−37	−51	−71	−75	−87	−102	−97	−144	−136	−180	−242	−325	3	4	6	7	15	23
	−37	−54	−79	−91	−102	−120	−122	−174	−172	−226	−300	−405	3	4	6	7	15	23
	−43	−63	−92	−104	−124	−146	−146	−214	−210	−274	−360	−480	3	4	6	9	17	26
	−43	−65	−100	−122	−144	−172	−178	−254	−258	−335	−445	−585						
	−50	−68	−108	−134	−170	−202	−210	−300	−310	−400	−525	−690						
	−50	−77	−122	−146	−190	−228	−248	−340	−365	−470	−620	−800						
		−80	−130	−166	−210	−252	−280	−380	−415	−535	−700	−900						
		−84	−140	−180	−236	−284	−310	−425	−465	−600	−780	−1000						
				−196	−258	−310	−350	−470	−520	−670	−880	−1150						
					−284	−340	−385	−520	−575	−740	−960	−1250						
							−425		−640	−820	−1050	−1350						

续表

	基本偏差数值												Δ 值					
	上偏差 ES												标准公差等级					
					标准公差等级大于 IT7													
≤IT7	P~ZC																	
	P	R	S	T	U	V	X	Y	Z	ZA	ZB	ZC	IT3	IT4	IT5	IT6	IT7	IT8
	-56	-94	-158	-218	-315	-385	-475	-580	-710	-920	-1200	-1550	4	4	7	9	20	29
		-98	-170	-240	-350	-425	-525	-650	-790	-1000	-1300	-1700						
	-62	-108	-190	-268	-390	-475	-590	-730	-900	-1150	-1500	-1900	4	5	7	11	21	32
		-114	-208	-294	-435	-530	-660	-820	-1000	-1300	-1650	-2100						
	-68	-126	-232	-330	-490	-595	-740	-920	-1100	-1450	-1850	-2400	5	5	7	13	23	34
		-132	-252	-360	-540	-660	-820	-1000	-1250	-1600	-2100	-2600						
	-78	-150	-280	-400	-600	—	—	—	—	—	—	—	—	—	—	—	—	—
		-155	-310	-450	-660													
	-88	-175	-340	-500	-740	—	—	—	—	—	—	—	—	—	—	—	—	—
		-185	-380	-560	-840													
	-100	-210	-430	-620	-940	—	—	—	—	—	—	—	—	—	—	—	—	—
		-220	-470	-680	-1050													
	-120	-250	-520	-780	-1150	—	—	—	—	—	—	—	—	—	—	—	—	—
		-260	-580	-810	-1300													
	-140	-300	-640	-960	-1450	—	—	—	—	—	—	—	—	—	—	—	—	—
			-330	-720	-1050	-1600												
	-170	-370	-820	-1200	-1850	—	—	—	—	—	—	—	—	—	—	—	—	—
		-400	-920	-1350	-2000													
	-195	-440	-1000	-1500	-2300	—	—	—	—	—	—	—	—	—	—	—	—	—
		-460	-1100	-1650	-2500													
	-240	-550	-1250	-1900	-2900	—	—	—	—	—	—	—	—	—	—	—	—	—
		-580	-1400	-2100	-3200													

在大于 IT5 的相应数值上增加一个 Δ 值

附录 D-4 优先配合中孔的极限偏差（GB/T 1800.2—2009） μm

基本尺寸/mm		公差带											
		C	D	F	G	H	H	H	H	K	N	P	S	U
大于	至	11	9	8	7	7	8	9	11	7	7	7	7	7
—	3	+120 +60	+45 +20	+20 +6	+12 +2	+10 0	+14 0	+25 0	+60 0	0 −10	−4 −14	−6 −16	−14 −24	−18 −28
3	6	+145 +70	+60 +30	+28 +10	+16 +4	+12 0	+18 0	+30 0	+75 0	+3 −9	−4 −16	−3 −20	−15 −27	−19 −31
6	10	+170 +80	+76 +40	+35 +13	+20 +5	+15 0	+22 0	+36 0	+90 0	+5 −10	−4 −19	−9 −24	−17 −32	−22 −37
10	14	+205 +95	+93 +50	+43 +16	+24 +6	+18 0	+27 0	+43 0	+110 0	+6 −12	−5 −23	−11 −29	−21 −39	−26 −44
14	18													
18	24	+240 +110	+117 +65	+53 +20	+28 +7	+21 0	+33 0	+52 0	+130 0	+6 −15	−7 −28	−14 −35	−27 −48	−33 −54
24	30													−40 −61
30	40	+280 +120	+142 +80	+64 +25	+34 +9	+25 0	+39 0	+62 0	+160 0	+7 −18	−8 −33	−17 −42	−34 −59	−51 −76
40	50	+290 +130												−61 −86
50	65	+330 +140	+174 +100	+76 +30	+40 +10	+30 0	+46 0	+74 0	+190 0	+9 −21	−9 −39	−21 −51	−42 −72	−76 −106
65	80	+340 +150											−48 −78	−91 −121
80	100	+390 +170	+207 +120	+90 +36	+47 +12	+35 0	+54 0	+87 0	+220 0	+10 −25	−10 −45	−24 −59	−58 −93	−111 −146
100	120	+400 +180											−66 −101	−131 −166
120	140	+450 +200	+245 +145	+106 +43	+54 +14	+40 0	+63 0	+100 0	+250 0	+12 −28	−12 −52	−28 −68	−77 −117	−155 −195
140	160	+460 +210											−85 −125	−175 −215
160	180	+480 +230											−93 −133	−195 −235
180	200	+530 +240	+285 +170	+122 +50	+61 +15	+46 0	+72 0	+115 0	+290 0	+13 −33	−14 −60	−33 −79	−105 −151	−219 −265
200	225	+550 +260											−113 −159	−241 −287
225	250	+570 +280											−123 −169	−267 −313
250	280	+620 +320	+320 +190	+137 +56	+69 +17	+52 0	+81 0	+130 0	+320 0	+16 −36	−14 −66	−36 −88	−138 −190	−295 −347
280	315	+650 +330											−150 −202	−330 −382
315	355	+720 +360	+350 +210	+151 +62	+75 +18	+57 0	+89 0	+140 0	+360 0	+17 −40	−16 −73	−41 −98	−169 −226	−369 −426
355	400	+760 +400											−187 −244	−414 −471
400	450	+840 +440	+385 +230	+165 +68	+83 +20	+63 0	+97 0	+155 0	+400 0	+18 −45	−17 −80	−45 −108	−209 −279	−467 −530
450	500	+880 +480											−229 −292	−517 −580

附录 D-5　优先配合中轴的极限偏差（GB/T 1800.2—2009）

μm

基本尺寸/mm		公差带											
		c	d	f	g	h				k	n	p	s	u
大于	至	11	9	7	6	6	7	9	11	6	6	6	6	6
—	3	-60 -120	-20 -45	-6 -16	-2 -8	0 -6	0 -10	0 -25	0 -60	+6 0	+10 +4	+12 +6	+20 +14	+24 +18
3	6	-70 -145	-30 -60	-10 -22	-4 -12	0 -8	0 -12	0 -30	0 -75	+9 +1	+16 +8	+20 +12	+27 +19	+31 +23
6	10	-80 -170	-40 -76	-13 -28	-5 -14	0 -9	0 -15	0 -36	0 -90	+10 +1	+19 +10	+24 15	+32 +23	+37 +28
10	14	-95 -205	-50 -93	-16 -34	-6 -17	0 -11	0 -18	0 -43	0 -110	+12 +1	+23 +12	+29 18	+39 +28	+44 +33
14	18													
18	24	-110 -240	-65 -117	-20 -41	-7 -20	0 -13	0 -25	0 -62	0 -160	+15 +2	+28 +15	+35 +22	+48 +35	+54 +41
24	30													+61 +48
30	40	-120 -280	-80 -142	-25 -50	-9 -25	0 -16	0 -18	0 -43	0 -110	+18 +2	+33 +17	+42 +26	+59 +43	+76 +60
40	50	-130 -290												+86 +70
50	65	-140 -330	-100 -174	-30 -60	-10 -29	0 -19	0 -30	0 -74	0 -190	+21 +2	+39 +20	+51 +32	+72 +53	+106 +87
65	80	-150 -340											+78 +59	+121 +102
80	100	-170 -390	-120 -207	-36 -71	-12 -34	0 -22	0 -35	0 -87	0 -220	+25 +3	+45 +23	+59 +37	+93 +71	+146 +124
100	120	-180 -400											+101 +79	+166 +144
120	140	-200 -450	-145 -245	-43 -83	-14 -39	0 -25	0 -40	0 -100	0 -250	+28 +3	+52 +27	+68 +43	+177 +92	+195 +170
140	160	-210 -460											+125 +100	+215 +190
160	180	-230 -480											+133 +108	+235 +210
180	200	-240 -530	-170 -285	-50 -96	-15 -44	0 -29	0 -46	0 -115	0 -290	+33 +4	+60 +31	+79 +50	+151 +122	+265 +236
200	225	-260 -550											+159 +130	+287 +258
225	250	-280 -570											+169 +140	+313 +284
250	280	-300 -620	-190 -320	-56 -108	-17 -49	0 -32	0 -52	0 -130	0 -320	+36 +4	+66 +34	+88 +56	+190 +158	+347 +315
280	315	-330 -650											+202 +170	+382 +350
315	355	-360 -720	-210 -350	-62 -119	-18 -54	0 -36	0 -57	0 -140	0 -360	+40 +4	+73 +37	+98 +62	+226 +190	+426 +390
355	400	-400 -760											+244 +208	+171 +435
400	450	-440 -840	-230 -385	-68 -131	-20 -60	0 -40	0 -63	0 -155	0 -400	+45 +5	+80 +40	+108 +68	+272 +232	+530 +490
450	500	-480 -880											+292 +252	+580 +540

参考文献

[1] 周静卿,等. 机械制图与计算机绘图 [M].2 版. 北京:中国农业大学出版社,2010.
[2] 曾红,等. 画法几何及机械制图 [M]. 北京:北京理工大学出版社,2014.
[3] 刘朝儒,等. 机械制图 [M].4 版. 北京:高等教育出版社,2001.
[4] 王冰. 机械制图及测绘实训 [M].2 版. 北京:高等教育出版社,2010.
[5] 宋春明,等. 工程制图(机类) [M]. 北京:北京理工大学出版社,2011.
[6] 吴卓,等. 画法几何及机械制图 [M]. 北京:北京理工大学出版社,2010.
[7] 宋春明,等. 工程制图 [M]. 北京:北京理工大学出版社,2011.
[8] 张京英,等. 机械制图 [M].3 版. 北京:北京理工大学出版社,2013.
[9] 何铭新. 机械制图 [M].5 版. 北京:高等教育出版社,2006.
[10] 潘白桦,等. 现代工程制图基础(3D 版) [M]. 北京:中国电力出版社,2008.
[11] 郝立华,等. 机械制图 [M]. 北京:国防工业出版社,2014.
[12] 吴桂华,等. 工程制图 [M]. 成都:电子科技大学出版社,2017.
[13] 陈意平,等. 机械制图 [M]. 沈阳:东北大学出版社,2013.
[14] 余萍,等. 机械制图 [M].2 版. 北京:北京理工大学出版社,2010.
[15] P J Shah. A Textbook of Engineering Drawing [M]. New Delhi:S. Chand Publishing,2008.
[16] K Venkata Reddy. Textbook of Engineering Drawing(Second Edition)[M]. Hyderabad:BS Publications,2008.

参考文献

[1] 胡建生. 主编. 画法几何与机械制图习题[M]. 上海: 上海科学技术出版社, 2010.
[2] 钱可强, 主编. 机械制图及计算机绘图[M]. 北京: 北京理工大学出版社, 2012.
[3] 何铭新, 钱可强, 徐祖茂. 机械制图[M]. 7版. 北京: 高等教育出版社, 2001.
[4] 王农, 主编. 机械制图及计算机绘图[M]. 2版. 北京: 清华大学出版社, 2010.
[5] 朱冬梅, 等. 工程制图习题集（第2版）[M]. 北京: 北京理工大学出版社, 2011.
[6] 孙培先, 等. 画法几何及机械制图[M]. 3版. 北京: 北京理工大学出版社, 2010.
[7] 郑国刚, 等. 工程制图[M]. 北京: 北京理工大学出版社, 2011.
[8] 胡建生. 主编. 机械制图[M]. 3版. 北京: 北京理工大学出版社, 2013.
[9] 冯涓娟. 机械制图[M]. 5版. 北京: 劳动社会出版社, 2006.
[10] 郭克希, 主编. 现代工程图学（第3版）[M]. 北京: 中国地图出版社, 2008.
[11] 金大鹰, 著. 机械制图[M]. 北京: 机械工业出版社, 2014.
[12] 高俊亭, 等. 工程制图[M]. 成都: 西南交通大学出版社, 2012.
[13] 陆国文, 等. 机械制图[M]. 武汉: 东南大学出版社, 2013.
[14] 钱可强, 等. 机械制图[M]. 2版. 北京: 北京理工大学出版社, 2010.
[15] P J Shah, A Textbook of Engineering Drawing [M]. New Delhi: S Chand Publishing, 2008.
[16] K Venkata Reddy. Textbook of Engineering Drawing (Second Edition) [M]. Bedzabad: BS Publications, 2008.